高等教育BIM技术应用系列教材

Revit进阶项目实战——土建篇

主　编　王　婷
参　编　陈海涛　潘　辉　刘志辉
　　　　罗来鸣　熊志峰

科 学 出 版 社
北　京

内 容 简 介

对于已经掌握 Revit 软件基本操作的读者，通过本书的进阶项目实战，可快速并全面掌握机电建模技能，达到实际项目需要。本书主要特点如下：从实际案例入手，细致讲解土建 BIM 建模步骤；内容简练聚焦，图文并茂；配套高清操作视频，帮助读者快速掌握。

本书共有 5 章，主要内容如下：第 1 章主要介绍 Revit 基本概念和基础操作；第 2 章介绍实际项目中建模前期准备工作；第 3、4 章分别对结构主体、建筑主体模型创建步骤进行讲解；第 5 章对楼梯及建筑细部构造模型创建进行讲解。附录提供了另一案例完整的项目图纸，以供读者练习与使用。

本书可作为高等院校建筑类相关专业 BIM 实训教材，也可作为土建 BIM 工程师入门的学习教材，还可作为相关单位培养自己企业 BIM 人才的学习资料。

图书在版编目（CIP）数据

Revit进阶项目实战. 土建篇 / 王婷主编.—北京：科学出版社，2023.2
（高等教育BIM技术应用系列教材）
ISBN 978-7-03-073956-8

Ⅰ. ①R… Ⅱ. ①王… Ⅲ. ①土木工程-建筑设计-计算机辅助设计-应用软件-高等学校-教材 Ⅳ. ①TU201.4

中国版本图书馆CIP数据核字（2022）第224023号

责任编辑：万瑞达 李程程 / 责任校对：马英菊
责任印制：吕春珉 / 封面设计：曹 来

科学出版社 出版
北京东黄城根北街 16 号
邮政编码：100717
http://www.sciencep.com
三河市骏杰印刷有限公司 印刷
科学出版社发行 各地新华书店经销
*
2023 年 2 月第 一 版 开本：787×1092 1/16
2023 年 2 月第一次印刷 印张：12 1/2
字数：297 000

定价：59.00 元

（如有印装质量问题，我社负责调换〈骏杰〉）
销售部电话 010-62136230 编辑部电话 010-62130874（VA03）

前 言

PREFACE

党的二十大报告指出，“实施产业基础再造工程和重大技术装备攻关工程，支持专精特新企业发展，推动制造业高端化、智能化、绿色化发展”。

BIM（building information modeling，建筑信息模型）于2002年首次提出，正引领建筑行业信息技术的变革。随着建筑技术、信息技术的不断发展，以及人们对智能、绿色、可持续性等建筑功能要求的不断提高，BIM技术的应用已经被行业普遍认可。《2011—2015年建筑业信息化发展纲要》的总体目标明确提出，加快BIM、基于网络的协同工作等新技术在工程中的应用。在《2016—2020年建筑业信息化发展纲要》中，BIM作为核心关键词贯穿全文，并明确了BIM与互联网、云计算、大数据等新技术结合应用的发展目标，这标志着“BIM+”的应用时代正式到来。同时，北京、上海、广东等各地方政府相继出台BIM技术落地的政策与标准，而且BIM在公路、水利等基础建设工程领域的应用也得到普遍认可，BIM技术应用是大势所趋。

在编写本书过程中，编写团队坚持全面贯彻党的教育方针，落实立德树人根本任务，以培养专业BIM技术优秀人才为己任，着力全面提高人才自主培养质量。

本书具有以下特色：

（1）本书由某变电所工程案例入手，详细讲解了建筑、结构BIM模型创建步骤。编者以实际项目BIM建模流程为脉络编写，全文逻辑严密清晰，便于读者轻松地理解并熟练掌握。

（2）本书内容简练聚焦，图文并茂。在讲解操作步骤的同时，提供了各个操作步骤的图片，便于读者对操作过程一目了然。同时，本书编写融入了大量操作技巧，帮助读者掌握更便捷的操作方法。

（3）本书提供了完整的配套电子资料，包括项目完整的CAD图纸、各节过程Revit模型（Revit 2016和Revit 2021）及案例配套Revit操作高清视频，以帮助读者快速掌握技能知识。相关电子资料可通过登录http://www.abook.cn网站搜索本书下载使用。

本书共分5章。第1章主要介绍Revit基本概念和基础操作；第2章介绍实际项目中建模前期准备工作；第3、4章分别对结构、建筑主体模型创建步骤进行讲解；第5章对楼梯及建筑细部构造模型创建进行讲解。附录提供一相关案例，并给出了建模思路，读者可通过建模思路进行操作练习。

本书由南昌航空大学土木建筑学院王婷担任主编。编写分工如下：王婷、陈海涛编写第 1 章；王婷、潘辉、刘志辉共同编写第 2 ～ 5 章；罗来鸣、熊志峰录制技能操作视频。全书由王婷负责拟定大纲以及统稿、审稿。

值本书付梓之际，首先感谢陈海涛、潘辉、刘志辉等人为本书的撰写投入了大量精力；其次，感谢科学出版社人员的倾力支持和悉心审阅。

由于编者水平有限，书中难免存在不妥之处，恳请广大读者批评指正。

目 录

CONTENTS

第1章 Revit基础

1.1 Revit概述

1.1.1 Revit简介

Revit是构建建筑信息模型（building information modeling，BIM）的基础平台。从概念性研究到施工图纸的深化出图及明细表的统计，Revit可带来明显的竞争优势，提供了更好的组织协调平台，并大幅提高了工程质量，也使建筑师和建筑团队的效率得到提高。

Revit历经多年的发展，功能也日益完善，本书使用版本为Revit 2021版本。自2013版开始，Revit将Autodesk Revit Architecture（建筑）、Autodesk Revit MEP（机电）和Autodesk Revit Structure（结构）三者合为一个整体，用户只需一次安装就可以享有建筑、机电、结构建模环境，使用时更加方便高效。

Revit具有全面创新的概念设计功能，可自由地进行模型创建和参数化设计，还能对早期的设计进行分析。借助这些功能，可以自由绘制草图，快速创建三维模型。利用内置的工具还可进行复杂外观的概念设计，为建造和施工准备模型。随着设计的持续推进，Revit支持参数化创建复杂的形状，并提供更高的创建控制力、精确性和灵活性。从概念模型到施工图纸的整个设计流程都可以在Revit软件中完成。

Revit在设计阶段的应用主要包括三个方面，即建筑设计、机电深化设计及结构设计。在Revit中进行建筑设计，除可以建立真实的三维模型外，还可以直接通过模型得到设计师所需的相关信息（如图纸、表格、工程量清单等）。利用Revit的机电（系统）设计可以进行管道综合、碰撞检查等工作，更加合理地布置水暖电设备管道，另外还可以做建筑能耗分析、水力压力计算等。结构设计师通过绘制结构模型，结合Revit自带的结构分析功能，能够准确地计算出构件的受力情况，协助工程师进行设计。

1.1.2 Revit 的基本概念

1．项目

项目是单个设计信息数据库模型。项目文件包含了建筑的所有设计信息（从几何图形到构造数据），如建筑的三维模型、平立剖面及节点视图、各种明细表、施工图图纸，以及其他相关信息，其文件扩展名为 .rvt。

2．项目样板

项目样板即在文件中定义的新建项目中默认的初始参数，如项目默认的度量单位、楼层数量的设置、层高信息、线型设置、显示设置等。项目样板相当于 AutoCAD 的 .dwt 文件，其文件扩展名为 .rte。

3．图元

Revit 中的基本图形单元称为图元，如在项目中建立的墙、门、窗等都称为图元。图元根据类型可分为基准图元、模型图元、注释图元、详图图元。基准图元如标高轴网图元；模型图元为三维实体模型，如墙、屋顶；注释图元包括尺寸标注、注释文字；详图图元则为图纸中标识，如详图线、填充区等。

4．族

族是构成 Revit 项目的基本元素，同时是参数信息的载体。Revit 中的所有图元都是基于族创建的。例如，“桌子”作为一个族可以有不同的尺寸和材质。Revit 中的族分为内建族、系统族、可载入族三类。族文件的扩展名为 .rfa。

5．族样板

族样板是自定义可载入族的基础，Revit 根据自定义族的不同用途与类型提供了多个对象的族样板文件，族样板中预定义了常用视图、默认参数和部分构件，创建族初期应根据族类型选择族样板。族样板文件扩展名为 .rft。

6．概念体量

概念体量属于特殊的族，其具有灵活的建模工具，可快速便捷地创建复杂的概念形体，可直接将建筑图元添加到这些形体中，并统计概念体量模型的建筑楼层面积、占地面积、外表面积等设计数据，可以方便快捷地完成网架结构的三维建模设计。

1.1.3 Revit 的基本特性

1．可视化

Revit 可以从任意位置和任意角度查看模型，从模型中点选构件；模型不仅可以提供图元的尺寸、材质等参数属性，还可以查看该图元的设备型号和有关技术指标等场地属性。Revit 模型的可视化能够同构件之间形成互动性和反馈性，可视化的模型不仅可以展示效果图和生成报表，在项目设计、建造、运营过程中，沟通、讨论、决策均可在可视化的状态下高效进行。

2．协调性

整个三维建筑模型是一个集成的数字化数据库。模型中构件所有的实体和功能特征都以数字形式储存在数据库中，存在于数据库与视图和视图与视图间的双向关联性，使所有的图形和非图形数据都能够轻松协调。例如，修改项目中的三维图形，其平面、立面、剖面视图和明细表统计也会同步修改。

3．模拟性

通过显示、隐藏或设置不同颜色等方法，Revit 建立的 3D 场地实体模型不仅能够对建筑项目整体和节点施工工艺进行直观演示，而且能够运用 BIM 模型结合一系列辅助设计工具进行各施工阶段的场地布置及施工模拟。

4．参数化

Revit 建立的 3D 模型具有参数化修改功能。构件的移动、删除和尺寸的修改引起的参数变化会引起相关构件的参数产生关联的变化，在任意视图下所产生的参数化变更都能双向地传播到所有视图；并且模型的参数化修改不受时间顺序和空间顺序的限制，这对于后期的优化修改工作具有很重要的意义。

5．Revit 与 CAD 的对比及优势

利用 Revit 建立的模型具有三维显示功能，构件具有参数化、关联性的特点，在建模和出图方面都表现得更加准确快捷。广为使用的传统设计工具以 AutoCAD（以下简称 CAD）为主，CAD 主要用于二维绘图、详细绘制、设计文档和基本二维设计，同时也具有三维显示功能，其包含的信息量和使用功能与 BIM 模型相比还存在很大的差别。表 1.1 为 Revit 和 CAD 的对比。

表 1.1　Revit 和 CAD 的对比

对比内容	Revit	CAD
内涵差异	从三维出发，必然包含二维模型	二维出发，兼顾三维形象
设计平台	在同一个平台从平、立、剖及三维视图进行设计，多重尺寸可同时准确定位	主要进行平面绘制，且只能在单一视图上进行构件布置
参数设计	由多个属性参数控制，能够自由修改模型的外观、材质、样式、尺寸	在平面图上使用线条表示构件，只能进行三维设备的简单尺寸修改
设备建模	使用丰富的族样板和方便的三维创建功能，快速方便地进行设备的制作	由前期程序定制好，不能自动进行新设备的设计制作

续表

对比内容	Revit	CAD
图纸修改	各视图关联，修改平面、立面、剖面视图及三维视图中一个视图，其他视图联动修改	只能在平面视图进行修改，立面、剖面视图需要手动更新
断面视图	以视图的形式生成，方便、灵活，可以根据要求隐藏或显示构件及添加材质	以整体块的形式存在，只能查看，不能单独编辑
协同设计	通过链接功能链接各专业模型，生成局部三维视图，方便地进行定位和管理；同时可以导入到其他平台进行碰撞分析检测	只能在二维状态下通过外部参照功能进行平面的协同

1.2 Revit 基础操作

1.2.1 Revit 界面介绍

安装 Revit 2021 软件后，双击 Revit 2021 软件图标打开软件，打开主页界面，如图 1.1 所示，主要包括文件打开面板、最近使用文件面板、主视图切换按钮、帮助与信息中心、资源共享区。

图 1.1

1）文件打开面板：新建和打开项目文件和族文件。

2）最近使用文件面板：显示最近使用的项目文件和族文件，并支持单击快捷打开，初次使用 Revit 软件没有最近使用文件，最近使用文件面板中会默认显示系统自带的模型和族样例文件。

3）主视图切换按钮：单击切换主页显示方式，切换后显示工作界面的模式。

4）帮助与信息中心：用户遇到使用困难时，可打开帮助文件查阅相关帮助。

5）资源共享区：可查看 Autodesk 官方网站在线学习资源。

单击图 1.1 左侧的“打开 ...”按钮，弹出“打开”对话框，选择本书提供的“小别墅 .rvt”文件（登录 www.abook.cn 网站下载），进入 Revit 工作界面，如图 1.2 所示，包括文件菜单、快速访问工具栏、选项卡、上下文选项卡、工具栏、选项栏、属性栏、项目浏览器、视图控制栏、状态栏、ViewCube 工具以及绘图区域。

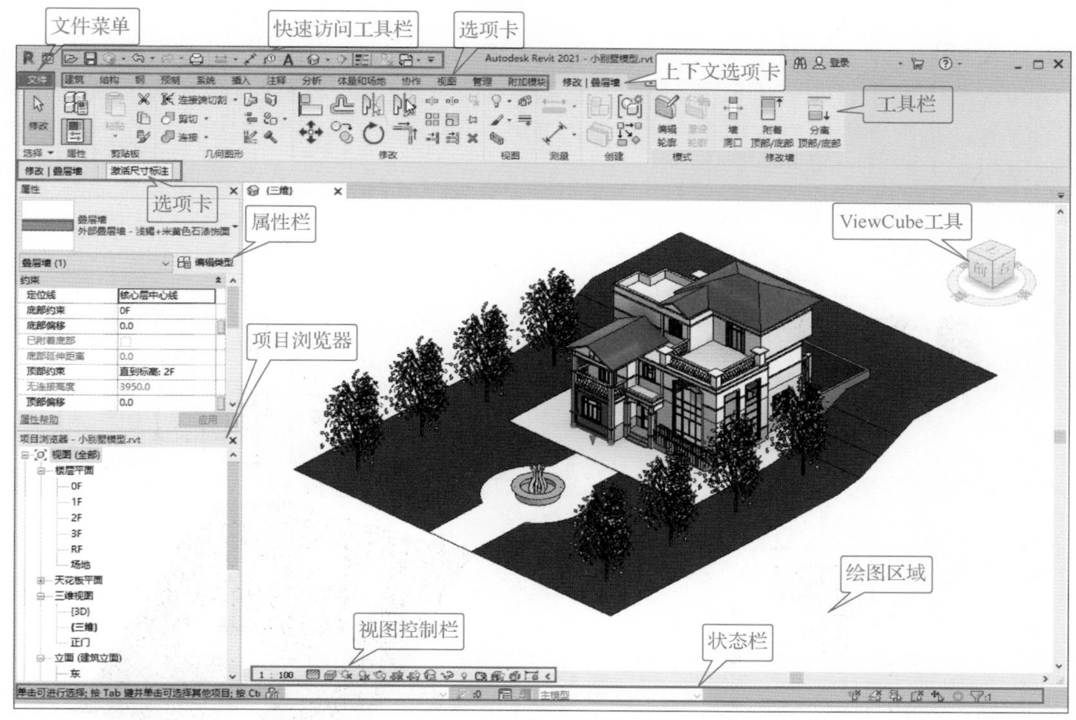

图 1.2

1.2.2 视图操作

1. 视图基本操作

Revit 软件中，所有的三维视图、二维视图、明细表、图纸等都属于视图的范畴，均可在项目浏览器中快速访问。常用的视图操作包括视图放大、缩小、平移，三维建模环境中还可以进行视图旋转、快速定位等操作。视图基本功能操作如表 1.2 所示。

表 1.2　视图基本功能操作

目标	操作
视图放大与缩小	滚动鼠标中键滚轮
视图平移	按住鼠标中键，移动鼠标
视图旋转	按住 Shift+ 鼠标中键，移动鼠标
视图定位	双击鼠标中键，快速定位

2．视图平铺与还原

在项目浏览器中，可以选择平面、立面、剖面和三维等不同视图来观察模型。打开多个视图后，使用快捷键 WT（平铺视图命令），或单击“视图”选项卡→“窗口”面板→“平铺视图”按钮，即可同时看到所有打开的视图，如图 1.3 所示。Revit 使用三维参数化设计，所有构件在各个视图中都是互通的，在一个视图中改变了构件的属性，其他的视图也会进行相应的改变，这为进行精细化的设计以及寻找设计中存在的错误提供了方便。单击“视图”选项卡→“窗口”面板→“选项卡视图”按钮，关闭平铺视图，还原视图。

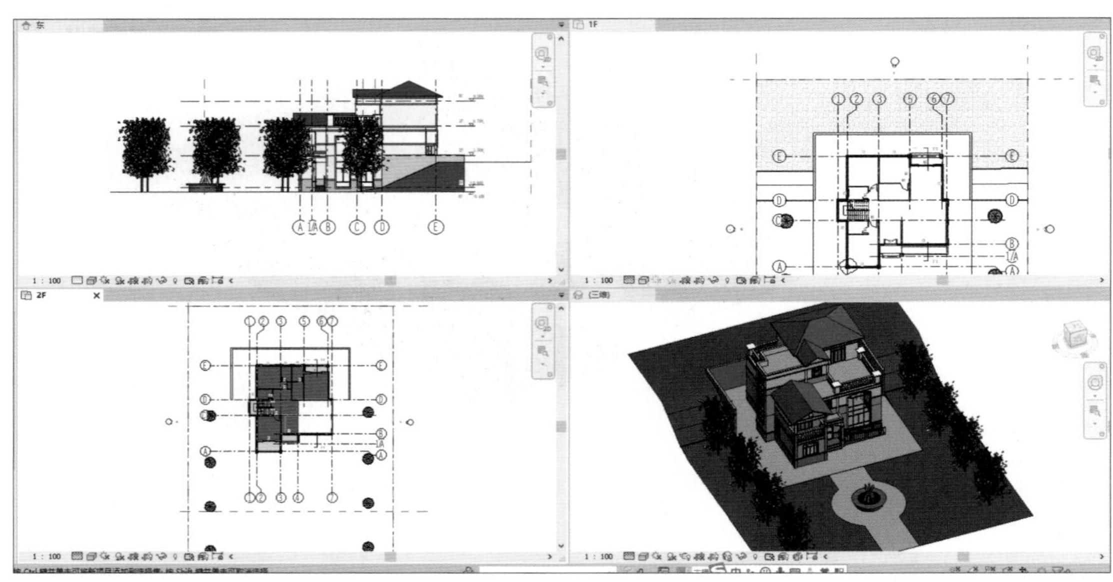

图 1.3

3．视图批量关闭

在进行项目应用时，需要使用“项目浏览器”频繁地切换视图，而切换视图的次数过多，可能会因为视图窗口过多而消耗计算机内存，因此需及时关闭多余视图。单击视图上的☒按钮即可关闭视图，如果所有的视图都需要关闭，可通过单击“视图”选项卡→“窗口”面板→“关闭非活动”按钮，关闭非活动窗口，如图 1.4 所示。

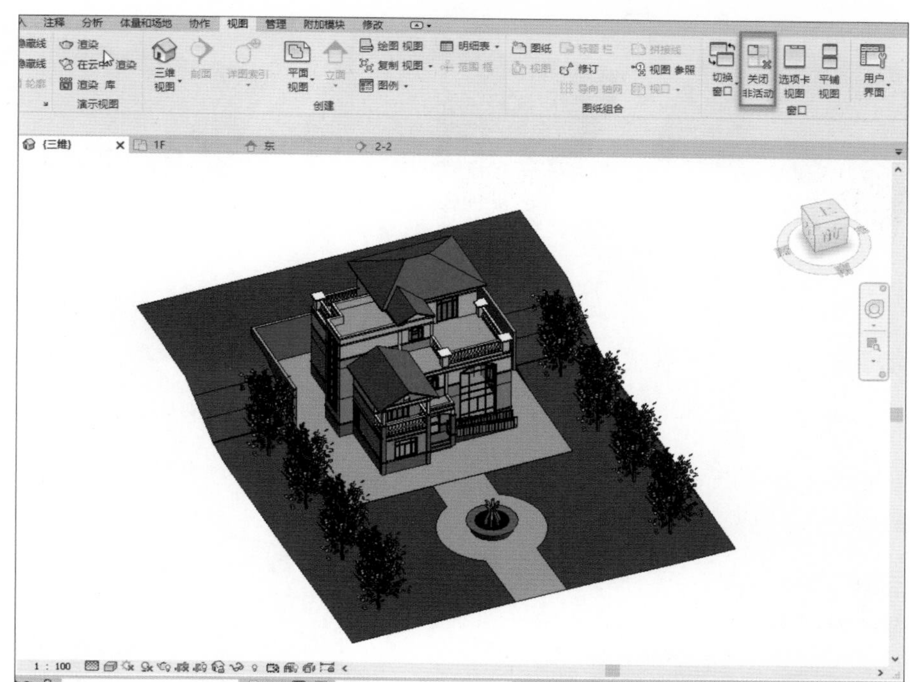

图 1.4

4. 粗 / 细线设置

Revit 默认打开模式是粗线模式，在绘图中需要更加细致的表现时，单击“视图选项卡”→“图形”面板→“细线”按钮即可，如图 1.5 所示。

图 1.5

1.2.3 选择操作

Revit 基于三维环境建模，在大型项目应用中涉及图元数量和种类非常多，因此快速准确地选择操作构件十分重要。

1. 选择状态

Revit 中构件的选择状态有三种，分别为初始状态、预选状态和选中状态，如图 1.6 所示。构件默认为未选中状态，将光标移动到要选择的图元上后，该图元转换为预选状态，预选状态下模型边界会高亮显示；然后单击图元，该构件则为选中状态，选中状态下构件呈现蓝色半透明状态。

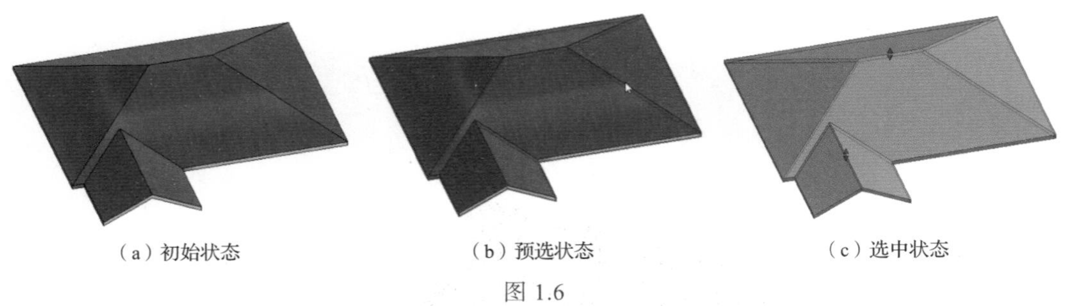

（a）初始状态　（b）预选状态　（c）选中状态

图 1.6

【提示】预选状态用于提前判断选中的构件，避免构件选中错误。

2. 选择设置

单击任意选项卡中的“选择”下拉菜单，弹出“选择”下拉列表，如图 1.7 所示，可对选择功能进行设置。

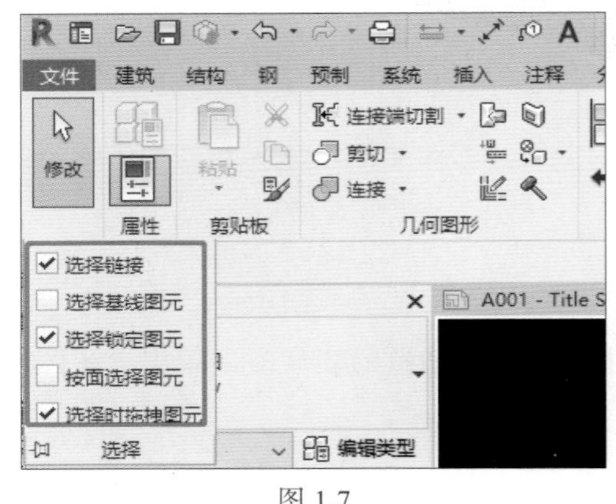

图 1.7

1）选择链接：设置是否可选择链接文件及其图元。

2）选择基线图元：设置是否可选择基线中的图元。

3）选择锁定图元：设置是否可选择锁定图元。

4）按面选择图元：软件默认是通过按线选择图元，选择该选项后，可移动至图元任意表面选择图元。

5）选择时拖拽图元：设置是否可拖拽预选状态的图元。

3. 图元选择方法

Revit 提供了多种图元选择方法，用于高效选择操作。下面介绍图元的基本选择方法和过滤器选择方法。

1）基本选择方法。图元的基本选择方法是通过鼠标直接选取，如表 1.3 所示。

表 1.3　图元的基本选择方法

选择方法	操作
单选构件	移动光标至构件，单击
加选	按住 Ctrl 键的同时单击需要选择的图元
减选构件	按住 Shift 键的同时单击需要选择的图元
正框选	鼠标从左向右框选为正框选，自动选中完全包含在选择框范围内的构件

续表

选择方法	操作
反框选	鼠标从右向左框选为反框选，自动选中选择框范围内存在的全部构件
切换选择	常用于多个构件重叠的选择，移动光标至重叠范围，按 Tab 键可切换预选的构件，直至预选为需选构件，单击选择构件
选择同类型构件	选择一个图元后，输入快捷键 SA

2）过滤器选择方法。过滤器选择方法常常配合框选使用，可对选中的构件进行分类和数量筛选，如图 1.8 所示，通过单击勾选和取消勾选状态进行多类别选择。

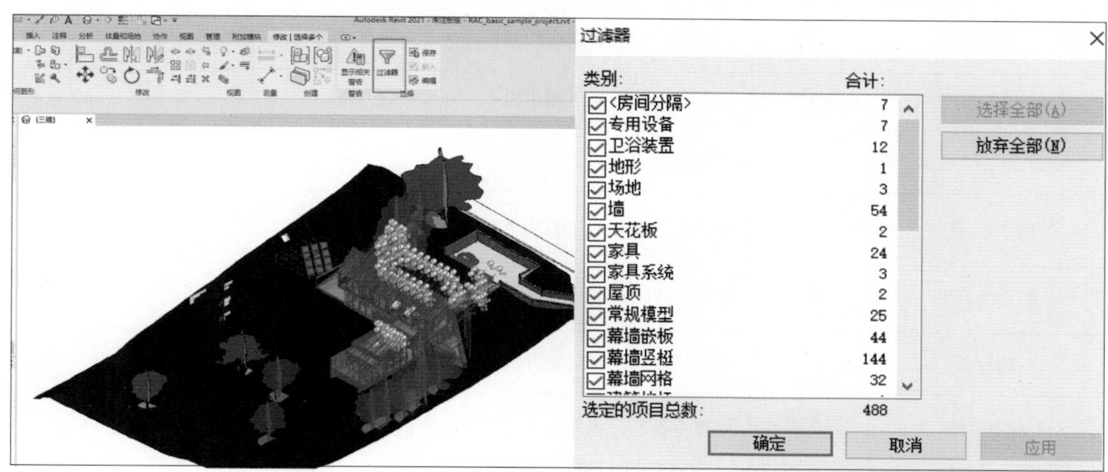

图 1.8

1.2.4 绘制命令

绘制命令是 Revit 模型各个创建功能的基础，但默认软件界面中没有显示，需单击具体绘制命令后显示。例如，单击“建筑”选项卡→“模型”面板→“模型线”按钮，自动跳转至“修改 | 放置 线”选项卡。较于常规“修改”选项卡，该选项卡多了“绘制”面板，并激活了选项栏，如图 1.9 所示。

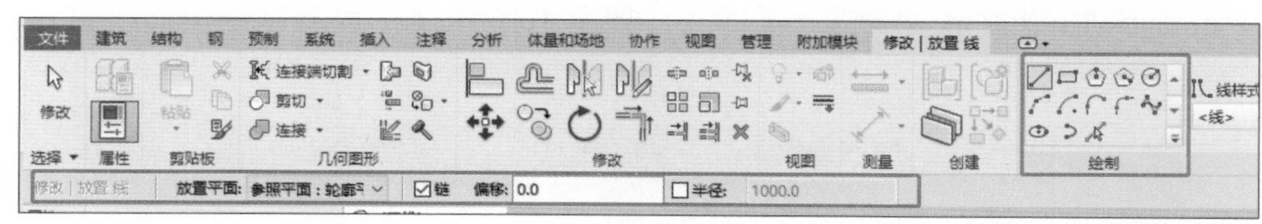

图 1.9

1. 绘制功能

“绘制”面板中提供了丰富的绘制命令，包括线、矩形、内接多边形、外接多边形、圆形、起点终点半径弧、圆心端点弧、相切端点弧、圆角弧、样条曲线、椭圆线、半椭圆与拾取线等功能，如表 1.4 所示。

表 1.4　绘制命令

命令	图标	功能说明
线		单击起点、终点，可创建一条直线
矩形		通过拾取两个对角，生成矩形线框
内接多边形		通过拾取圆心和端点，设置边数，创建内接多边形
外接多边形		通过拾取圆心和端点，设置边数，创建外接多边形
圆形		指定圆心和半径，创建圆形
起点终点半径弧		通过指定起点、终点和半径，创建一段圆弧
圆心端点弧		通过指定圆心和弧的两个端点，创建一段圆弧
相切端点弧		通过拾取既有线与端点，创建与既有线相切的圆弧线
圆角弧		通过拾取两条相交既有线，生成圆角
样条曲线		创建一条经过或靠近制定点的平滑曲线
椭圆线		通过在两个方向上指定中心点和半径创建椭圆
半椭圆		创建半个椭圆
拾取线		根据绘图区域中选定的现有线或边创建一条线

2．选项栏

1）放置平面：设置模型线的放置标高，如图 1.10 所示，设置绘制模型线放置在“标高：2F”上。

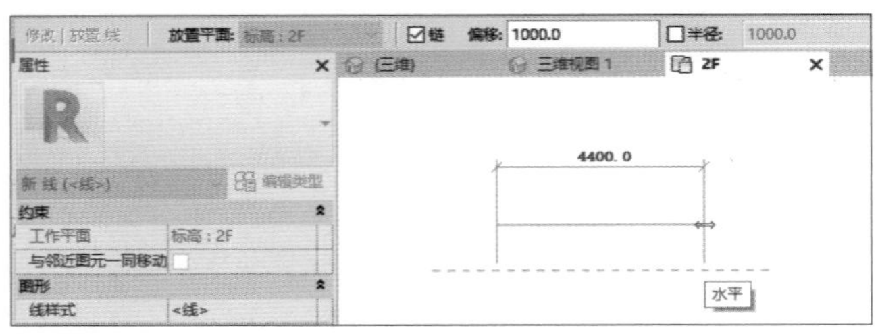

图 1.10

2）链：勾选该复选框后，可连续绘制首尾相连的多段线段。

3）偏移：输入偏移值后，生成的线会发生偏移，偏移值为正数则以前进方向向右偏移，偏移值为负数则以前进方向向左偏移。

4）半径：勾选该复选框后，偏移功能会禁用，绘制连续线段会自动生成圆角，圆角半径为所输入数值，如图 1.11 所示。

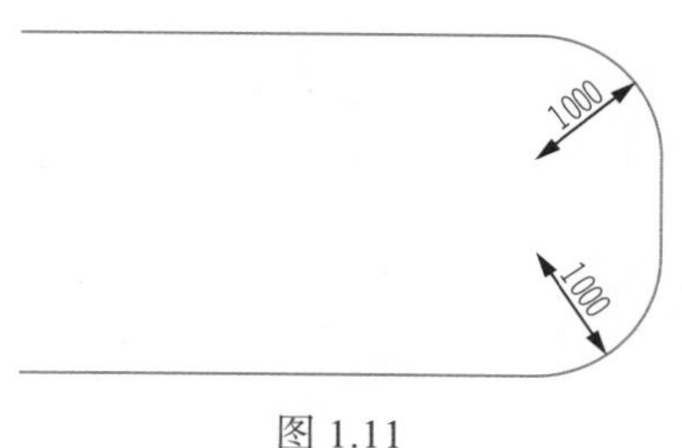

图 1.11

1.2.5 修改命令

本小节对“修改”选项卡→“修改”面板进行简单介绍。

“修改”面板中的常用编辑命令如图 1.12 所示。

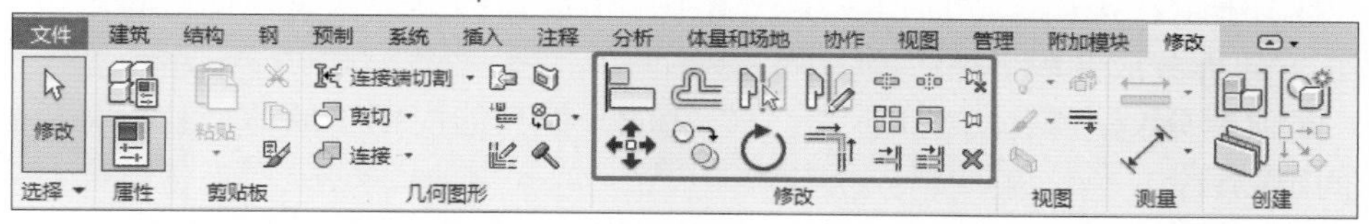

图 1.12

1）**对齐**：对构件进行对齐处理，单击“对齐”按钮，先选中被对齐的构件，再选中需要对齐的构件，图 1.13 所示为墙体与轴线对齐示意图。在选中对象时可以使用 Tab 键精确定位。

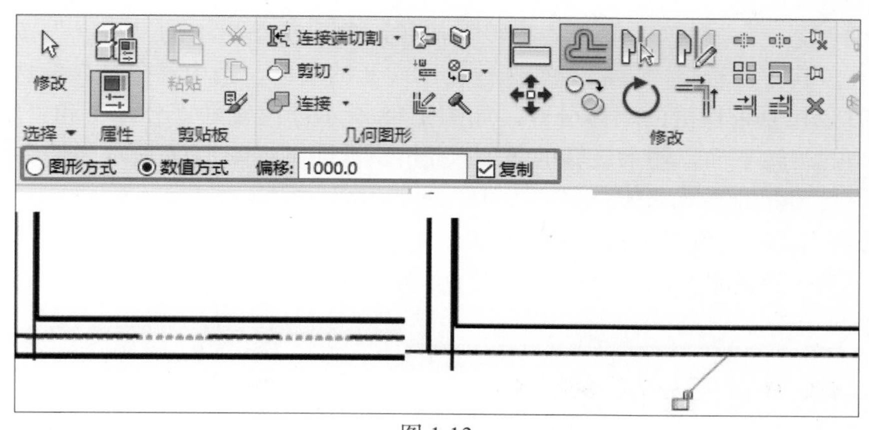

图 1.13

2）**偏移**：使用“偏移”命令可以使图元按规定距离移动或复制。如果需要生成新的构件，选中选项栏中“复制”复选框，单击起点输入数值，按 Enter 键确定即可。偏移有两种方式：图形方式和数值方式。图形方式在选中构件之后，需要到图纸上确定距离，如图 1.14 所示；而数值方式只需要直接输入偏移数字即可。

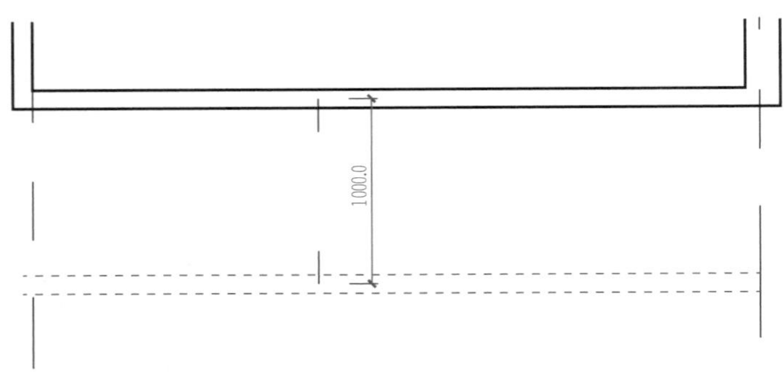

图 1.14

3）**镜像**：镜像分为镜像拾取轴和镜像绘制轴两种。其中，镜像拾取轴在拾取已有轴线之后，可以得到与原像轴对称的镜像；而镜像绘制轴则需要自己绘制对称轴。

4）**拆分**：在平面、立面或三维视图中单击墙体的拆分位置，即可将墙以水平方向或垂直方向拆分成几段。

5）**间隙拆分**：操作方式同“拆分”功能，但只能应用于墙体，且拆分后的两段墙体以间隙隔开。

6）**移动**：选中需要移动的对象，单击“移动”按钮，即可移动对象。

7）**复制**：选中选项栏中的“约束”与“多个”复选框，拾取复制的参考点和目标点，即可复制多个墙体到新的位置；结束“复制”命令可以右击，在弹出的快捷菜单中单击“取消”按钮，或者按 Esc 键结束“复制”命令。“约束”是指只能正交复制。“多个”是指在执行一次命令前提下复制出多个图元。

8）**旋转**：选中对象，单击“旋转”按钮，单击状态栏中的“地点”按钮可选择旋转的中心。其中，选中“复制”复选框会出现新的墙体，选中“分开”复选框后，墙体旋转之后会和原来连接的墙体分开，如图 1.15 所示。设置好“分开”和“复制”，选择一个起始的旋转平面，输入旋转的角度按 Enter 键即可。图 1.16 所示为选中了“分开”和“复制”复选框的旋转墙体，角度为 45°。

9）**修剪 / 延伸为角**：修剪 / 延伸图元，使两个图元形成一个角。

10）**修剪 / 延伸单个图元**：可修剪 / 延伸一个图元（如墙、线或梁）到其他图元定义的边界。

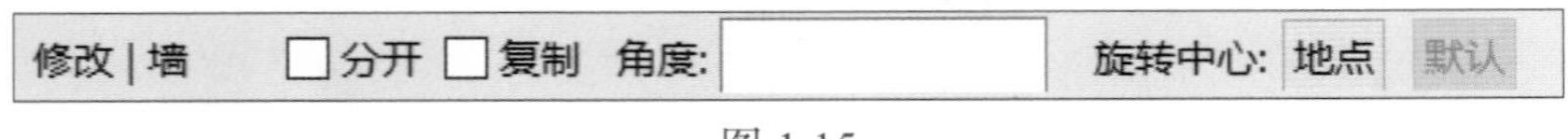

图 1.15

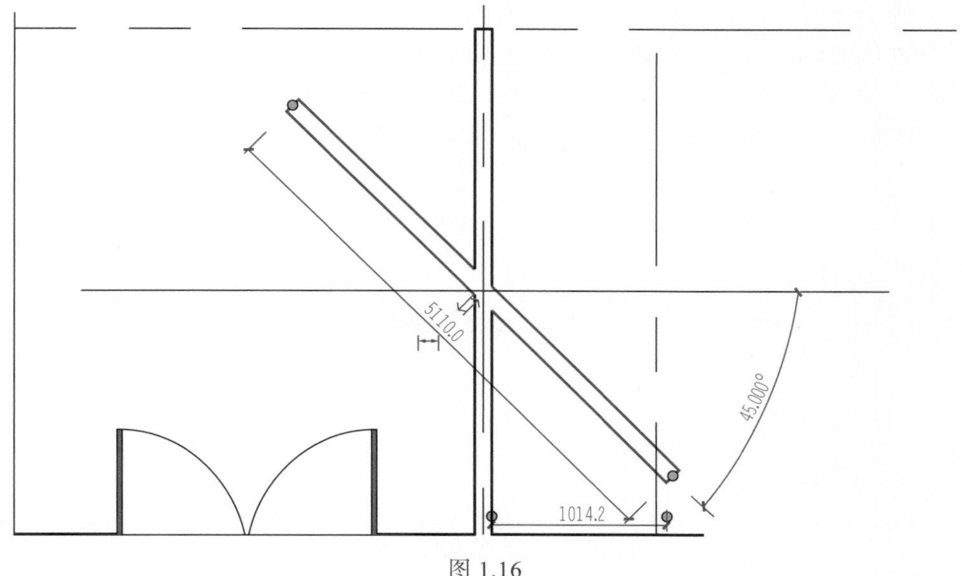

图 1.16

11）**修剪 / 延伸多个图元**：可修剪 / 延伸多个图元（如墙、线或梁）到其他图元定义的边界。

12）**阵列**：单击“阵列”按钮调整选项栏中相应设置，在视图中拾取参考点和目标点位置，二者间距作为第一个墙体和第二个或者最后一个墙体的间距值，自动阵列墙体，如图 1.17 所示。如单击“成组并关联”按钮，阵列后的标高将自动成组，需要编辑该组才能调整墙体的相应属性；“项目数”包含被阵列对象在内的墙体个数；选中“约束”复选框可保证沿正交方向阵列，如图 1.18 和图 1.19 所示。

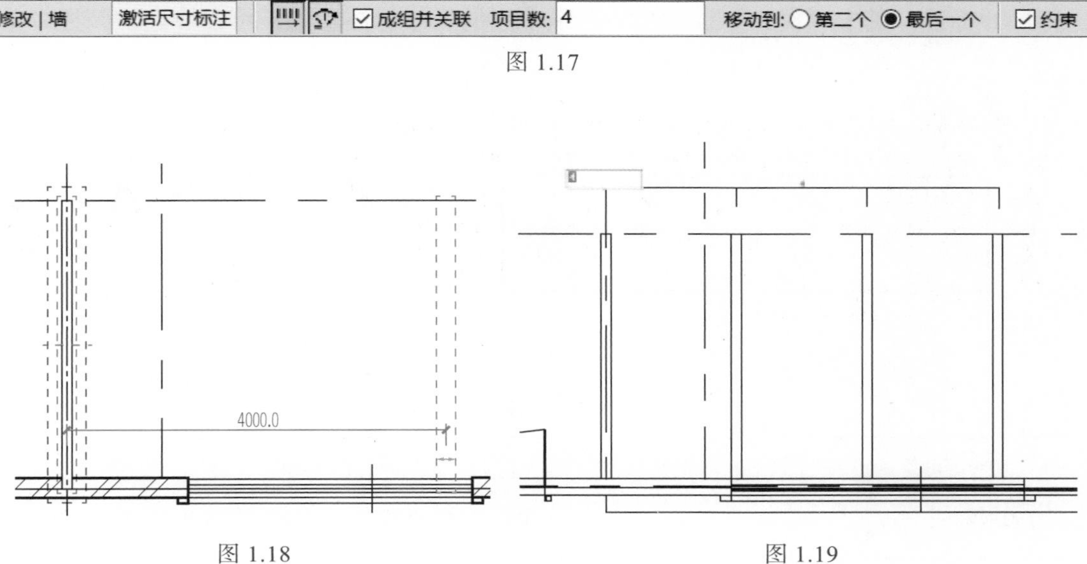

图 1.17

图 1.18

图 1.19

13）**缩放**：选择墙体，单击“缩放”按钮，缩放方式选择“图形方式”修改 | 墙 ◉图形方式 ○数值方式 比例: 2，单击整道墙体的起点、终点，以此来作为缩放的参照距离；再单击墙体新的起点、终点，确认缩放后的大小距离，如图 1.20 所示。如果为“数值方式”，则直接缩放比例数值，按 Enter 键确认即可，如图 1.21 所示。

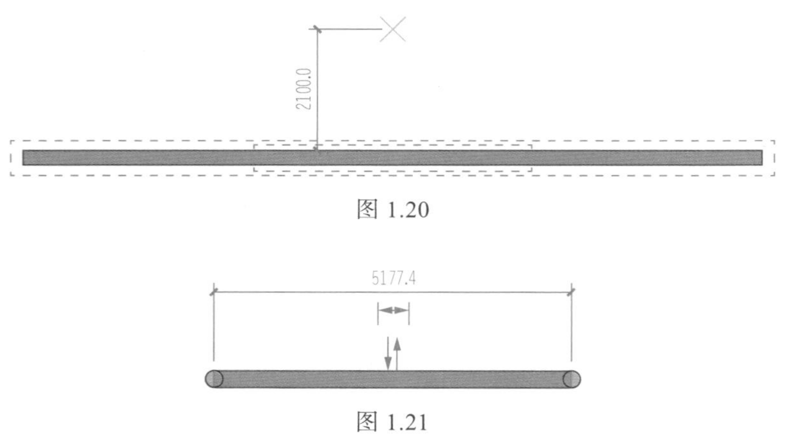

图 1.20

图 1.21

14）**锁定**：用于锁定模型图元移动和修改。

15）**解锁**：用于解锁模型图元，以使其可以移动和修改。

16）**删除**：从模型中删除选中构件。

1.2.6　尺寸标注

Revit 中的尺寸标注功能位于“注释”选项卡下，如图 1.22 所示，提供了对齐、线性、角度、半径、直径、弧长、高程点、高程点坐标和高程点坡度等功能，用于对构件进行尺寸标注，其中“对齐”标注功能是最常用的尺寸标注功能，可在快速访问栏中单击按钮快速使用。尺寸标注功能介绍见表 1.5。

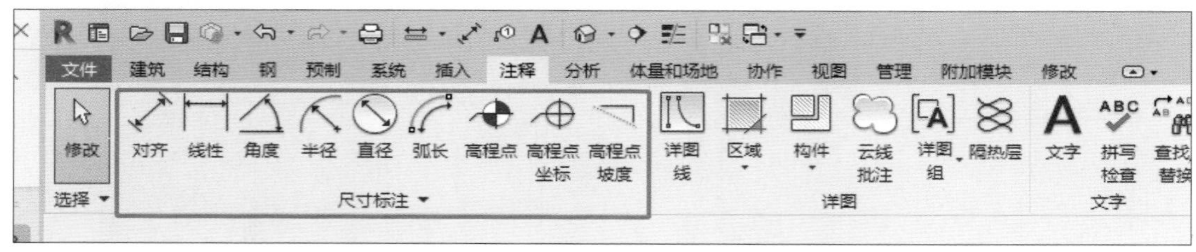

图 1.22

表 1.5　尺寸标注功能介绍

功能名称	图标	功能说明
对齐标注	对齐	用于标注平行参照之间与多点之间的距离

续表

功能名称	图标	功能说明
线性标注	线性	用于标注水平和垂直参照之间的距离
角度标注	角度	用于标注两条参照线的角度
半径标注	半径	用于标注圆或圆弧的半径
直径标注	直径	用于标注圆或圆弧的直径
弧长标注	弧长	用于标注圆弧的弧长
高程点标注	高程点	用于标注选中点的高程
高程点坐标标注	高程点坐标	用于标注选中点的高程和平面坐标
高程点坡度标注	高程点坡度	用于标注选中点的坡度

【提示】尺寸标注过程中，通过单击参照面或点，可选中/取消参照点。因此在标注尺寸过程中，应避免连续单击同一参照，以免取消选中。通过单击空白位置对尺寸标注进行确认。

1.2.7 快捷键的使用

在使用修改编辑图元命令时，往往需要进行多次操作，为避免花费太多时间寻找命令的位置，可使用快捷键加快操作速度。

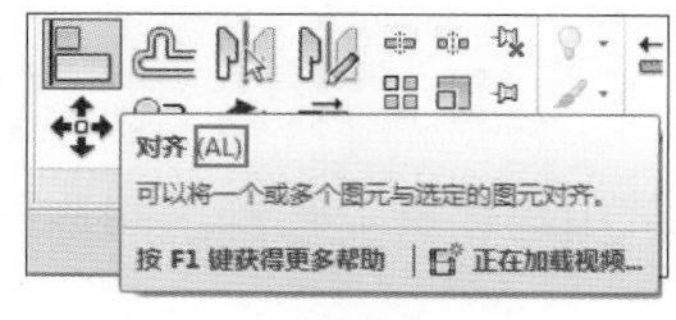

图 1.23

Revit 的快捷键由两个字母组成。在工具提示中，可以看到快捷键的分配。如图 1.23 所示，以“对齐”命令为例，AL 为其快捷键，将输入法切换到英文输入状态，直接输入 AL 即可。退出按 Esc 键即可。

Revit 还允许用户自定义快捷键，单击“视图”选项卡→“窗口”面板→“用户界面”下拉列表，如图 1.24 所示，选择“快捷键”选项，弹出如图 1.25 所示的对话框。

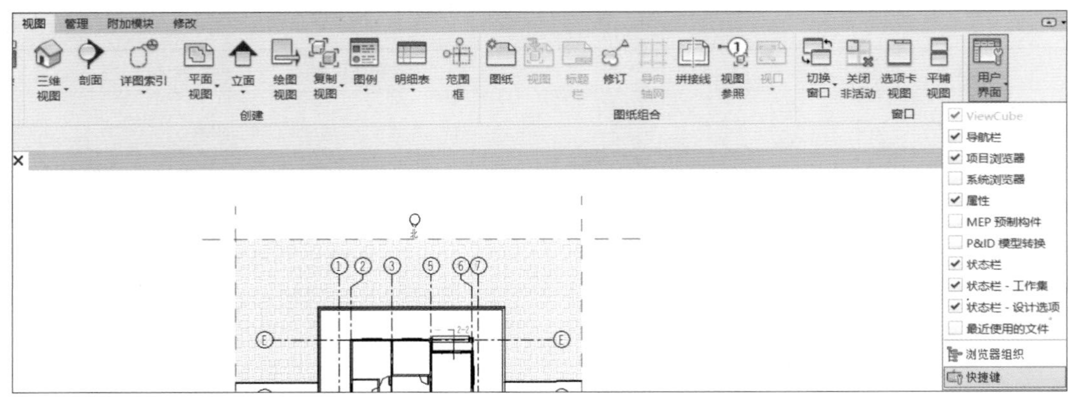

图 1.24

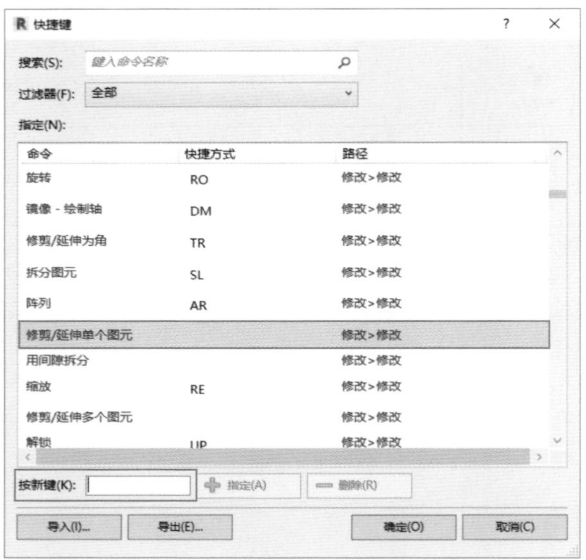

图 1.25

快捷键主要分为建模与绘图工具常用快捷键、编辑修改工具常用快捷键、捕捉替代常用快捷键、视图控制常用快捷键四种。具体分类如表 1.6 ～表 1.9 所示。

表 1.6　建模与绘图工具常用快捷键

命令	快捷键	命令	快捷键
墙	WA	对齐标注	DI
门	DR	标高	LL
窗	WN	高程点标注	EL
放置构件	CM	绘制参照平面	RP
房间	RM	模型线	LI

续表

命令	快捷键	命令	快捷键
房间标记	RT	按类别标记	TG
轴线	GR	详图线	DL
文字	TX		

表 1.7 编辑修改工具常用快捷键

命令	快捷键	命令	快捷键
删除	DE	对齐	AL
移动	MV	拆分图元	SL
复制	CO	修剪 / 延伸	TR
旋转	RO	偏移	OF
定义旋转中心	R3	在整个项目中选择全部实例	SA
列阵	AR	重复上一个命令	RC
镜像 - 拾取轴	MM	匹配对象类型	MA
创建组	GP	线处理	LW
锁定位置	PP	填色	PT
解锁位置	UP	拆分区域	SF

表 1.8 捕捉替代常用快捷键

命令	快捷键	命令	快捷键
捕捉远距离对象	SR	捕捉到远点	PC
象限点	SQ	点	SX
垂足	SP	工作平面网格	SW
最近点	SN	切点	ST
中点	SM	关闭替换	SS
交点	SI	形状闭合	SZ
端点	SE	关闭捕捉	SO
中心	SC		

表 1.9 视图控制常用快捷键

命令	快捷键	命令	快捷键
区域放大	ZR	临时隐藏类别	HC
缩放配置	ZF	临时隔离类别	IC
上一次缩放	ZP	重设临时隐藏	HR
动态视图	F8	隐藏图元	EH
线框显示模式	WF	隐藏类别	VH

续表

命令	快捷键	命令	快捷键
隐藏线显示模式	HL	取消隐藏图元	EU
带边框着色显示模式	SD	取消隐藏类别	VU
细线显示模式	TL	切换显示隐藏图元模式	RH
视图图元属性	VP	渲染	RR
可见性图形	VV	快捷键定义窗口	KS
临时隐藏图元	HH	视图窗口平铺	WT
临时隔离图元	HI	视图窗口层叠	WC

1.3 Revit 2021 新版功能介绍

Revit 2021 设计软件的新增和增强功能支持多领域设计（可延伸至细节设计和施工）建模的一致性、协调性和完整性。Revit 2021 新版功能介绍如下。

1. 衍生式设计

Revit 2021 在“管理”选项卡中新增了“衍生式设计”面板，包括“创建分析”与“浏览结果”，如图 1.26 所示，可以用计算机代替人工去计算，以便得到较好的计算结果。

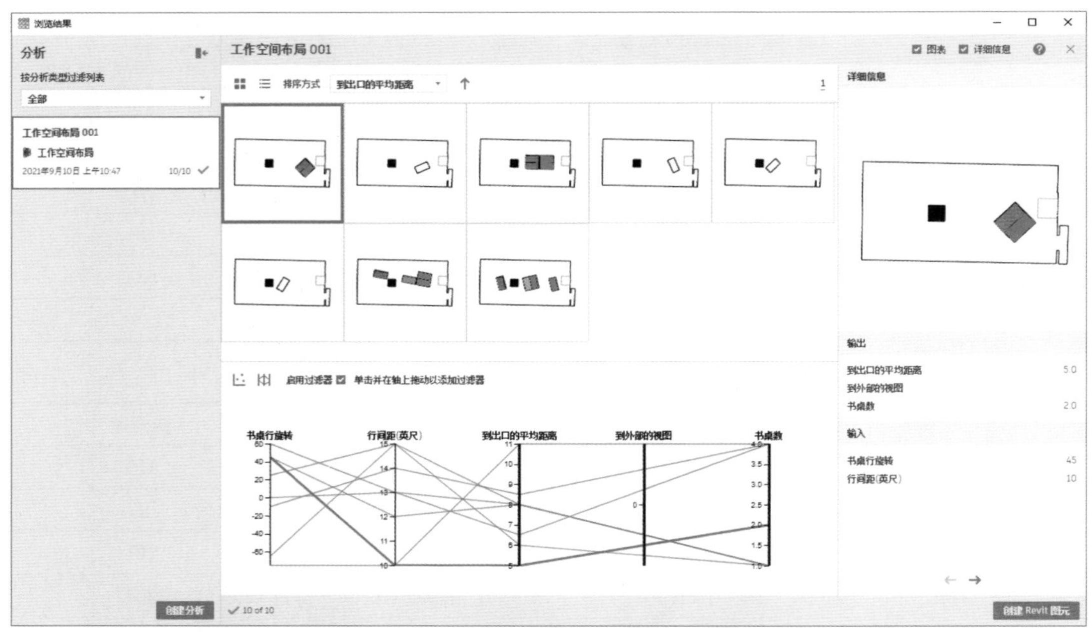

图 1.26

2．实时真实视图功能

Revit 2021 中“图形显示选项”对话框中的设置可以增强模型视图的视觉效果，实现更优质、更方便、更快速的真实视图直接实时地工作，如图 1.27 所示。

图 1.27

3．电气回路命名

为了更好地支持电气回路标识约定，在 Revit 2021 中，可以在“电气设置”对话框中自定义回路命名方案。使用配电盘的“回路命名”实例参数来选择一个方案，如图 1.28 所示。

4．倾斜墙

Revit 2021 中，通过设置墙体属性设置横截面和垂直方向的角度两项参数，直接创建倾斜墙模型，如图 1.29 所示。

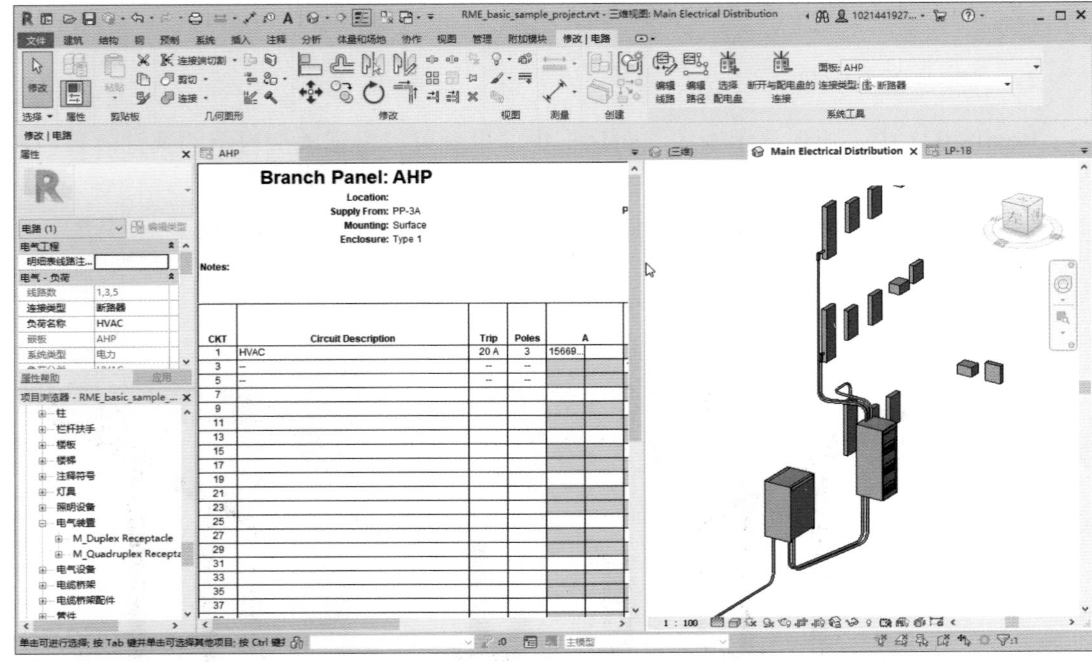

图 1.28

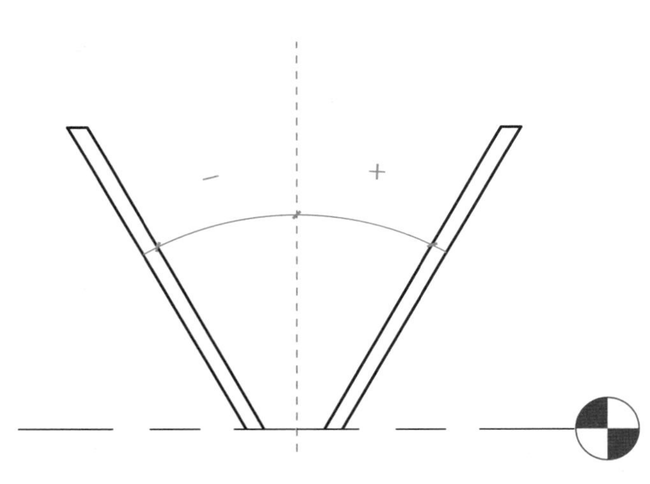

图 1.29

5．链接 PDF 文件或图像

Revit 2021 中，可以在二维视图中链接 PDF 文件或图像，以在创建模型时用作参照、跟踪或在图纸上使用。对于链接的 PDF 文件或图像，可以像导入的 PDF 文件或图像一样来移动、复制、缩放和旋转。

6．明细表“斑马纹”功能

Revit 2021 中，可通过设置“斑马纹”功能，采用对比颜色对各行进行显示，以使明细表更易于阅读。

7．集成的预制自动化

Revit 2021 中，新增了预制选项卡功能，并在安装软件过程中同步安装了预制的工具包，支持预制拆分、连接、钢筋和出图等功能，大大提高了 Revit 软件在预制自动化的深化设计应用能力，如图 1.30 所示。

<Planting Schedule>

A	B	C
Type Mark	Common Name	Count
T1	Honey Locust	8
T2	Hawthorn	1
T3	Large Tooth Aspen	1
T4	Red Maple	2
T5	Scarlet Oak	2
T6	Red Ash	1
T7	Lombardy Poplar	1

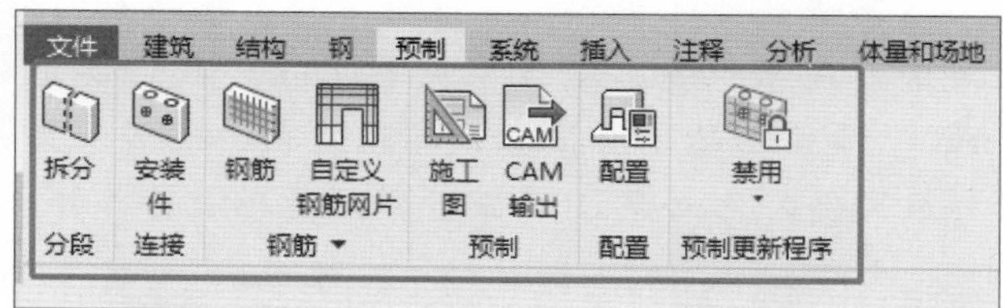

图 1.30

8．基础设施规程和桥梁类别

Revit 2021 通过 InfraWorks 支持桥梁和土木结构工作流，其中包括扩展的桥梁类别，以进行建模和文档编制，如图 1.31 所示。

三维视图: {三维}的可见性/图形替换

模型类别　注释类别　分析模型类别　导入的类别　过滤器

☑ 在此视图中显示模型类别(S)　　如果没有选中某个类别，则该类别将不可见。

过滤器列表(F): 基础设施

可见性	投影/表面			截面		半色调	详细程度
	线	填充图案	透明度	线	填充图案		
☑ 振动管理						☐	按视图
☑ 支座						☐	按视图
☑ 栏杆扶手						☐	按视图
☑ 桥台						☐	按视图
☑ 桥墩						☐	按视图
☑ 桥架						☐	按视图
☑ 桥梁缆索						☐	按视图
☑ 桥面						☐	按视图
☑ 照明设备						☐	按视图
☑ 线						☐	按视图
☐ 组成部分						☐	按视图
☑ 结构加强板						☐	按视图
☑ 结构区域钢筋						☐	按视图
☑ 结构基础						☐	按视图
☑ 结构柱						☐	按视图
☑ 结构框架						☐	按视图
☑ 结构腱						☐	按视图
☑ 结构路径钢筋						☐	按视图
☑ 结构连接						☐	按视图

全选(L)　全部不选(N)　反选(I)　展开全部(X)

替换主体层

☐ 截面线样式(Y)　编辑(E)...

根据“对象样式”的设置绘制未替代的类别。　对象样式(O)...

图 1.31

土建 BIM 建模前期准备

本章主要讲述建模前期准备工作，包括 CAD 图纸拆分及导入、样板文件介绍、样板文件创建等。在土建 BIM 建模之前，我们需先熟悉建筑、结构专业图纸，同时掌握 Reivt 中项目信息、项目基点、测量点、视图设置等参数设置及修改方法，并创建好项目样板文件，为土建 BIM 建模做好基础准备工作。

2.1 图纸拆分及导入

在实际项目实施过程中，使用 Revit 创建土建模型时，需要分层分专业建模，所以在建模前需要对原 CAD 图纸进行处理，拆分为分层分专业的单张 CAD 图纸后，再导入 Revit 中作为底图使用。本节将会对 CAD 图纸拆分处理及图纸导入 Revit 中的方法进行介绍。

图 2.1

1. CAD 图纸拆分处理

1）打开 AutoCAD（2007 版本以上）软件，执行“文件”→“打开”命令（快捷键 Ctrl+O），如图 2.1 所示，弹出“选择文件”对话框，找到“某供电所项目 - 结构施工图 .dwg”文件，如图 2.2 所示，单击“打开”按钮。

【提示】打开文件时需注意，若文件是使用天正建筑软件绘制的，那么也需要使用天正建筑软件打开，否则会出现墙体和标注等图元缺失的情况；也可以使用天正建筑软件先将文件转化为 .dwg 格式后，再使用 CAD 打开文件。

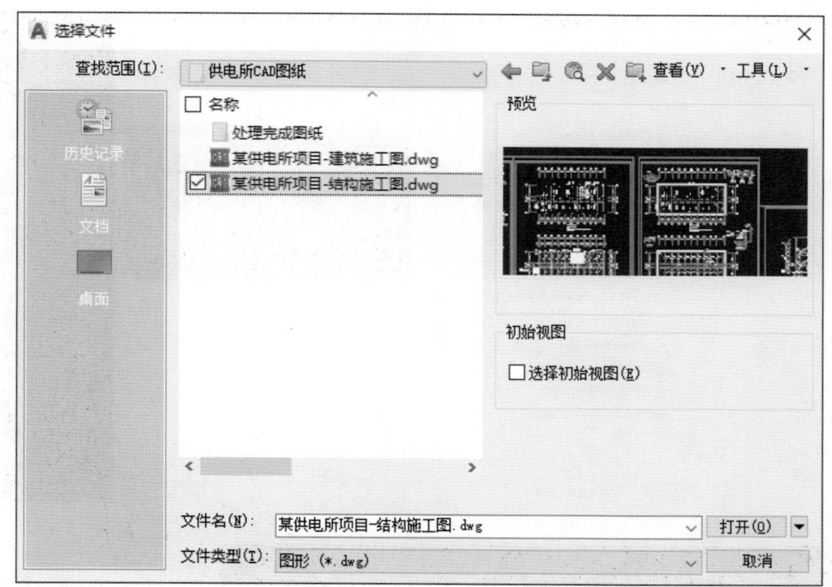

图 2.2

2）复制图纸至新建文件：按住鼠标从左至右框选需导入 Revit 的图元信息，如图 2.3 所示，然后将图元复制（快捷键 Ctrl+C）至粘贴板中。单击“文件”→“新建”按钮（快捷键 Ctrl+N），新建 CAD 空白文件，在弹出的“选择样板”对话框中，单击“打开”按钮，选择“无样板打开 - 公制（M）”，如图 2.4 所示。

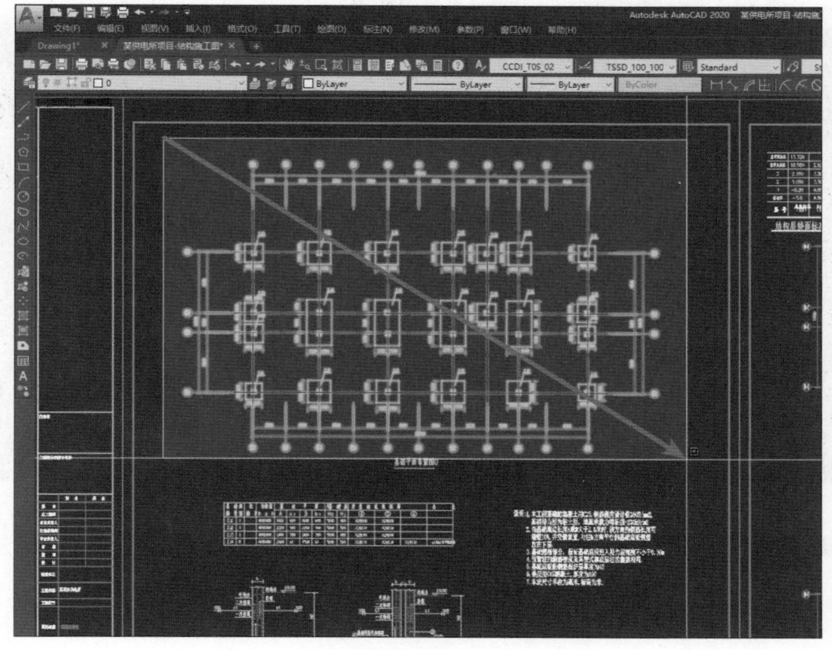

图 2.3

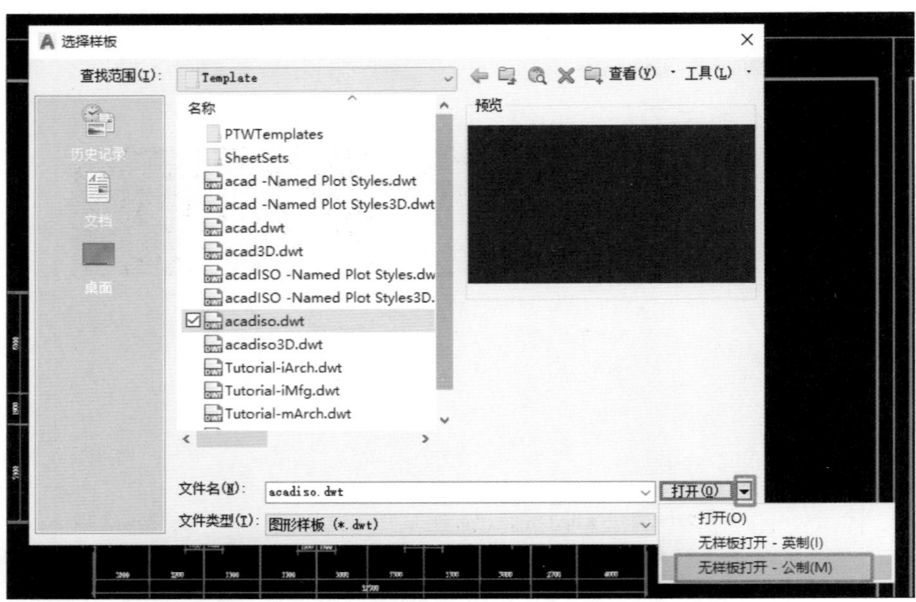

图 2.4

3）粘贴图纸：粘贴（快捷键 Ctrl+V）所复制图元，指定插入点，在绘制区任意位置单击，完成图纸粘贴，如图 2.5 所示。

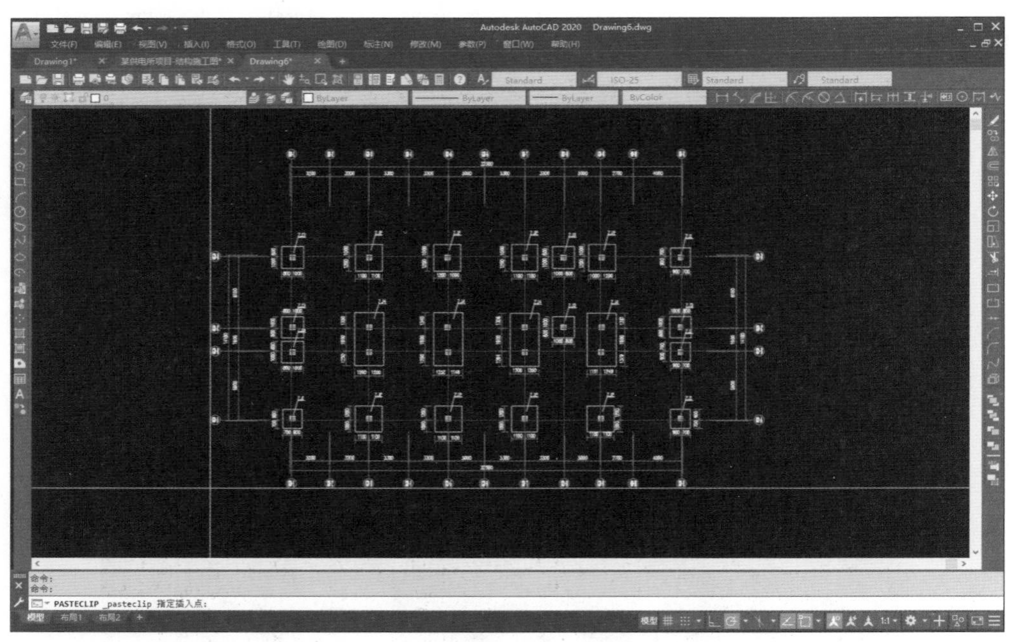

图 2.5

4）清理图纸：为避免图纸信息过多，CAD 文件过大，需对图纸进一步进行清理。执行“文件”→“图形实用工具”→“清理”（快捷键 PU）命令，如图 2.6 所示，弹出“清理”

对话框，如图 2.7 所示；单击“全部清理（A）”按钮，弹出“清理 - 确认清理”对话框，如图 2.8 所示；执行“清除所有选中项（A）”命令，然后单击“关闭”按钮，完成清理。

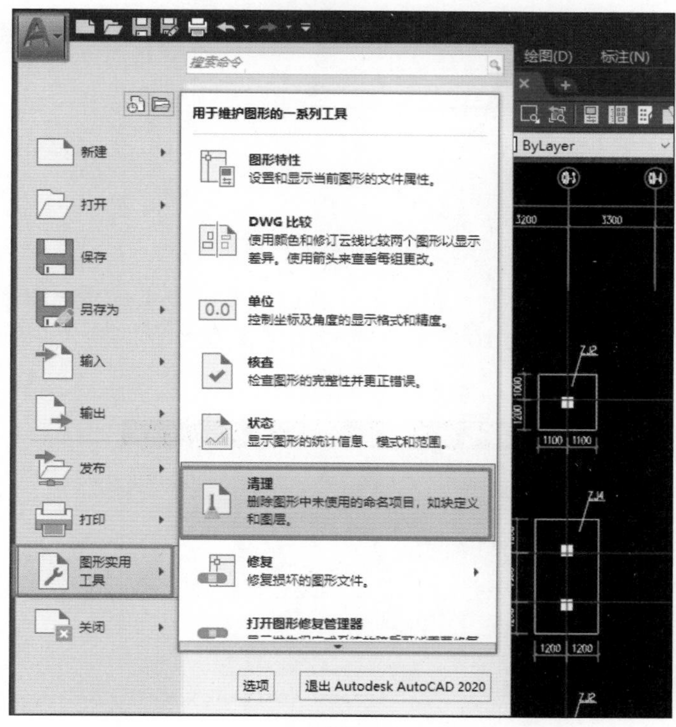

图 2.6

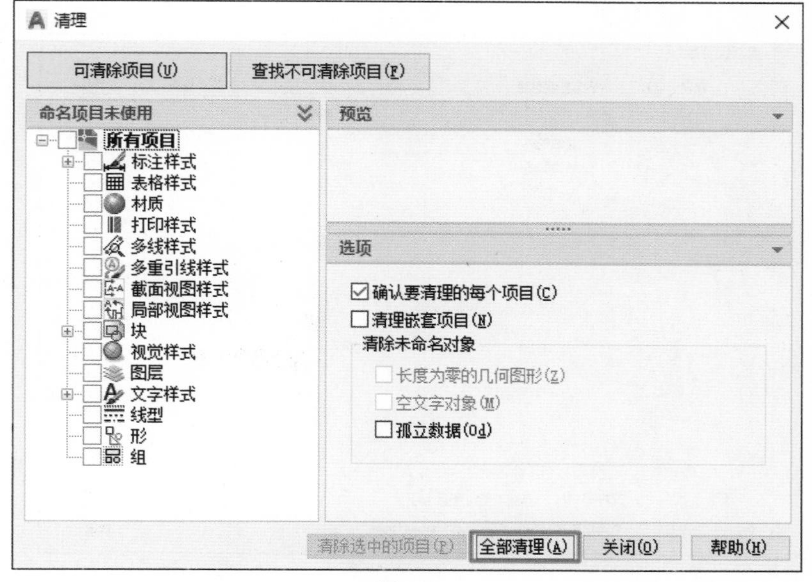

图 2.7

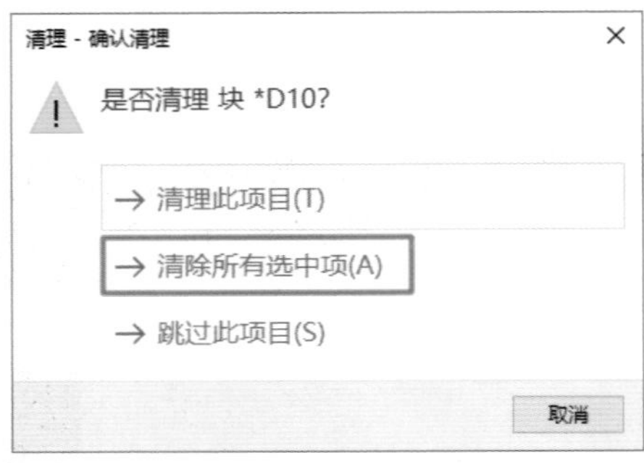

图 2.8

5）保存图纸：执行“文件”→“保存”（快捷键 Ctrl+S）命令，如图 2.9 所示，弹出“图形另存为”对话框，如图 2.10 所示，选择图纸保存位置，输入图纸文件名称，单击“保存”按钮。

图 2.9

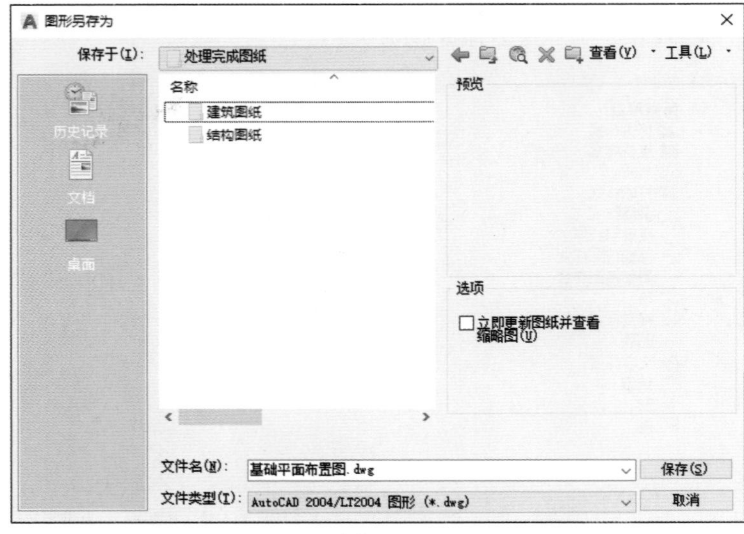

图 2.10

2．CAD 图纸导入 Revit

1）导入 CAD：打开 Revit，进入相应的视图，单击“插入”选项卡→“导入”面板→“导入 CAD”按钮；在弹出的“导入 CAD 格式”对话框中找到需导入的图纸，在对话框下方选中“仅当前视图”复选框，“导入单位（S）”选择“毫米”，“定位（P）”选择“手动 - 中心”，如图 2.11 所示；单击“打开”按钮，将 CAD 图纸导入至 Revit 中。

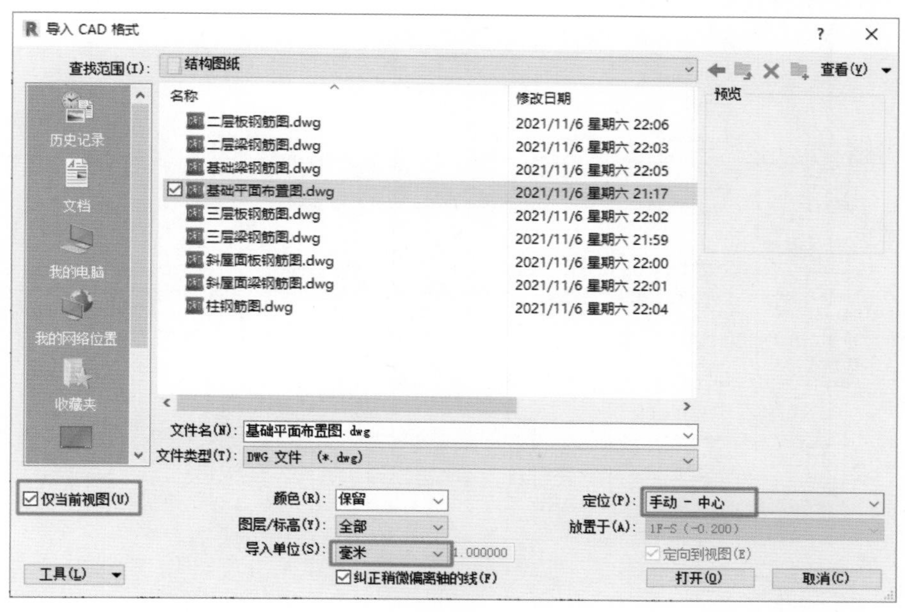

图 2.11

【提示】“仅当前视图”复选框若未勾选，导入视图会显示在所有视图中；“导入单位（S）”可根据图纸实际单位进行选择；“定位（P）”软件提供两种状态供选择：自动与手动，若选择自动，则图纸导入后会自动锁定，若选择手动，则不会进行锁定。

2）对齐图纸：单击“修改”选项卡 →“修改”面板→“对齐 \ 移动”按钮（快捷键 AL \ MV），将图纸对齐到对应轴号位置，如图 2.12 所示。

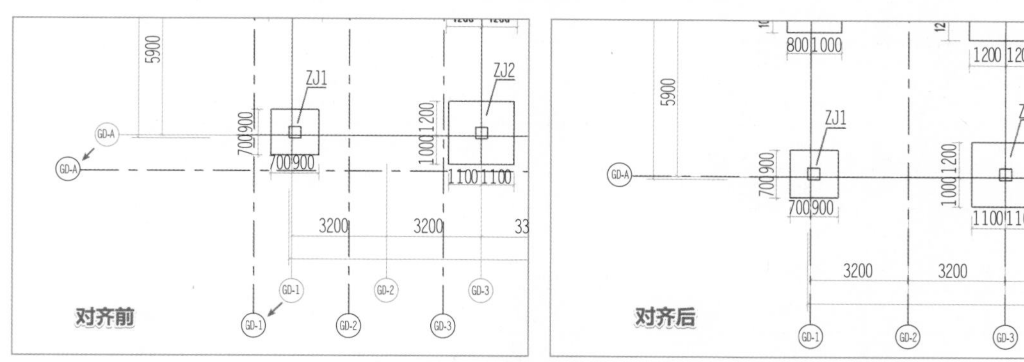

图 2.12

3）锁定图纸：图纸对齐后，单击选中图纸，再单击“修改”选项卡 →“修改”面板→“锁定”按钮 （快捷键 PN），将图纸进行锁定，以避免在操作过程中不小心移动图纸，如图 2.13 所示。选中图纸后会出现锁定图标 ，示意图纸已锁定；若需解除锁定，可单击“修改”选项卡 →“修改”面板→“解锁”按钮 （快捷键 UP），解除图纸锁定。

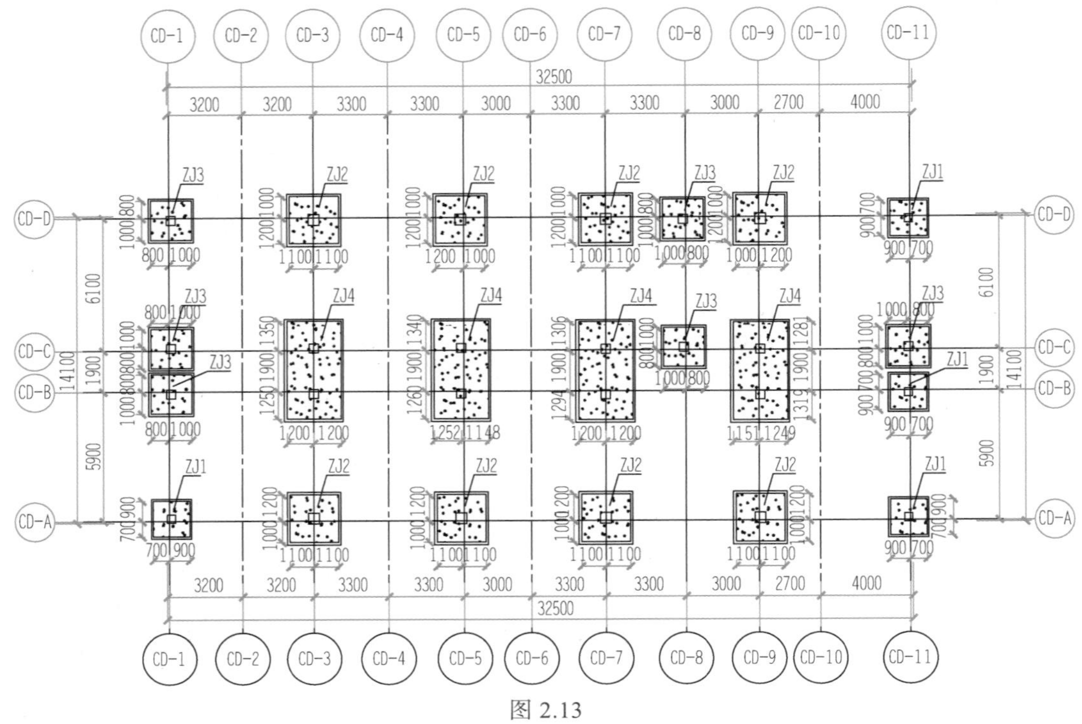

图 2.13

为方便读者操作，本书变电所工程案例所用到的图纸已处理完成，并放至电子资料包中，读者可通过登录 www.abook.cn 网站搜索本书下载使用。变电所工程案例各视图需导入的图纸见表 2.1。

表 2.1　变电所工程案例各视图需导入的图纸

标高	图纸
基础顶标高（-5.000）	基础平面布置图
1F-S（-0.200）	柱钢筋图、基础梁钢筋图
1F-A（0.000）	供电所底层平面图
2F-S（3.850）	二层梁钢筋图、二层板钢筋图
2F-A（3.900）	供电所二层平面图
3F-S（7.150）	三层梁钢筋图、三层板钢筋图
3F-A（7.200）	供电所三层平面图
RF（10.500）	斜屋面梁钢筋图、斜屋面板钢筋图、供电所屋顶层平面图

2.2　项目样板文件

项目样板为新建项目提供预设环境及标准族文件；在项目创建时选择合适样板文件尤为重要。本节将对样板类型、区别及新建方式进行介绍，帮助读者了解项目样板文件类型及区别。

1．样板类型

项目样板主要是为新建项目提供工作环境，样板中存在一些已载入的族构件，不同专业的项目应用的样板也不同，单位、线型、构件的显示都存在一定的区别。Revit 2021 版本前的样板文件包括构造样板、建筑样板、结构样板以及机械样板，Revit 2021 增加了系统样板、电气样板、管道样板。

2．样板的区别

1）建筑样板：建筑样板适用于建筑专业的项目。在建筑样板的项目浏览器中，视图只有楼层平面，已载入的梁构件族为“热轧 H 型钢”，已载入的门窗构件族为“单扇 - 与墙齐”和“固定”，如图 2.14 所示。

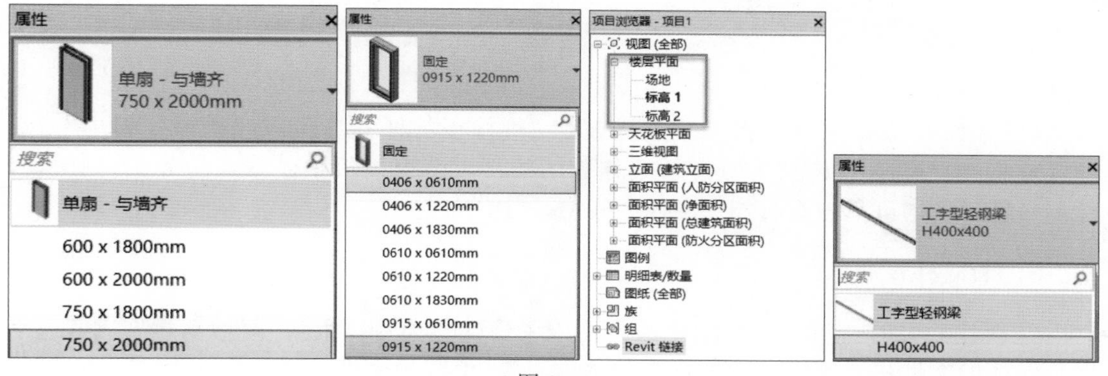

图 2.14

2）结构样板：结构样板适用于结构专业的项目。在结构样板的项目浏览器中，视图只有结构平面，已载入的梁构件族有“混凝土 - 矩形梁”“热轧 H 型钢”“热轧无缝钢管”等，已载入的门窗构件族有“M_ 门 - 洞口”和“M_ 窗 - 方形洞口”，如图 2.15 所示。

3）构造样板：构造样板适用于多专业于一体的项目。构造样板中已载入的构件族与建筑样板相同。在构造样板的项目浏览器中，视图有楼层平面，如图 2.16 所示。

4）机械样板：机械样板适用于管道综合专业的项目。机械样板中已载入族包括管道构件、电缆桥架、风管管件等。在机械样板的项目浏览器中，视图有卫浴及机械，如

图 2.17 所示。

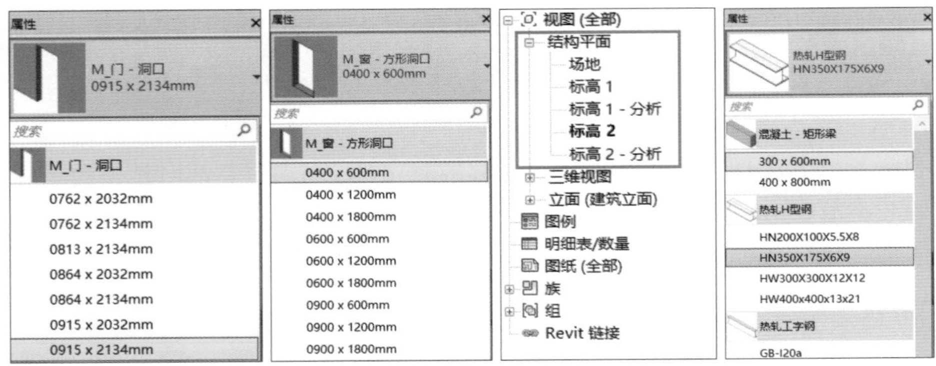

图 2.15

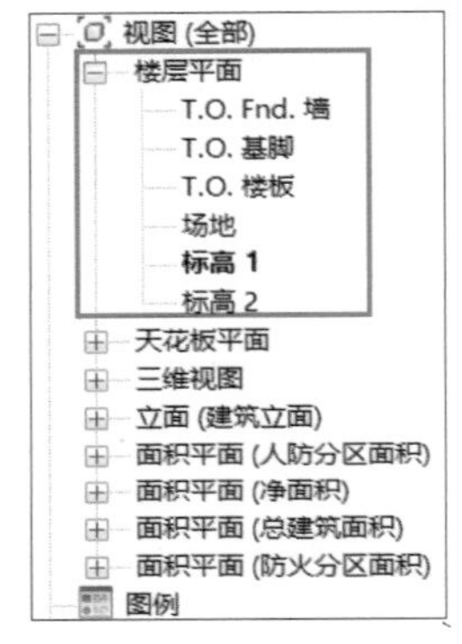

图 2.16

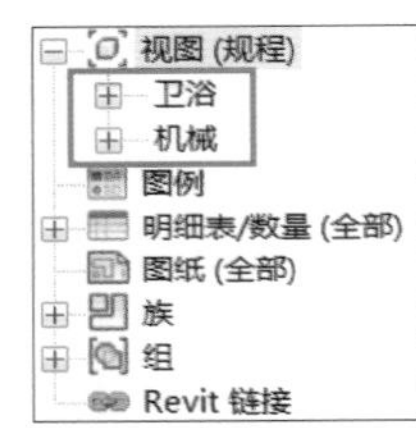

图 2.17

5）系统样板、电气样板、管道样板：三种样板的样式均可以在机械样板中查找。电气样板中已载入的族只有电缆桥架相关的构件，管道样板中已载入的族只有管道构件，三种样板均可单独查看相关专业的模型。

3．新建样板的方式

在新建项目时，可选择新建“项目”或者新建“项目样板”，两种新建方式的区别在于保存的文件格式不同。若选择新建“项目”，保存的文件扩展名为 .rvt；若选择新建“项目样板”，保存的文件扩展名为 .rte。一般项目前期准备时应选择新建“项目样板”，之后在项目样板上进行项目模型的创建。

供电所案例样板创建

2.3 供电所案例样板创建

本节以供电所项目样板文件创建为案例，对样板文件创建步骤及方法进行讲解，帮助读者了解并掌握项目信息、地点、标高、轴网、视图、基点及测量点等主要参数设置方法。

1．创建项目样板

打开 Revit，执行“文件”→“新建”→“项目”命令，弹出“新建项目”对话框，如图 2.18 所示。通过“样板文件”下拉列表选择构造样板，选中“新建”中的“项目样板（T）”，单击“确定”按钮。

【提示】当项目为建筑专业时选择建筑样板，结构专业时选择“结构样板”。若项目中包含建筑和结构，则选择构造样板。

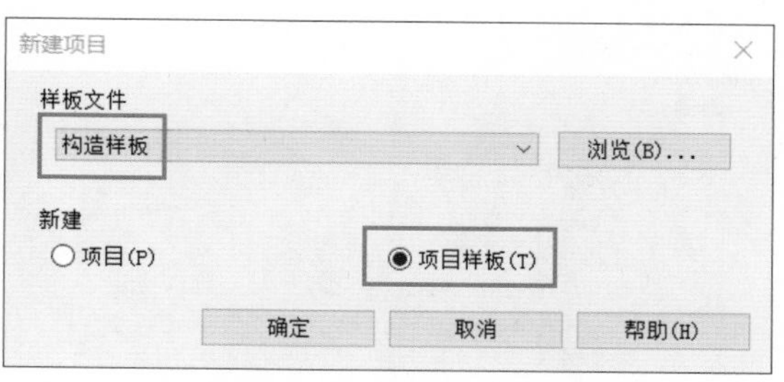

图 2.18

2．设置项目信息

进入项目样板建模界面后，单击“管理”选项卡→“设置”面板→“项目信息”按钮，将建筑施工图设计说明中的项目地址、项目名称、建筑名称等内容输入至项目样板中，完善模型地理信息，如图 2.19 所示。设置项目信息的目的是便于在后期出图时可直接调用项目信息。

项目信息

族(F)：系统族:项目信息　　载入(L)...

类型(T)：　　编辑类型(E)...

实例参数 - 控制所选或要生成的实例

参数	值
标识数据	
组织名称	
组织描述	
建筑名称	供电所
作者	
能量分析	
能量设置	编辑...
布线分析	
线路分析设置	编辑...
其他	
项目发布日期	2017.08
项目状态	施工
客户姓名	XXX
项目地址	江西省南昌市某供电所项目
项目名称	某供电所项目
项目编号	XXXXXX
项目负责人	
审核	
校核	

确定　取消

图 2.19

3. 设置项目地点

单击“管理”选项卡→“设置”面板→“地点”按钮，弹出“位置、气候和场地”对话框，在对话框中输入项目的地点，本项目位于“中国南昌”，如图 2.20 所示。

图 2.20

4. 创建标高

打开任意立面视图，单击“建筑”选项卡→“基准”面板→“标高”按钮，按照图纸中的立面图，创建建筑标高及结构标高。建筑标高的命名方式为“楼层编号 -A（建筑标高值）”，结构标高的命名方式为“楼层编号 -S（结构标高值）”，“A”是建筑学的英文（architecture）首字母，“S”是结构的英文（structure）首字母。创建建筑标高：1F-A（0.000）、2F-A（3.900）、3F-A（7.200）、RF-A（10.500）、室外地坪（-0.300）、屋顶（13.320）；创建结构标高：1F-S（-0.200）、2F-S（3.850）、3F-S（7.150）、RF-S（10.500）、基础顶标高（-5.000）。创建结果如图 2.21 所示。

图 2.21

【提示】若未使用“标高”命令创建标高，如使用复制、阵列等方式创建的标高，则无法生成对应的楼层视图。

5．视图创建

创建标高后，在项目浏览器中容易出现缺失平面视图的问题，这是因为在创建标高的过程中，采用“复制”命令创建的标高不能实时出现在项目浏览器中。选择“视图”选项卡→“创建”面板→“平面视图”下拉列表→“楼层平面”命令，弹出“新建楼层平面”对话框，如图 2.22 所示。选择所需创建视图的建筑标高，单击“确定”按钮，完成楼层平面视图的创建。

在“类型”下拉列表中选择“结构平面”，在“新建结构平面”对话框中选择未创建的结构平面视图，如图 2.23 所示。最终项目浏览器的视图分布如图 2.24 所示。

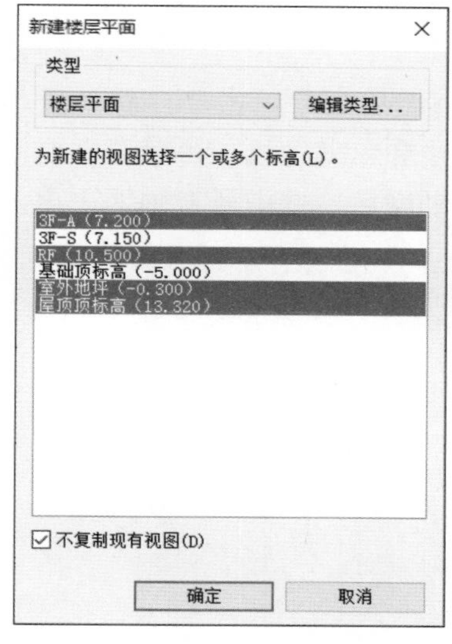

图 2.22

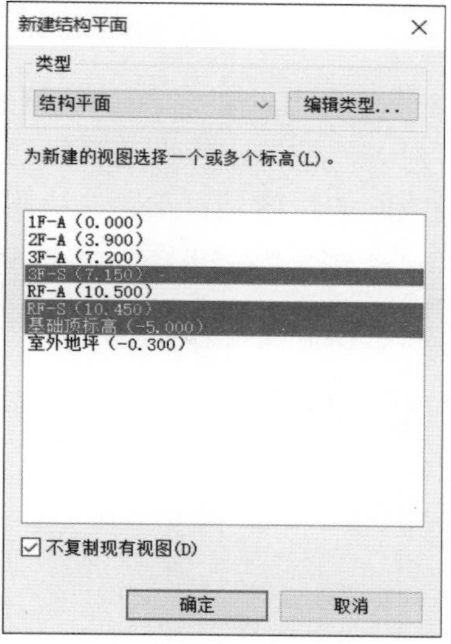

图 2.23

图 2.24

6．轴网创建

（1）绘制定位轴网

在项目浏览器中，双击“楼层平面”中的“1F-A（0.000）”平面视图，切换到“1F-A（0.000）”平面视图。单击“建筑”选项卡→“基准”面板→“轴网”按钮，分别绘制一条横向轴线和纵向轴线，双击轴号中的文字，修改轴号名称分别为 GD-1 和 GD-A，如图 2.25 所示。

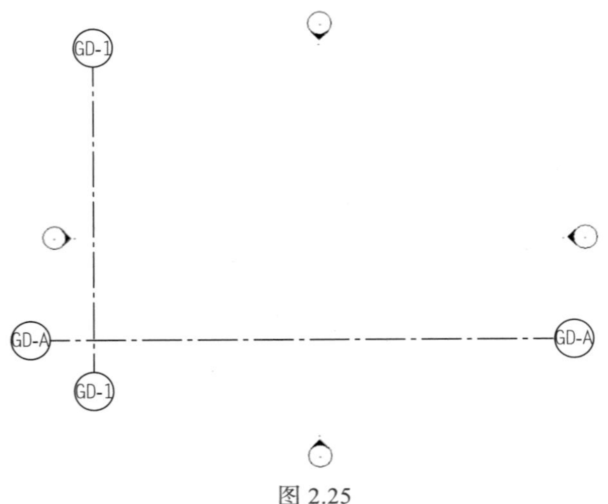

图 2.25

（2）绘制项目轴网

按照图纸中的轴网标注，绘制其余的轴线。轴网绘制完成后，单击“注释”选项卡→“尺寸标注”面板→“对齐”按钮，依次选择横向轴线和纵向轴线，再单击空白区域放置尺寸标注，查看各轴线间的距离是否正确。绘制完轴网后，选中所有轴网，单击“修改”选项卡→“修改”面板→“锁定”按钮 ，将轴网锁定。绘制结果如图 2.26 所示。

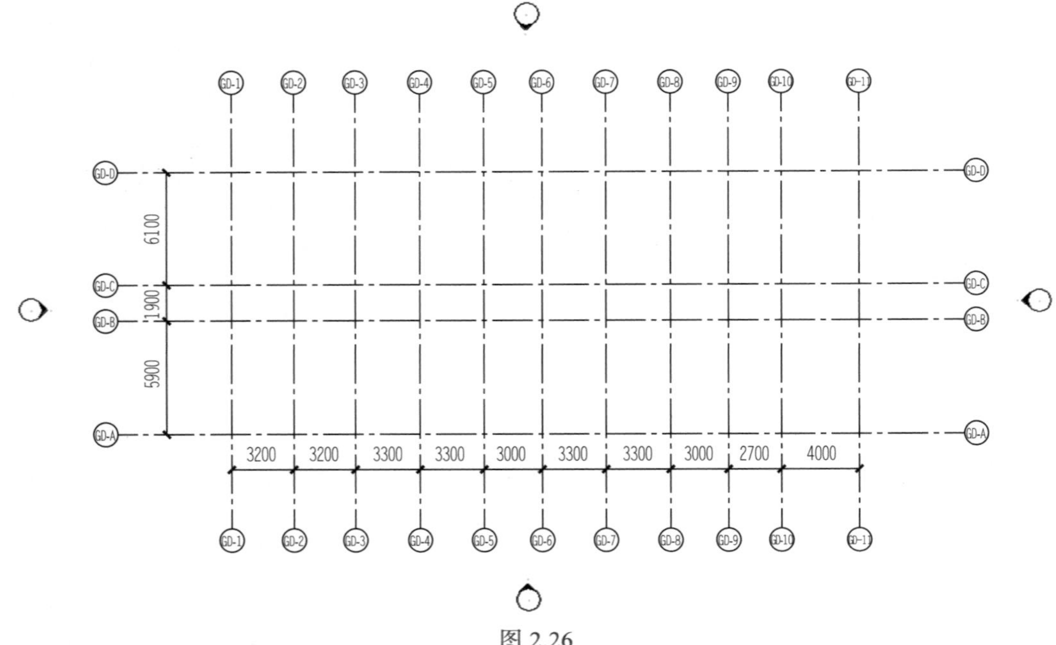

图 2.26

【操作技巧】对于轴网较多的项目，可在导入 CAD 图纸之后，单击“建筑”选项卡→“基准”面板→“拾取线”按钮；通过拾取 CAD 中的轴网线，快速创建项目轴网。

【提示】在项目浏览器中选择“族”→“注释符号”→“符号单圈轴号”→“编辑”命令，可进入族编辑界面修改轴网轴号的文字大小，如图 2.27 所示。

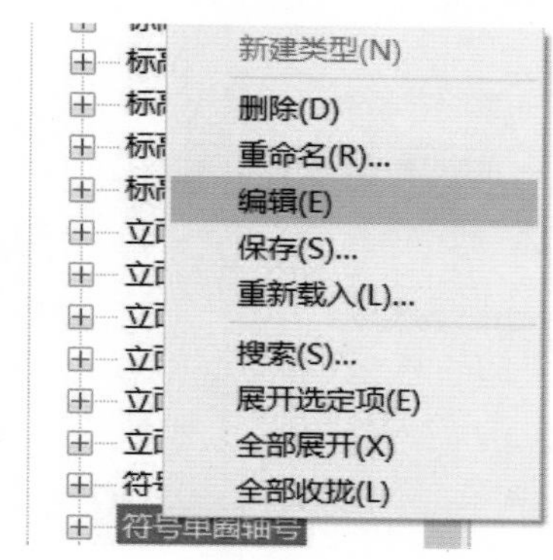

图 2.27

选择符号单圈轴号 .rfa 文件中圆圈内的文字标签，执行“属性”窗口→“编辑类型”命令，弹出“类型属性”对话框，将“文字大小”的值改成 3mm，如图 2.28 所示，单击“确定”按钮。再单击“载入到项目并关闭”按钮，弹出“族已存在”对话框，如图 2.29 所示，选择“覆盖现有版本及其参数值”，即可完成轴号的文字大小修改。

类型属性

族(F)：系统族:标签　　载入(L)...

类型(T)：RomanD 4.5mm - 1.2　　复制(D)...

重命名(R)...

类型参数(M)

参数	值
图形	
颜色	黑色
线宽	1
背景	透明
显示边框	☐
引线/边界偏移量	2.0320 mm
文字	
文字字体	Microsoft Sans Serif
文字大小	3.0000 mm
标签尺寸	12.0000 mm
粗体	☐
斜体	☐
下划线	☐
宽度系数	1.200000

这些属性执行什么操作？

<< 预览(P)　确定　取消　应用

图 2.28

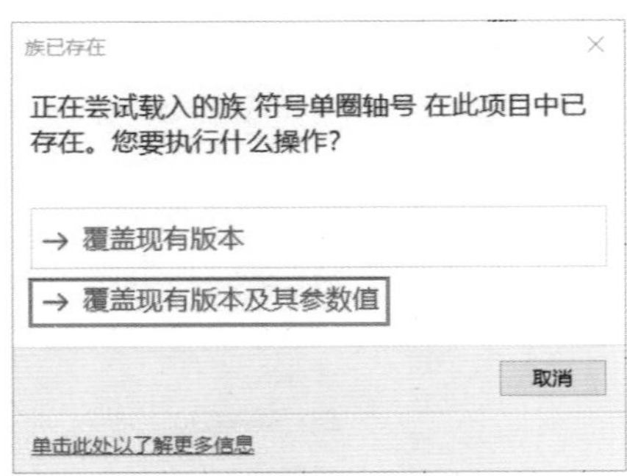

图 2.29

7．设置项目基点和测量点

在项目浏览器中，双击“楼层平面”中的“1F-A（0.000）”视图，进入“1F-A（0.000）”视图。选择属性栏中“可见性 / 图形替换”旁边的“编辑”命令，或按 VV 快捷键，弹出“楼层平面：1F-A（0.000）的可见性 / 图形替换”对话框，如图 2.30 所示，选中“场地”栏中的“测量点”和“项目基点”复选框。

楼层平面: 1F-A (0.000) 的可见性/图形替换

模型类别 注释类别 分析模型类别 导入的类别 过滤器

☑ 在此视图中显示模型类别(S)　　如果没有选中某个类别，则该类别将不可见。

过滤器列表(F): <多个>

可见性	投影/表面 线	投影/表面 填充图案	投影/表面 透明度	截面 线	截面 填充图案	半色调	详细程度
☐ 停车场						☐	按视图
☑ 光栅图像							按视图
☑ 卫浴装置						☐	按视图
☑ 喷头						☐	按视图
☐ 地形						☐	按视图
☑ 场地						☐	按视图
☑ <隐藏线>							
☑ 公用设施							
☐ 内部原点							
☑ 后勤							
☑ 布景							
☑ 带							
☑ 建筑地坪							
☑ 建筑红线							
☑ 测量点							
☑ 项目基点							
☑ 坡道						☐	按视图
☑ 墙						☐	按视图
☑ 天花板						☐	按视图
☑ 安全设备						☐	按视图

全选(L) 全部不选(N) 反选(I) 展开全部(X)

替换主体层 ☐ 截面线样式(Y) 编辑(E)...

根据“对象样式”的设置绘制未替代的类别。 对象样式(O)...

确定 取消 应用(A) 帮助

图 2.30

单击“确定”按钮后，在视图中出现项目基点和测量点标记，如图 2.31 所示，项目基点和测量点均在同一位置。选中项目基点，单击“修改｜项目基点”上下文选项卡→“修改”面板→“移动”按钮，将项目基点移动至 GD-1 轴线和 GD-A 轴线的交点处，如图 2.32 所示。

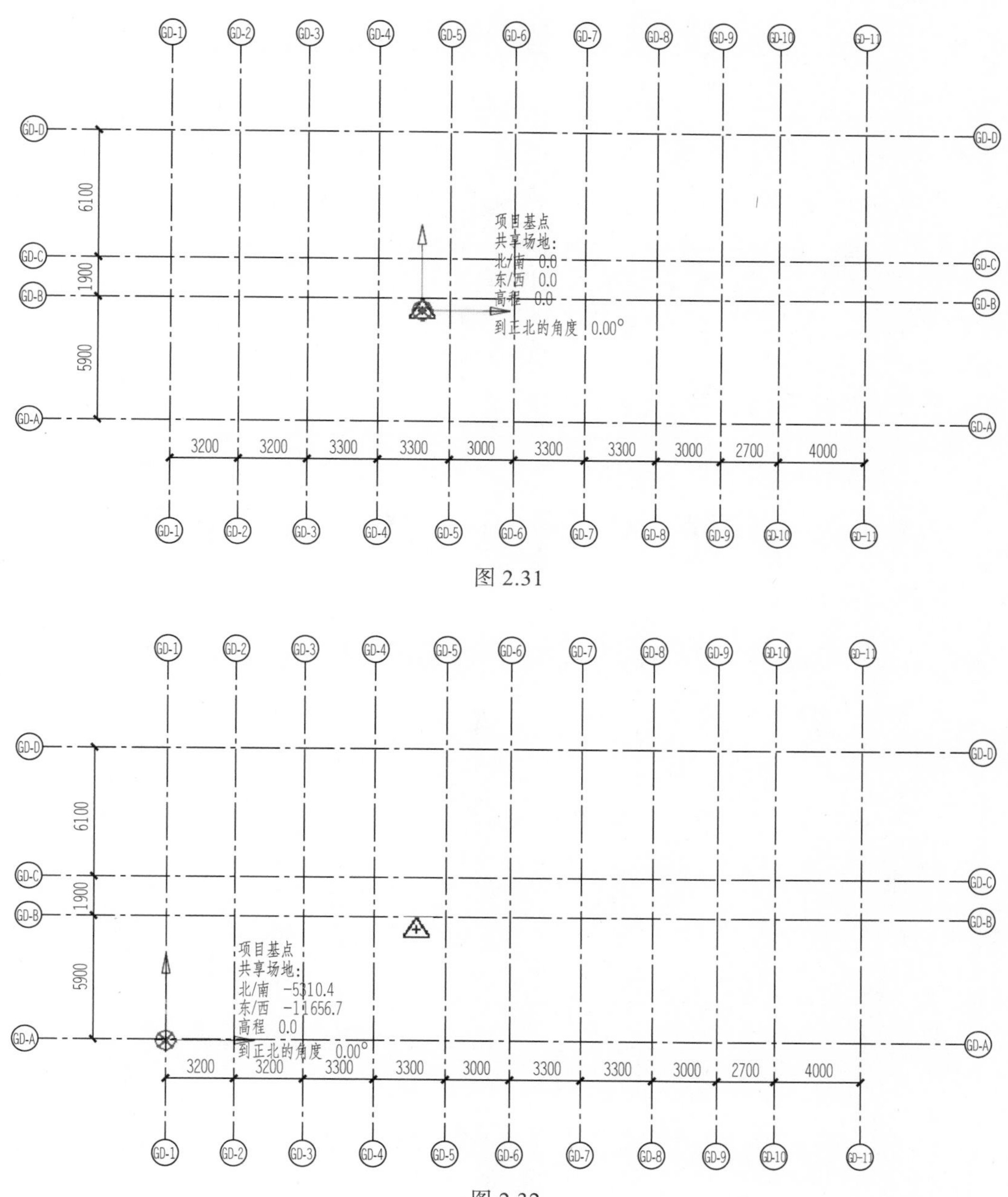

图 2.31

图 2.32

选中测量点，单击“修改点的剪裁状态”按钮，如图 2.33 所示。同样使用“移动”

命令，将测量点移动至 GD-1 轴线和 GD-A 轴线的交点处，如图 2.34 所示。此时项目基点的标识数据均为 0。最后可在“属性”窗口中的“可见性 / 图形替换”对话框下，取消勾选“项目基点”和“测量点”，从而隐藏“项目基点”和“测量点”。完成后将文件保存为供电所样板 .rvt。

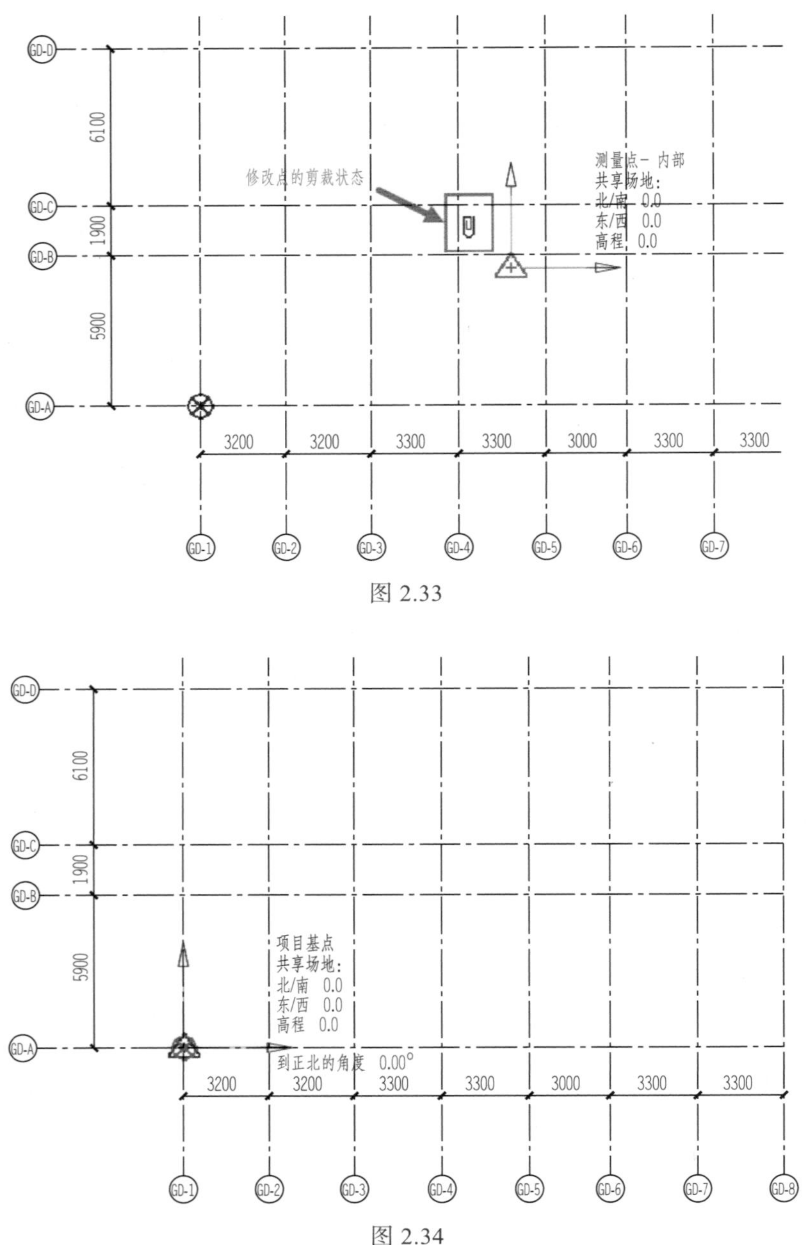

图 2.33

图 2.34

小　结

通过本章的学习，读者需熟悉土建建模的前期准备工作，掌握 CAD 图纸拆分及导入方法、项目样板文件的创建步骤，包括项目信息、地点、标高、轴网、视图创建方法。

从第 3 章即开始进行土建实战练习，创建顺序为：结构主体（第 3 章）→建筑主体（第 4 章）→楼梯及细部构造（第 5 章）。接下来进入第 3 章结构主体 BIM 建模步骤及方法的学习。

结构主体 BIM 建模

从本章开始，将以某变电所项目作为案例，介绍土建 BIM 建模步骤。从施工顺序上看，是先有框架结构，后有建筑装饰，故本书以结构专业作为土建项目实战开篇讲解。本章分为 5 节展开，包括结构基础创建，结构柱创建，基础梁创建，二、三层结构梁、板创建，屋顶层结构创建。按实际项目中结构创建步骤，引领读者逐步学习并掌握。

结构基础创建

3.1 结构基础创建

当建筑物上部结构采用框架结构或单层排架结构承重时，基础常采用方形或矩形的独立基础，其形式有阶梯形、锥形等。本节将以一阶独立基础为例，讲述如何运用软件中“基础中独立”命令创建并放置结构基础。

1. 图纸解析

根据电子资料（登录 www.abook.cn 网站下载）中基础梁钢筋图、基础大样图及基础类型尺寸参数表，可知本项目采用独立基础，独立基础共有四种类型：ZJ1、ZJ2、ZJ3、ZJ4。基础大样图如图 3.1 所示，基础类型尺寸参数见表 3.1。

表 3.1　基础类型尺寸参数　　单位：mm

基础编号	类型	柱断面 $b \times h$	基础平面尺寸				基础高度	
			A	a_1	B	b_1	H_0	H_j
ZJ1	Ⅰ	400×400	1600	600	1600	600	5000	400
ZJ2	Ⅰ	400×400	2200	900	2200	900	5000	500
ZJ3	Ⅰ	400×400	1800	700	1800	700	5000	400
ZJ4	Ⅱ	400×400	2400	a1	4500	b1	5000	500

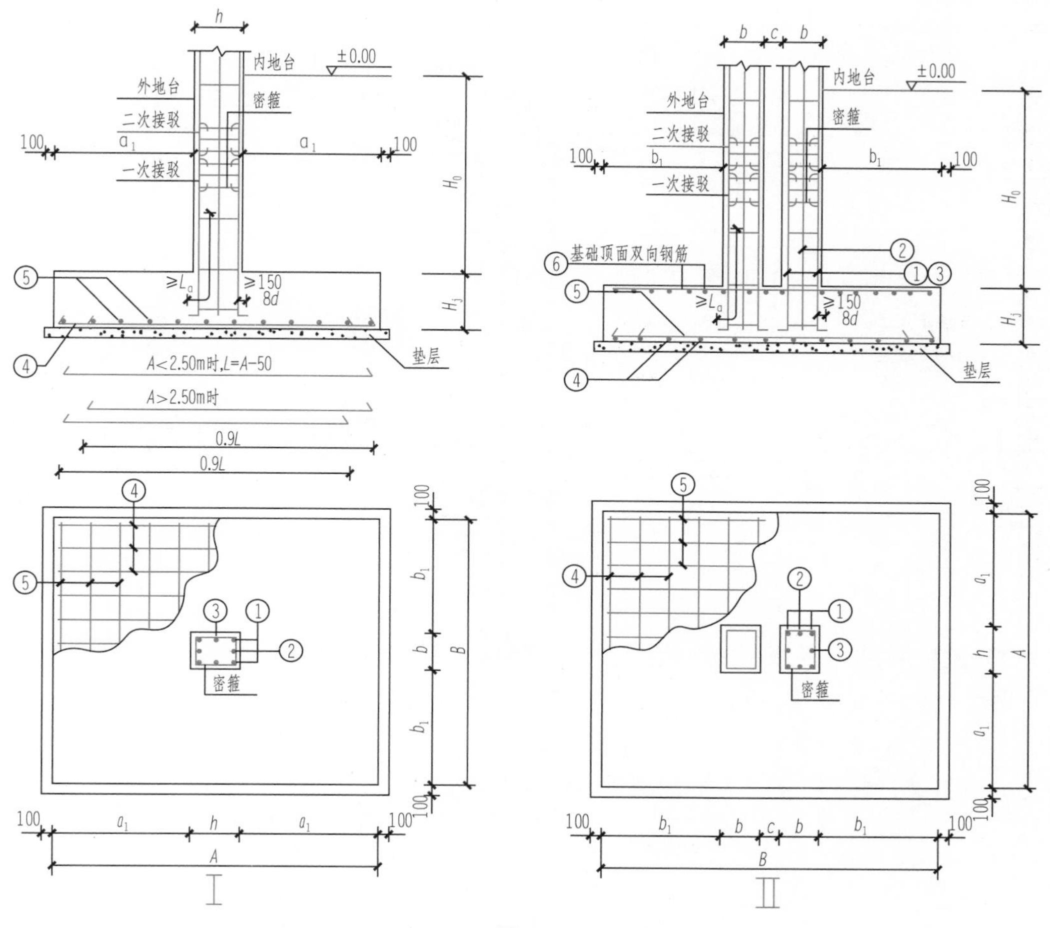

图 3.1

2．放置独立基础

1）导入基础CAD图纸。打开供电所样板.rte文件；在项目浏览器中双击进入结构平面“基础底标高（-5.000）”视图。按2.1节讲解的CAD图纸导入方法，将基础梁钢筋图导入该视图中，并与轴网对齐。

2）创建独立基础类型。单击“结构”选项卡→“基础”面板→“独立”按钮。单击属性设置任务窗格中的“编辑类型”按钮，弹出“类型属性”对话框，如图3.2所示，单击“复制”按钮，按照表3.1的四种独立基础类型，分别命名为“ZJ1_1600*1600mm”“ZJ2_2200*2200mm”“ZJ3_1800*1800mm”“ZJ4_2400*4500mm”，并修改对应的“类型参数”。

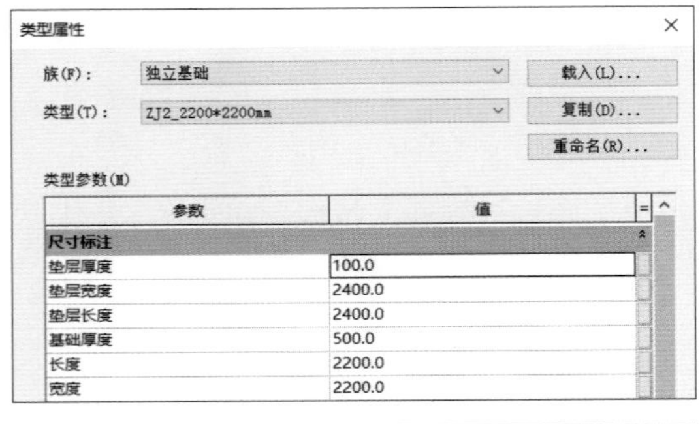

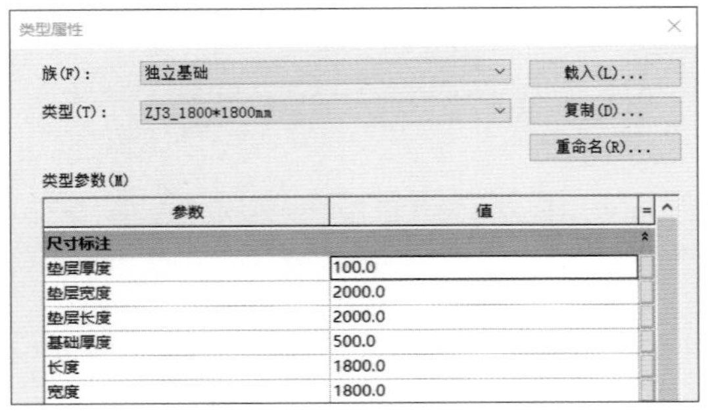

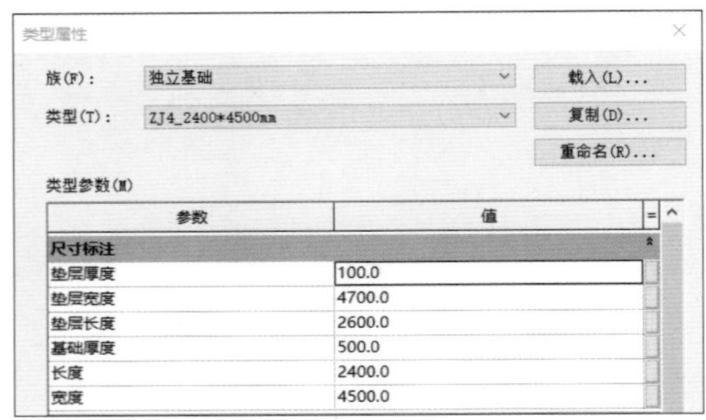

图 3.2

3）放置基础。按照图纸中基础位置，将四种基础依次放在对应位置，注意基础构件有两个矩形框，其中外层矩形框为基础垫层的外边缘，内层矩形框为基础的外边缘，如图 3.3 所示。独立基础二维平面布置图如图 3.4 所示，三维效果图如图 3.5 所示。创建完成后将文件保存为“3.1 结构基础 .rvt”。

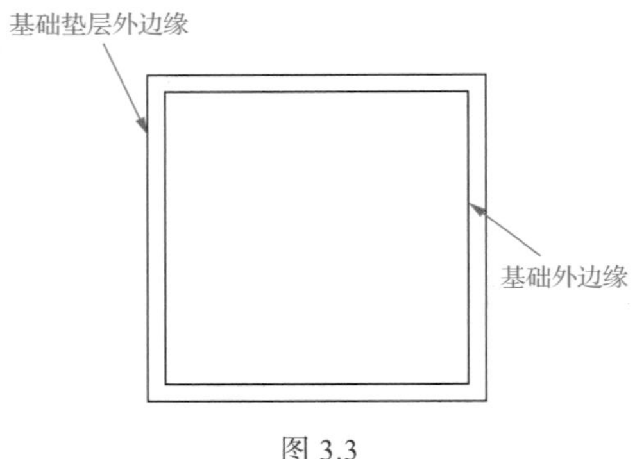

图 3.3

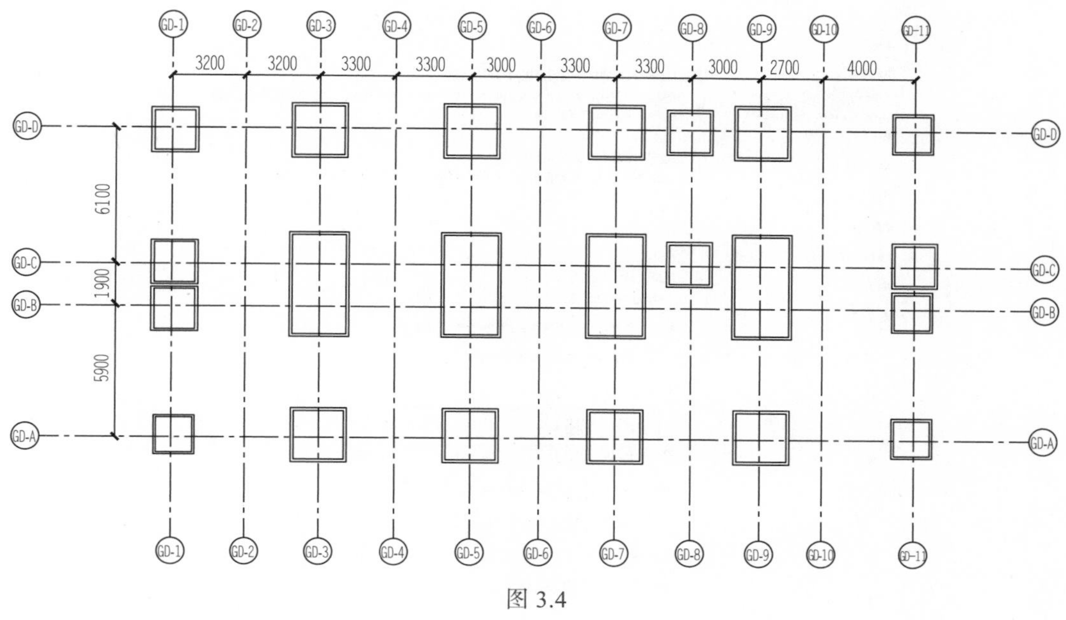

图 3.4

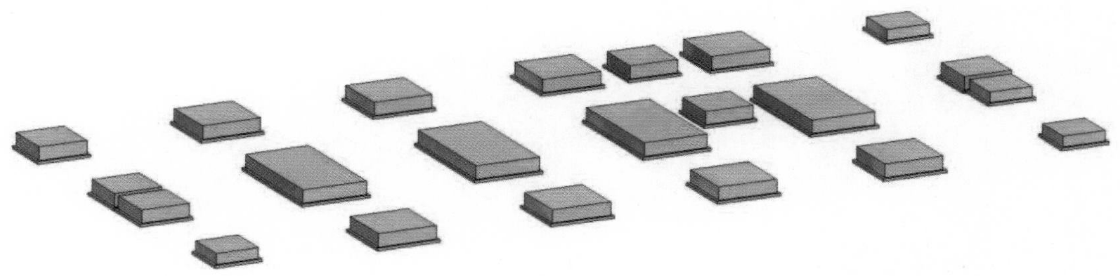

图 3.5

【**提示**】若导入的图纸线看不清楚，可选择“文件”→“选项”→“图形”命令，在弹出的对话框中将背景颜色改为黑色，如图 3.6 所示。

【**操作技巧**】放置相同类型的基础时，选中已放置的基础，单击“修改 | 放置 独立基础”上下文选项卡→“修改”面板→“复制”按钮，创建基础。单击“复制”按钮后选择已放置基础的任意角点，然后单击其他相同类型基础的角点，如图 3.7 所示。

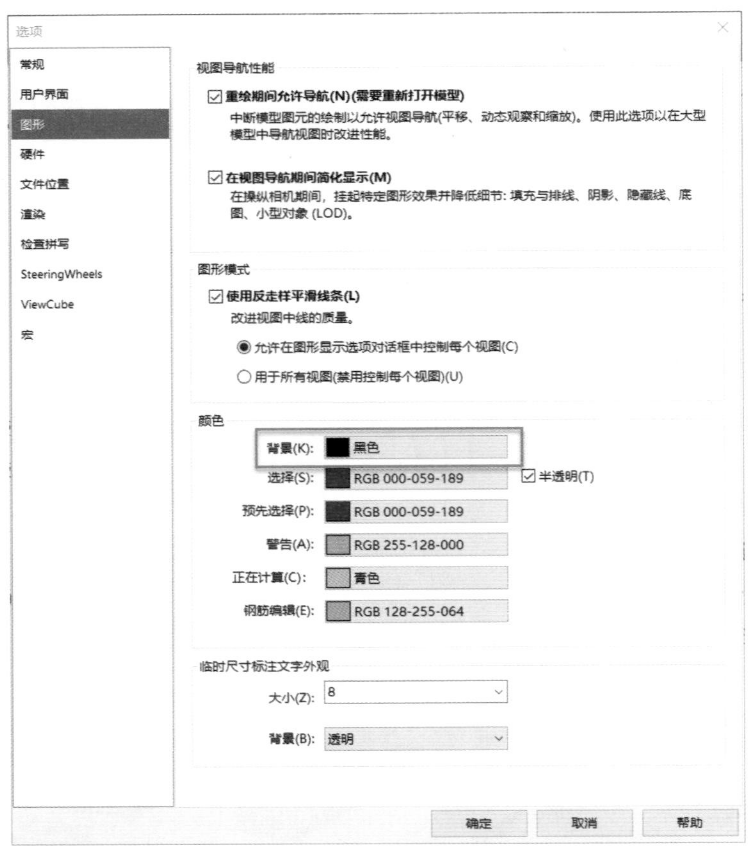

图 3.6

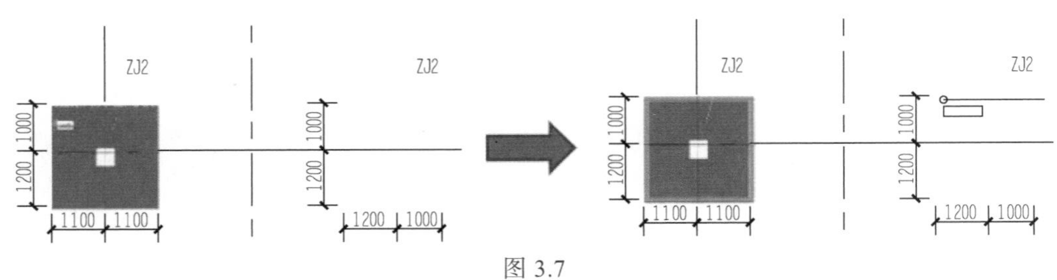

图 3.7

结构柱创建

3.2　结构柱创建

结构柱与建筑柱有本质区分。结构柱在建筑中起到承受梁和板传递的荷载，并将荷载传递给基础的作用，是主要的竖向受力构件。本节将以框架柱为例，讲述如何运用软件中“结构柱”命令创建并放置结构柱。

1. 图纸解析

1）根据柱钢筋图可知该项目的结构柱均为同一类型KZ1，尺寸为400mm×400mm，结构柱标高为基础～屋面（各层柱尺寸及位置均相同），如图3.8所示。

图3.8

2）由柱钢筋图可知，GD-D轴交GD-8、GD-9轴位置存在梯柱TZ，其尺寸为200mm×200mm；由楼梯大样图中楼梯1剖面图可知，梯柱的底标高为各层的结构标高，顶标高为该层楼梯的中转平台的标高，如图3.9所示。

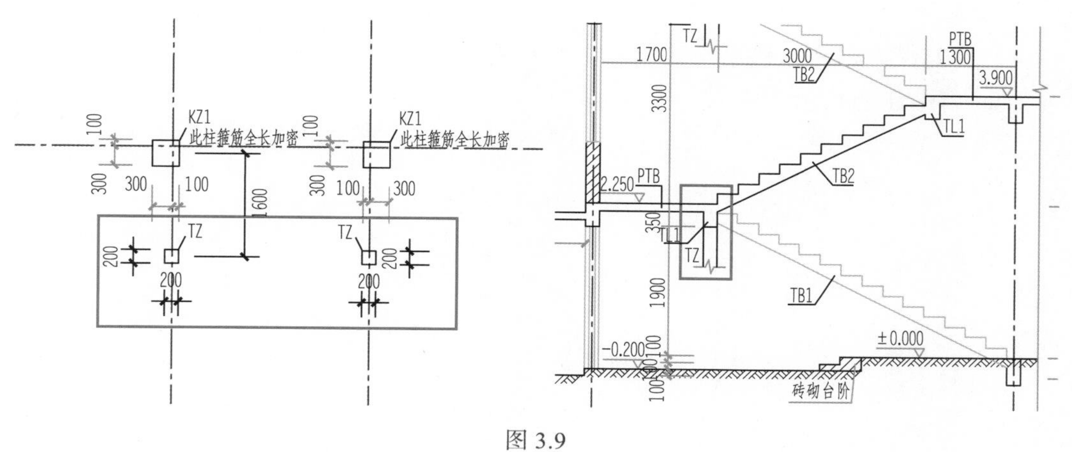

图3.9

2. 基础层结构柱创建

1）导入结构柱图纸。打开“3.1 结构基础.rvt文件”，在项目浏览器中双击进入结构平面“基础底标高（-5.000）”视图。按2.1节讲解的CAD图纸导入方法，将柱钢筋图导入该视图中，并与轴网对齐。

2）创建结构柱类型。单击“结构”选项卡→“结构”面板→“柱”按钮。在属性设置任务窗格中单击“编辑类型”按钮，弹出“类型属性”对话框，如图3.10所示，单击“复制”按钮，修改名称为“KZ1_400×400mm”，修改尺寸标注中的“b”和“h”

为“400.0”，单击“确定”按钮，完成类型设置。

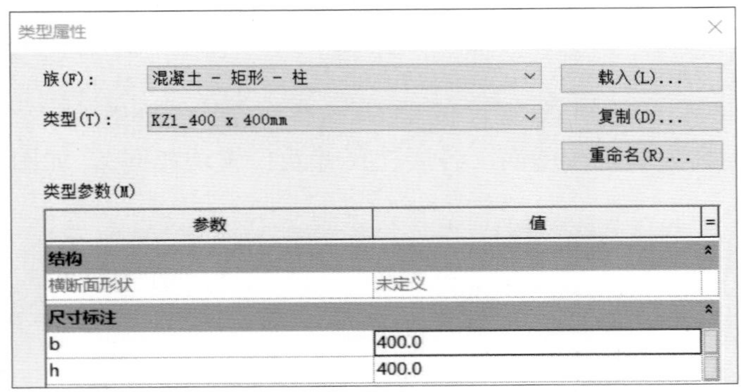

图 3.10

3）修改属性参数。将选项栏中的深度改为高度，标高改为“1F-S（-0.200）”，如图 3.11 所示。在属性设置任务窗格“约束”栏中修改结构柱的顶部标高为“1F-S（-0.200）”，底部标高为“基础顶标高（-5.000）”。

修改 | 放置 结构柱 ☐放置后旋转 高度: 1F-S (- 2500.0 ☑房间边界

图 3.11

4）放置柱。将光标移动至底图柱中心点附近，水平轴线和竖向轴线旁均会出现临时标注，当标注值均为 100 时，放置结构柱，如图 3.12 所示。其余结构柱按照图纸的位置依次放置。结构柱二维平面布置图如图 3.13 所示，三维效果如图 3.14 所示。

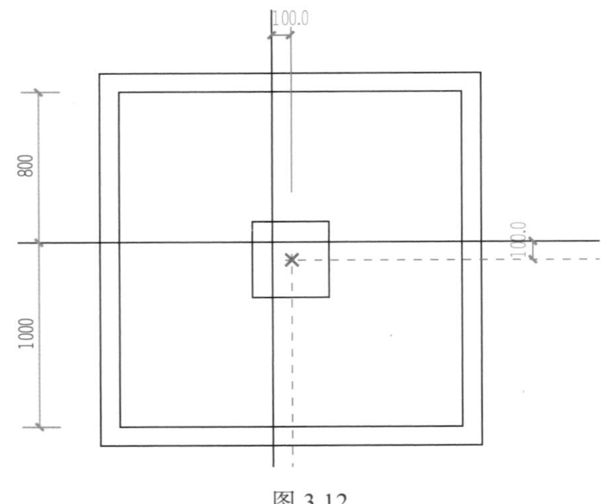

图 3.12

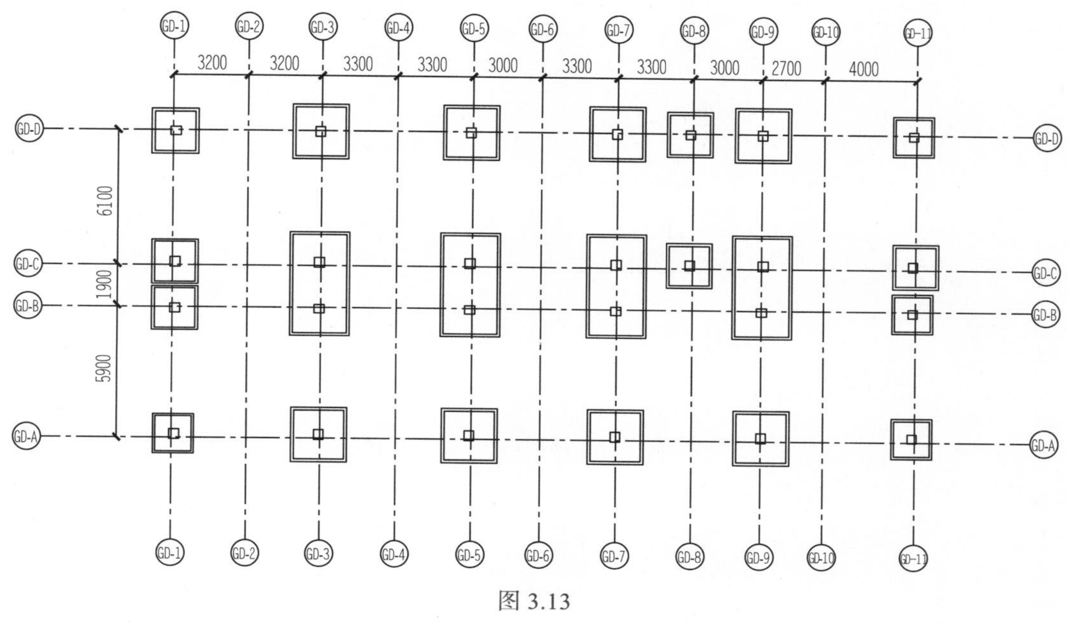

图 3.13

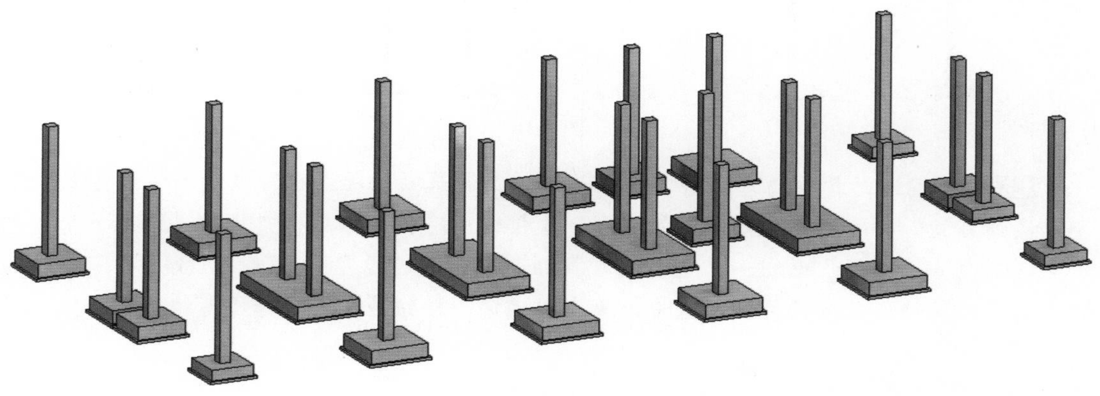

图 3.14

【提示】在创建结构柱过程中，选项栏中的参数如图 3.15 所示。当结构柱的柱顶或柱底不在视图标高上，则选项栏可选择“未连接”，此时将当前平面视图标高为基准，可修改选项栏中的偏移量，若偏移量为正值，则当前视图标高为柱底标高，若偏移量为负值，则当前视图标高为柱顶标高。

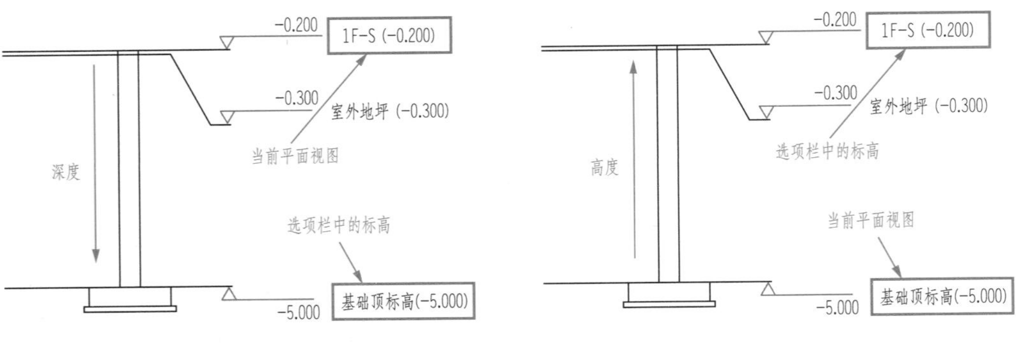

图 3.15

3．一层结构柱创建

由柱钢筋图可知，基础～屋顶层结构柱尺寸及位置相同，标高不同。对此使用“剪贴板”命令绘制一层结构柱。

1）框选基础层结构柱。打开三维视图，单击窗口右上角 ViewCube 视图方块的前立面，用鼠标框选全部的结构柱，如图 3.16 所示。

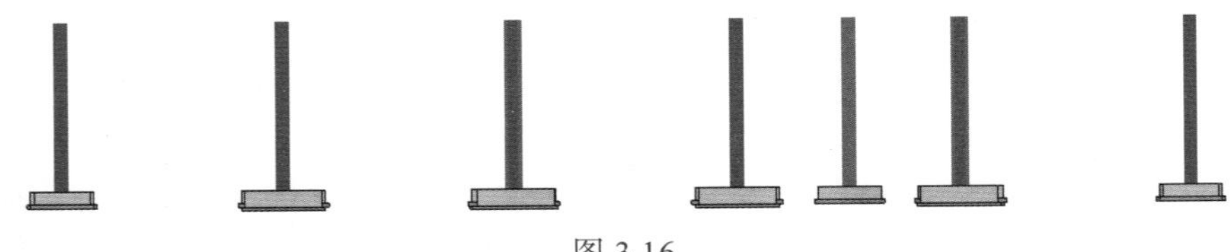

图 3.16

【提示】框选结构柱的方法有多种，为了防止漏选结构柱，也可以使用“过滤器”命令来达到目的。进入立面视图或三维视图，先框选所有构件，单击“修改｜选择多个”上下文选项卡→“选择”面板→“过滤器”按钮，弹出“过滤器”对话框，如图 3.17 所示。选中需要的构件，其余构件取消选中，单击“确定”按钮后即可选择所有结构柱。

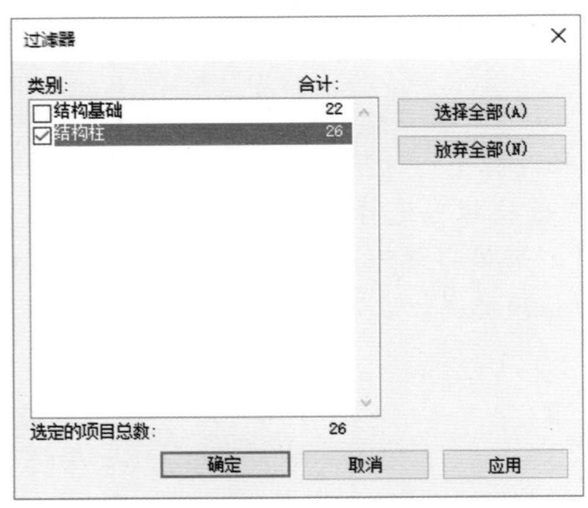

图 3.17

2）复制创建一层结构柱。单击“修改｜结构柱”上下文选项卡→“剪贴板”面板→“复制到剪贴板”按钮，如图 3.18 所示，将结构柱复制到剪贴板。选择“剪贴板”面板→“粘贴”下拉菜单→“与选定的标高对齐”命令，如图 3.19 所示，弹出“选择标高”对话框，如图 3.20 所示，选择“2F-S（3.850）”，单击“确定”按钮，完成一层结构柱的复制。

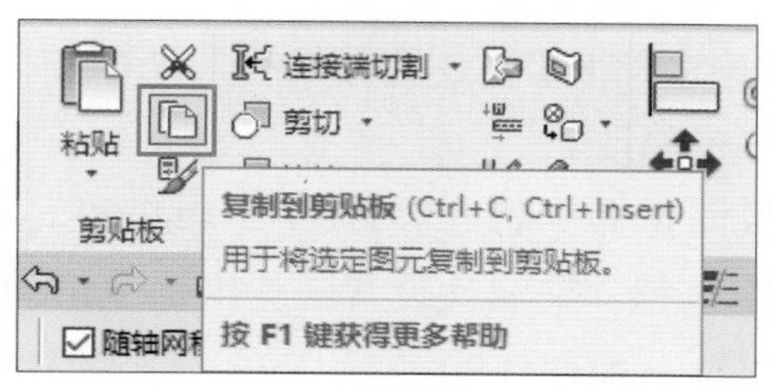

图 3.18

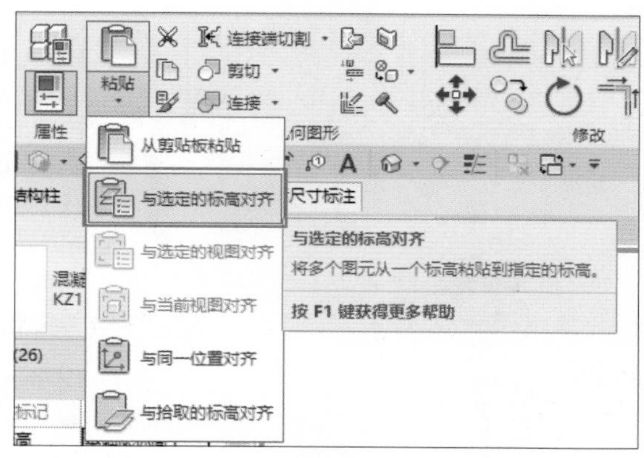

图 3.19

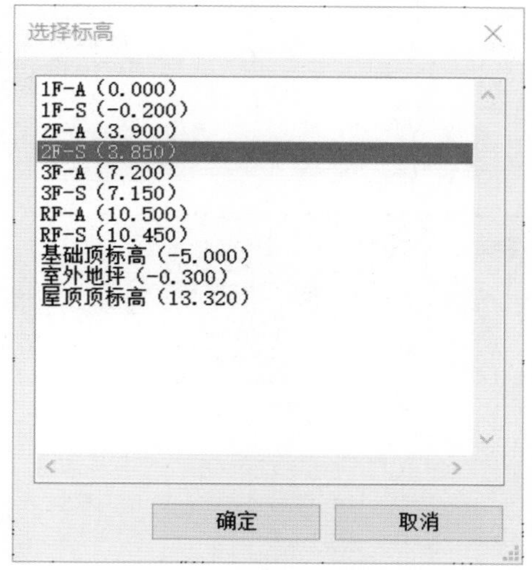

图 3.20

【提示】“选择标高”对话框的作用是限制复制结构柱的顶部标高，首层结构柱的标高范围是 1F-S（-0.200）～ 2F-S（3.850）。

3）修改一层结构柱标高。复制的结构柱标高与实际标高存在差异，因此，在完成一层结构柱复制后，需要修改结构柱的标高。选中一层结构柱，在属性设置任务窗格“约束”栏中，将“底部标高”设置为“1F-S（-0.200）”，“底部偏移”设置为“0.0”；将“顶部标高”设置为“2F-S（3.850）”，“底部偏移”设置为“0.0”，修改结果如图 3.21 所示，完成一层结构柱标高的修改。

4）创建梯柱。在项目浏览器中打开“1F-S（-0.200）”视图，单击“结构”选项卡→“结构”面板→“柱”按钮。在属性设置任务窗格中选择“混凝土 - 矩形 - 柱”族下的“TZ-200×200mm”类型，如图 3.22 所示。在选项栏中将深度改为高度，标高改为“2F-S（3.850）”，如图 3.23 所示。按柱钢筋图中梯柱位置放置梯柱，如图 3.24 所示。三维效果如图 3.25 所示。

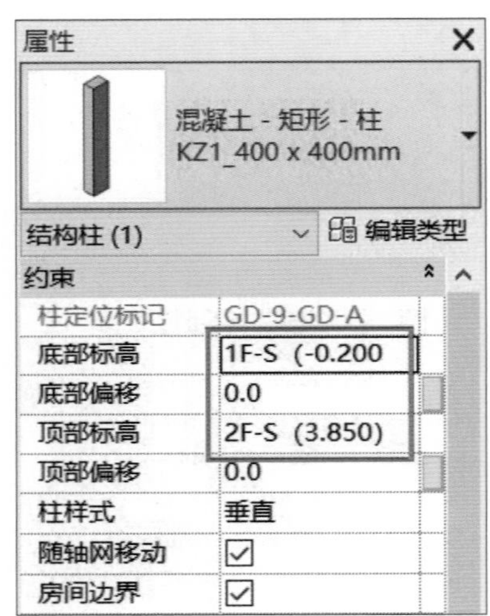

图 3.21

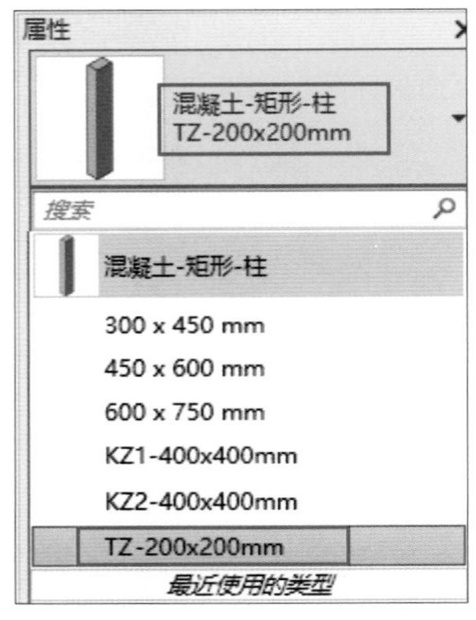

图 3.22

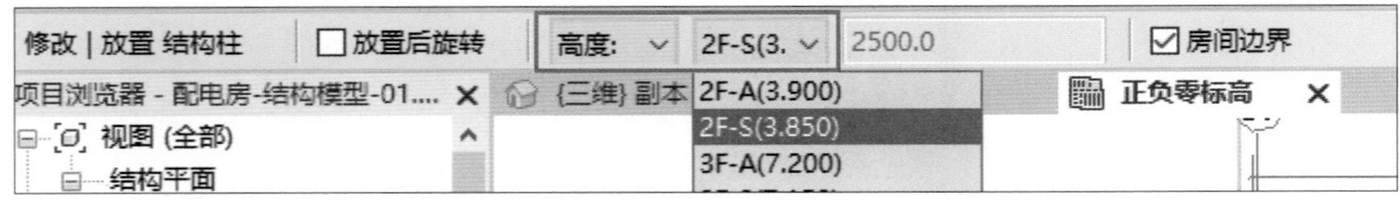

图 3.23

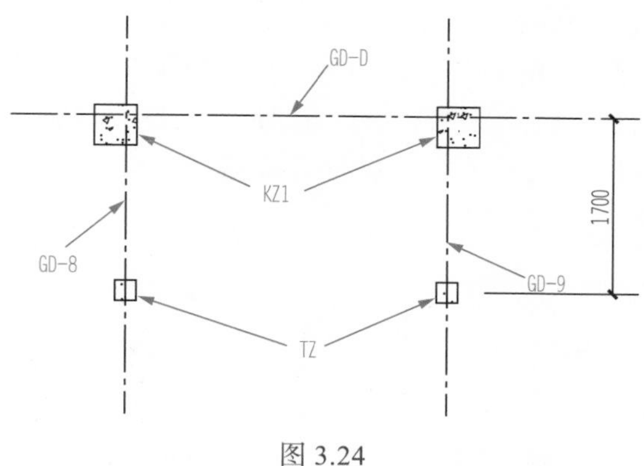

图 3.24

图 3.25

4．二、三层结构柱创建

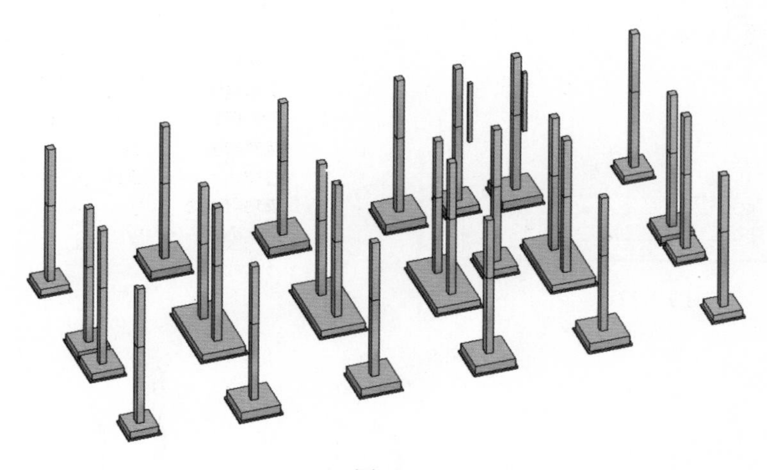

1）框选一层结构柱。打开三维视图，单击窗口右上角 ViewCube 视图方块的前立面，光标从右向左框选一层全部结构柱，如图 3.26 所示。

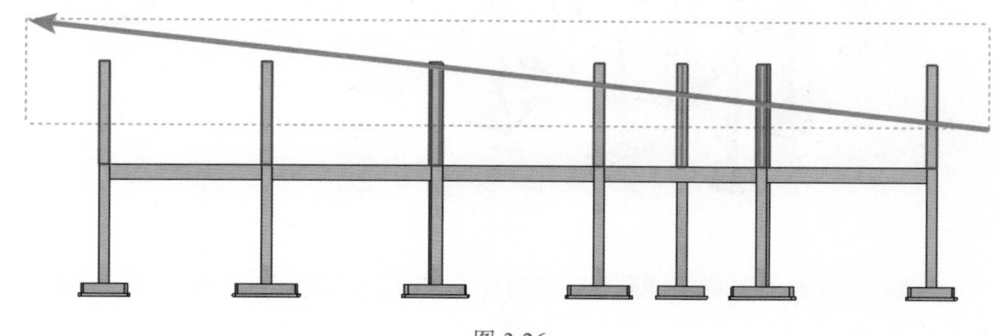

图 3.26

2）创建二层结构柱。单击“修改｜结构柱”上下文选项卡→“剪贴板”面板→“复制到剪贴板”按钮。选择“剪贴板”面板→“粘贴”下拉菜单→“与选定的标高对齐”命令，弹出“选择标高”对话框，如图 3.27 所示，选择“2F-S（3.850）”，单击“确定”按钮，完成二层结构柱复制。同时注意在属性设置任务窗格中将“底部偏移”改为“0.0”，如图 3.28 所示。三维效果如图 3.29 所示。

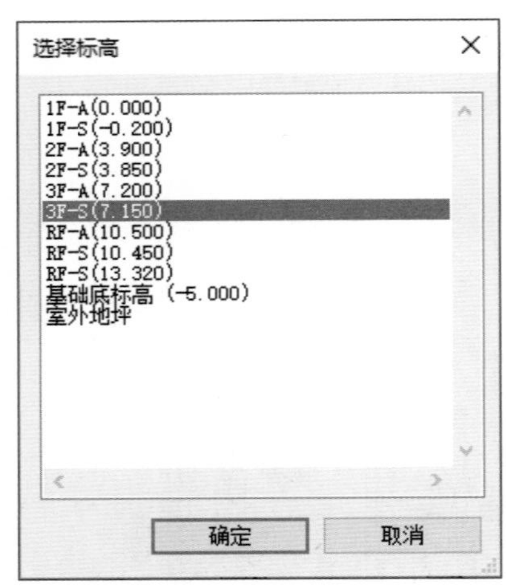

图 3.27

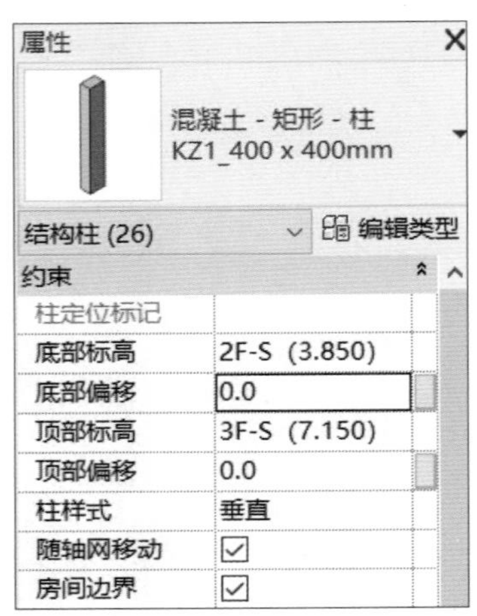

图 3.28

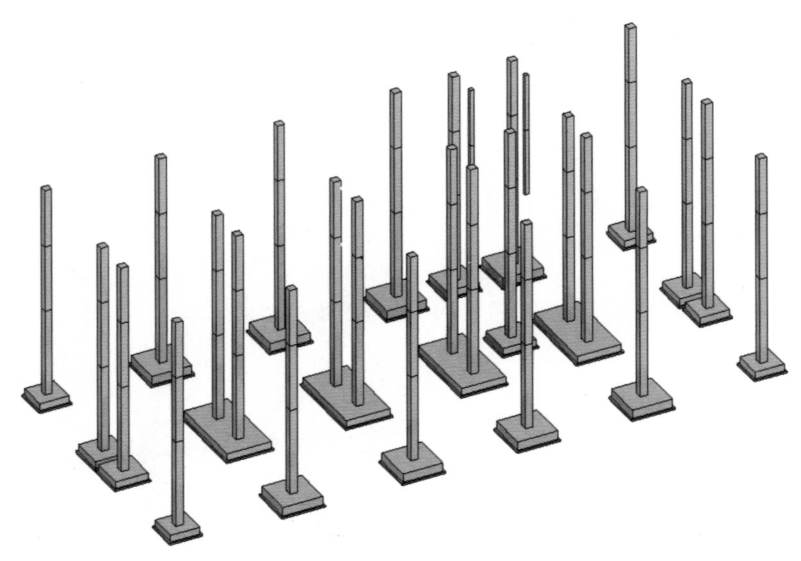

图 3.29

3）创建三层结构柱。选择“修改 | 结构柱”上下文选项卡→“剪贴板”面板→“粘贴”下拉菜单→“与选定的标高对齐”命令，弹出“选择标高”对话框，如图 3.30 所

示，选择标高“RF-S（10.450）”，单击“确定”按钮，完成三层结构柱的复制。同时注意在属性设置任务窗格中将“底部偏移”改为“0.0”，如图 3.31 所示。三维效果如图 3.32 所示。创建完成后将文件保存为“3.2 结构柱 .rvt”。

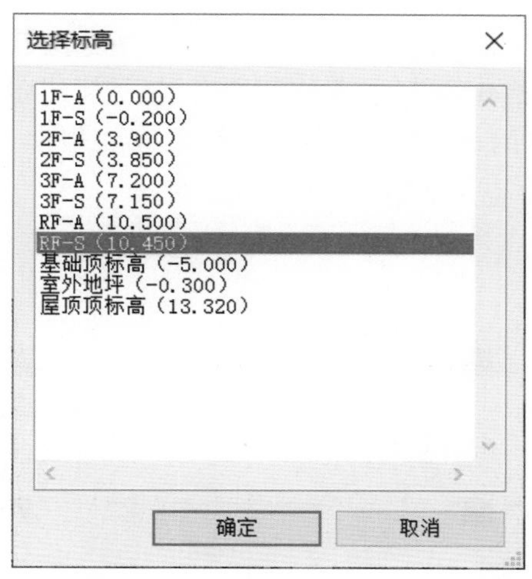

图 3.30

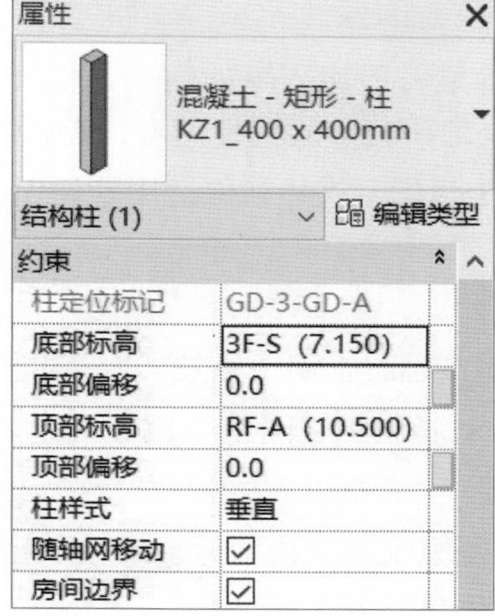

图 3.31

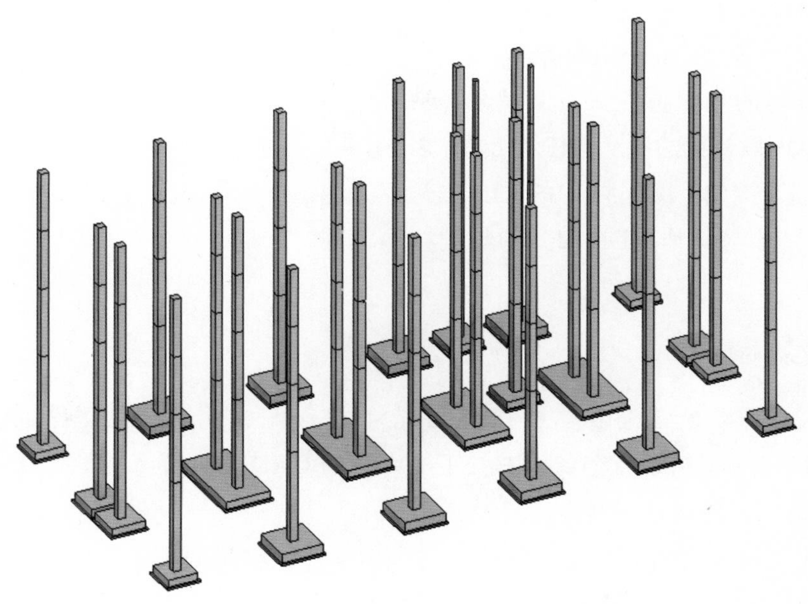

图 3.32

基础梁创建

3.3 基础梁创建

基础梁一般用于框架结构、框架剪力墙结构中，其主要作用是作为上部建筑的基础，将上部荷载传递到地基上；基础梁作为基础的一部分，起到承重和抗弯功能。本节将以 KL1 为例，讲述如何运用软件中“结构梁”命令创建并放置基础梁。

1．图纸解析

查看基础梁钢筋图图纸（详见电子文件，登录 www.abook.cn 网站下载）时，需注意以下几点。

1）图纸说明中梁顶标高 H 为 -0.200m。

2）图纸中梁的集中标注和原位标注。GD-B 与 GD-C 轴之间的框梁 KL1（3）、KL2（3）、KL3（3）、KL5（3）、KL6（3），原位标注尺寸均为 200mm×400mm。

3）部分梁的集中标注只有梁编号，缺少梁尺寸，此时默认梁的尺寸与其他相同命名的梁尺寸相同。例如，图 3.33 中的 KL1（3），默认该梁的尺寸与其他 KL1（3）的集中标注尺寸相同。

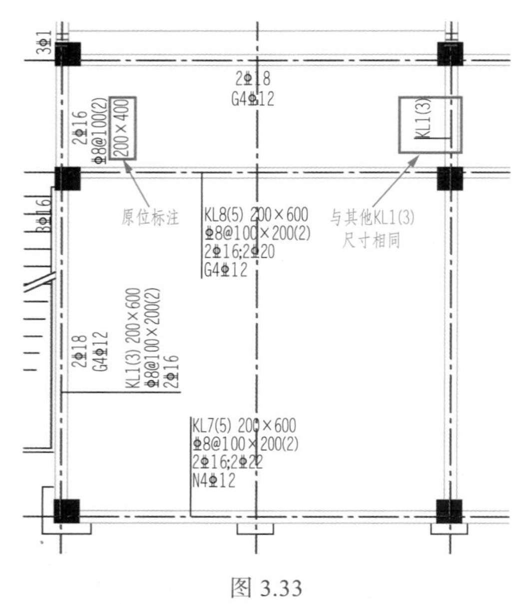

图 3.33

2．创建基础梁

1）导入基础梁 CAD 图纸。打开“3.2 结构柱 .rvt”文件；在项目浏览器中双击进入结构平面“1F-S（-0.200）”视图。按 2.1 节讲解的 CAD 图纸导入方法，将基础梁钢筋图导入该视图中，并与轴网对齐。

2）创建结构梁 KL1。单击“结构”选项卡→“结构”面板→“梁”按钮。在属性设置任务窗格中单击“编辑类型”按钮，弹出“类型属性”对话框，如图 3.34 所示，单击“复制”按钮，修改名称为“KL1(3)_200×600mm”，修改尺寸标注中的“b”和“h”分别为“200.0”和“600.0”；单击“确定”按钮，完成类型设置。

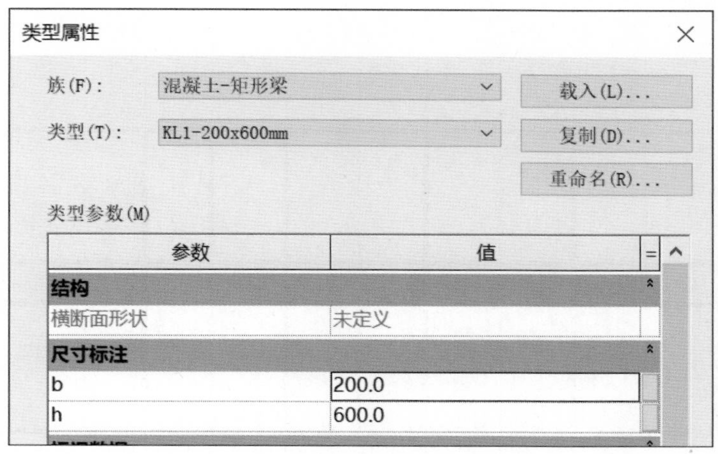

图 3.34

3）修改结构梁 KL1 属性参数。在属性设置任务窗格中修改“参照标高”为“1F-S（-0.200）”，“Z 轴偏移值”为“0.0”，如图 3.35 所示。

4）绘制结构梁 KL1。由基础梁钢筋图可知，KL1 位于 GD-1 轴交 GD-A 轴～ GD-D 轴处，共有 3 跨，如图 3.36 所示。绘制时需注意，KL1 中间一跨梁存在原位标注，尺寸存在变化，需将其类型修改为“KL1_200×400mm”。

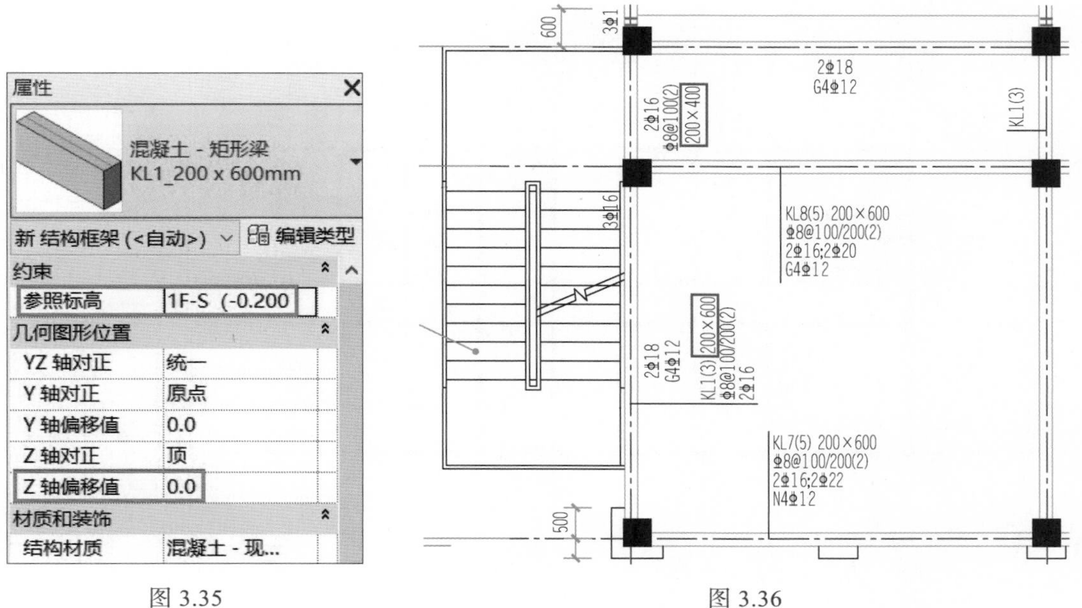

图 3.35　　　　图 3.36

5）创建结构主梁。结构梁创建时，优先创建主梁。主、次梁创建方法均同 KL1，先创建结构梁类型，再根据图纸主梁位置创建主梁；本项目中主梁为搁置在结构柱上的梁，主梁位置如图 3.37 所示。

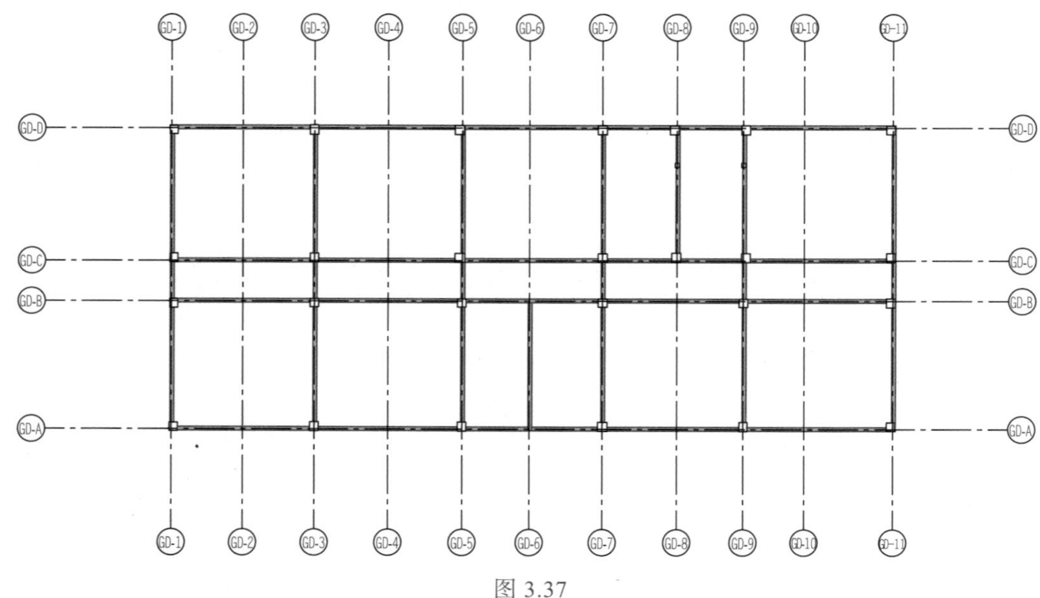

图 3.37

6）创建结构次梁。主梁创建完成后，完成次梁创建；本项目中次梁为搭接在主梁上的梁，次梁位置如图 3.38 所示。三维效果如图 3.39 所示。主、次梁创建完成后将文件保存为“3.3 基础梁 .rvt”。

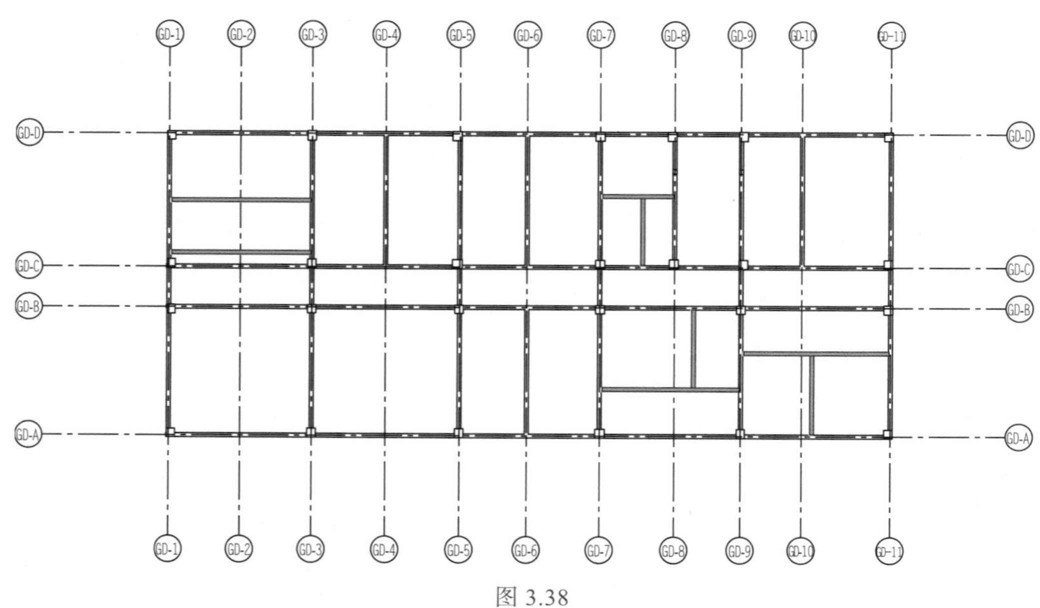

图 3.38

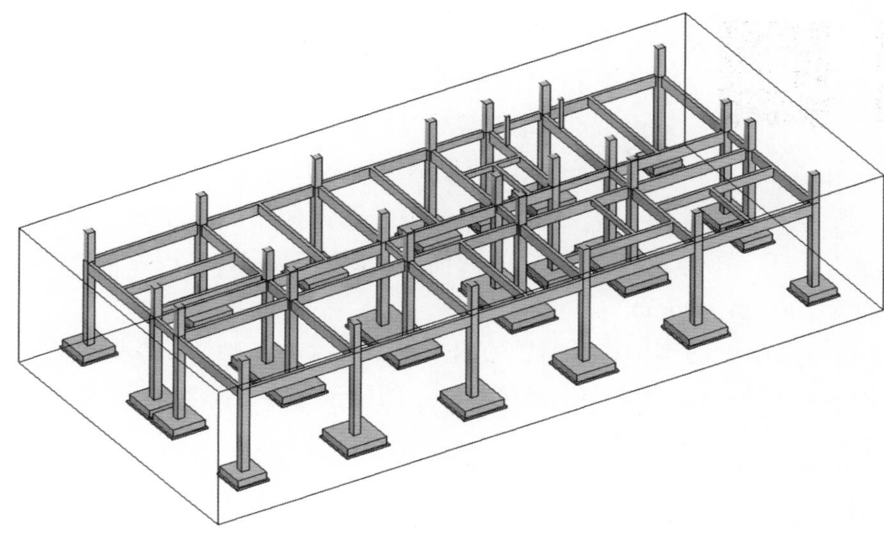

图 3.39

【提示】由于梁和柱都是结构构件，梁和柱重合时，梁会自动被柱剪切，如图 3.40 所示。

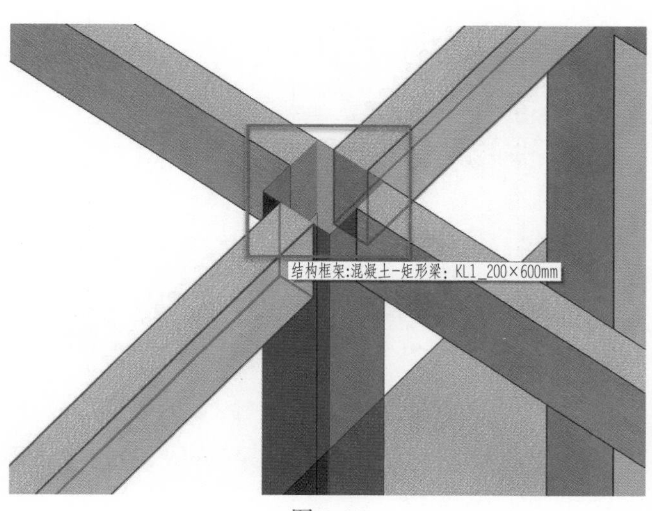

图 3.40

3.4　二、三层结构梁、板创建

本节主要讲述二、三层结构梁、板创建步骤，其中结构梁创建方法同基础梁。

二、三层结构梁、板创建（一）

二、三层结构梁、板创建（二）

1．图纸解析

查看二层梁钢筋图图纸（详见电子文件，登录www.abook.cn网站下载）时，需注意以下几点。

1）图纸说明中梁顶标高 H 为3.850m。

2）注意图纸中梁的原位标注的尺寸变化信息。GD-B与GD-C轴线之间的框梁KL2（3）、KL3（3）及KL5（3）原位标注尺寸均为200mm×400mm。

3）注意图纸中梁的集中标注标高变化信息。在GD-7轴～GD-9轴交GD-C轴～GD-D轴之间的框梁KL3、L4（1）及L8（1）的梁顶标高下降50mm；KL9a（1）的梁顶标高为2.250m，如图3.41所示。

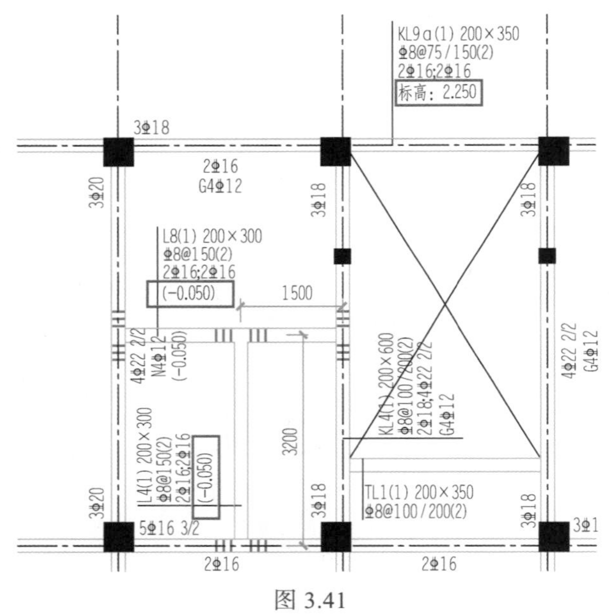

图3.41

查看二层板钢筋图图纸（详见电子文件，登录www.abook.cn网站下载）时，需注意以下几点。

1）图纸说明中表示图中未注明板厚为100mm，板顶标高 H 为3.850m。

2）图纸阴影填充区域结构楼板注释：降板50mm，板厚为100mm。

3）图纸标识“×”区域为楼梯间，此处无须创建结构板；图中洞口位置处结构板需开洞，如图3.42所示。

查看三层梁、板钢筋图图纸时，发现三层结构梁、结构板的编号、尺寸和位置与二层均相同，因此绘制三层的结构梁、结构板时，只需将二层的结构构件复制到三层即可。

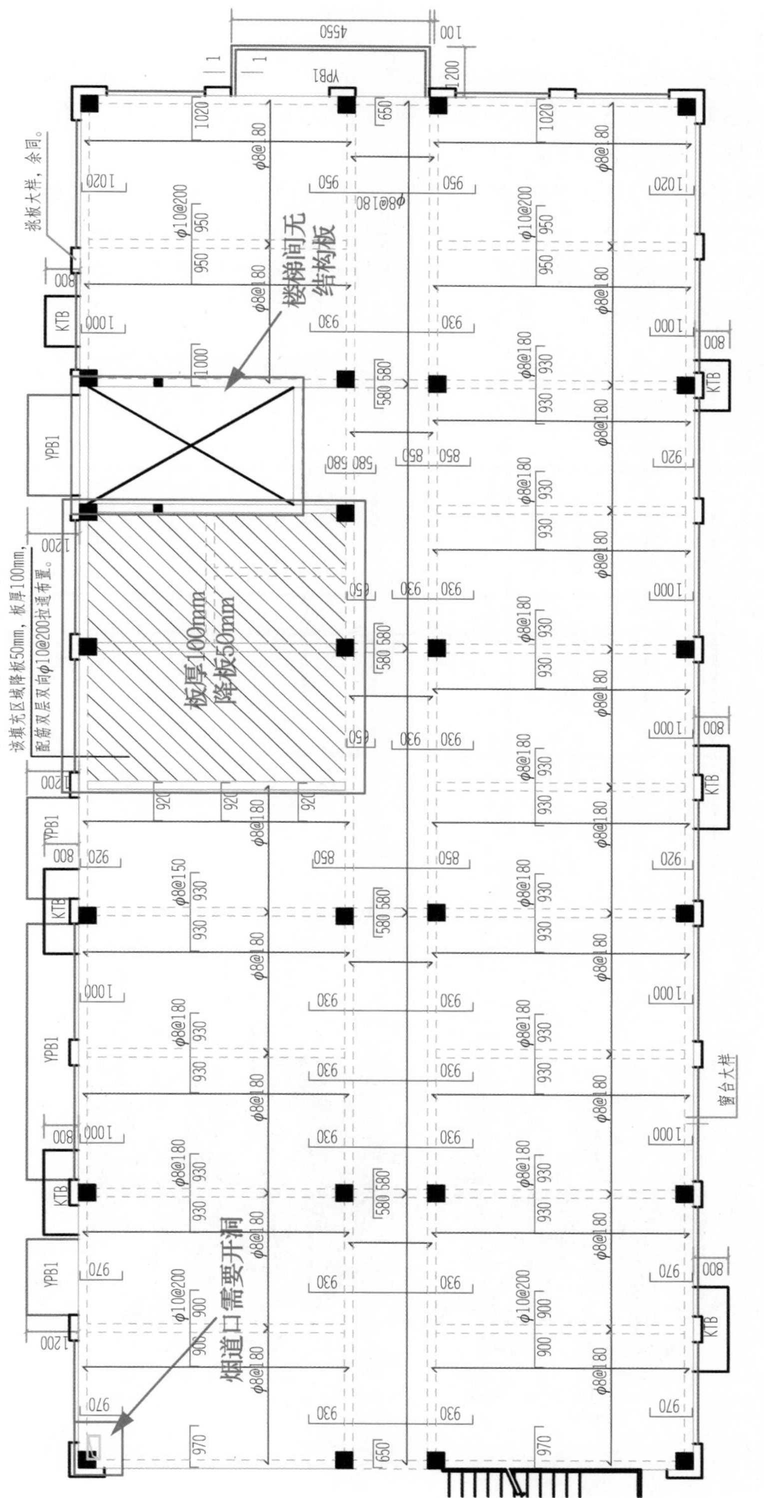

图 3.42

2．二层结构梁创建

1）导入二层梁图纸。打开“3.3 基础梁 .rvt”文件；在项目浏览器中双击进入结构平面“2F-S（3.850）”视图。按 2.1 节讲解的 CAD 图纸导入方法，将二层梁钢筋图导入该视图中，并与轴网对齐。

2）创建结构梁。结构梁创建时，先创建主梁，再创建次梁。单击“结构”选项卡→“结构”面板→“梁”按钮，创建方法同 3.3 基础梁创建，先创建结构梁类型，再根据图纸梁位置放置梁，创建时注意结构梁原位标注尺寸变化。创建完成后，结构梁二维平面布置图如图 3.43 所示，三维效果如图 3.44 所示。

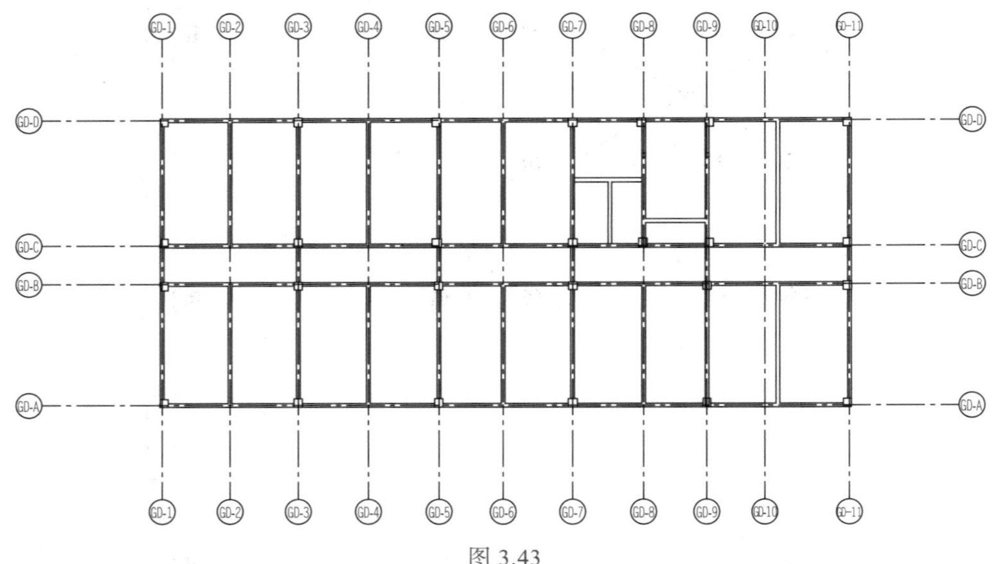

图 3.43

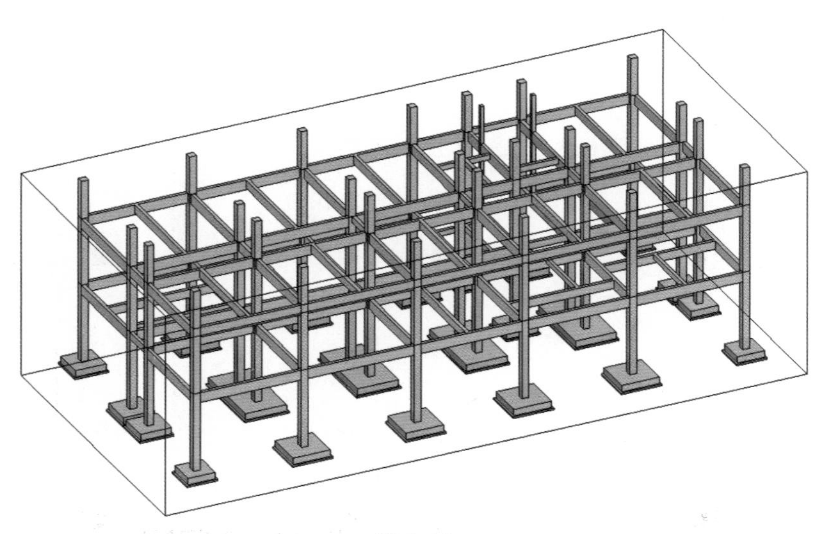

图 3.44

3）修改结构梁标高。由二层梁钢筋图可知 KL3 第 3 跨、L4（1）及 L8（1）结构梁梁顶标高下降 50mm，KL9a（1）的梁顶标高为 2.250。

选中结构梁 KL3 第 3 跨、L4（1）及 L8（1），如图 3.45 所示；在属性设置任务窗格中修改“Z 轴偏移值”为“-50.0”，如图 3.46 所示。

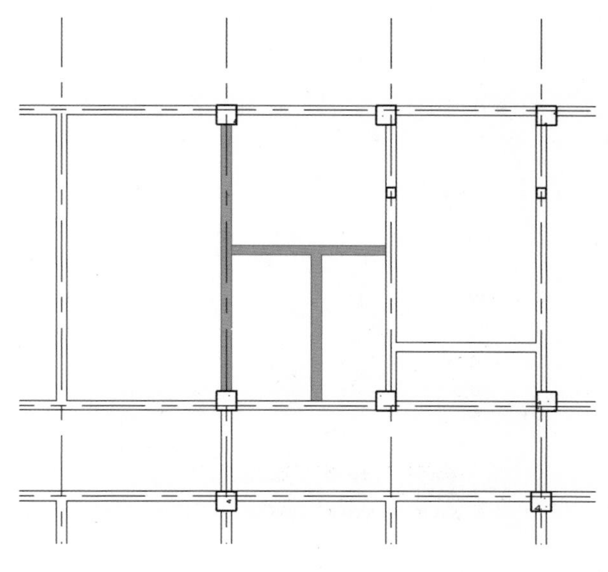

图 3.45

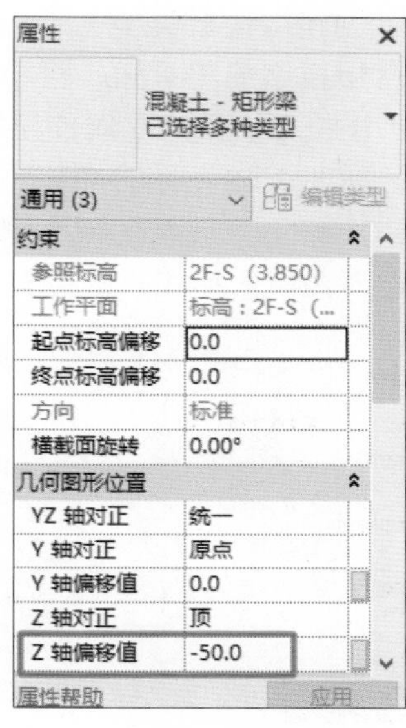

图 3.46

选中结构梁 KL9a（1），在属性设置任务窗格中修改“Z 轴偏移值”为“-1600.0”（二层结构标高 - 梁顶标高 =3850-2250=1600），如图 3.47 所示。

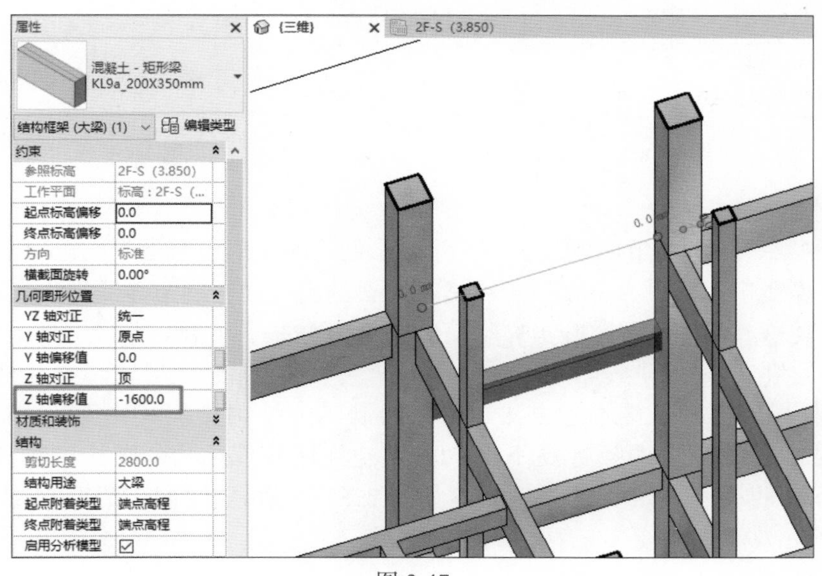

图 3.47

3．二层结构板创建

（1）导入二层结构板图纸

在项目浏览器中双击进入结构平面“2F-S（3.850）”视图。按 2.1 节讲解的 CAD 图纸导入方法，将二层板钢筋图导入该视图中，并与轴网对齐。

（2）创建结构板类型

由二层板钢筋图可知，板厚为100mm，标高为3.850m。单击“结构”选项卡→“结构”面板→“楼板”按钮，在属性设置任务窗格中单击“编辑类型”按钮，弹出“类型属性”对话框，如图 3.48 所示，单击“复制”按钮，修改名称为“JB-100”；单击“结构”中的“编辑”按钮，弹出“编辑部件”对话框，如图 3.49 所示，输入结构厚度为 100mm，再单击“确定”按钮，完成类型设置。

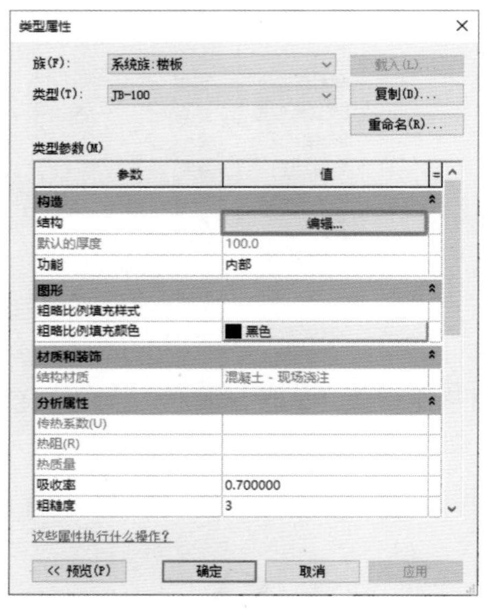

图 3.48

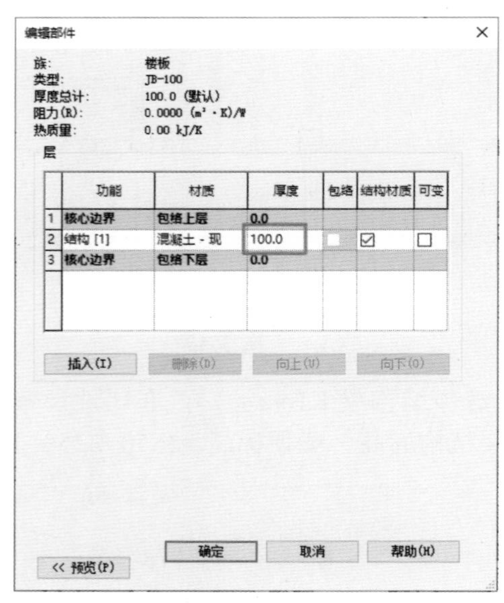

图 3.49

（3）创建结构板

1）绘制第一块左上角楼板。单击“修改｜创建楼层边界”上下文选项卡→“绘制”面板→“边界线”选项→“直线”按钮，沿梁的内边线绘制边界线，注意在柱角处和烟道处也应该沿着构件边缘绘制边界线，如图 3.50 所示。绘制完成后，单击“ ”按钮，完成楼板的绘制。

2）绘制其余楼板。按上述方法，依次绘制其余结构楼板。在创建阴影填充区域的结构板时，需注意将楼板标高下降 50mm。具体操作为：在属性设置任务窗格中修改“自标高的高度 ...”为“-50.0”，如图 3.51 所示。结构板创建完成后三维效果如图 3.52 所示。

图 3.50

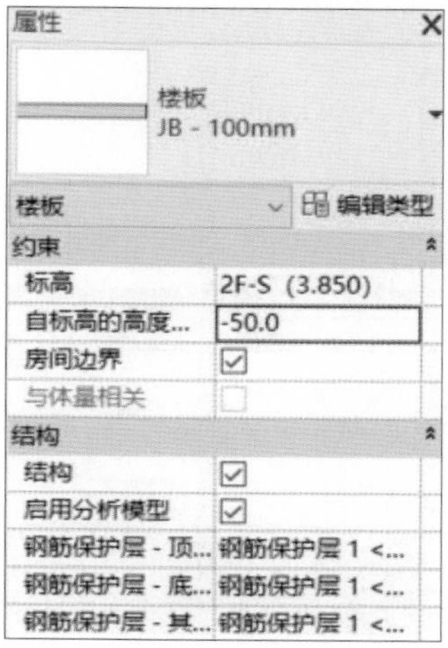

属性

楼板
JB - 100mm

楼板　编辑类型

约束	
标高	2F-S (3.850)
自标高的高度...	-50.0
房间边界	☑
与体量相关	☐
结构	
结构	☑
启用分析模型	☑
钢筋保护层 - 顶...	钢筋保护层 1 <...
钢筋保护层 - 底...	钢筋保护层 1 <...
钢筋保护层 - 其...	钢筋保护层 1 <...

图 3.51

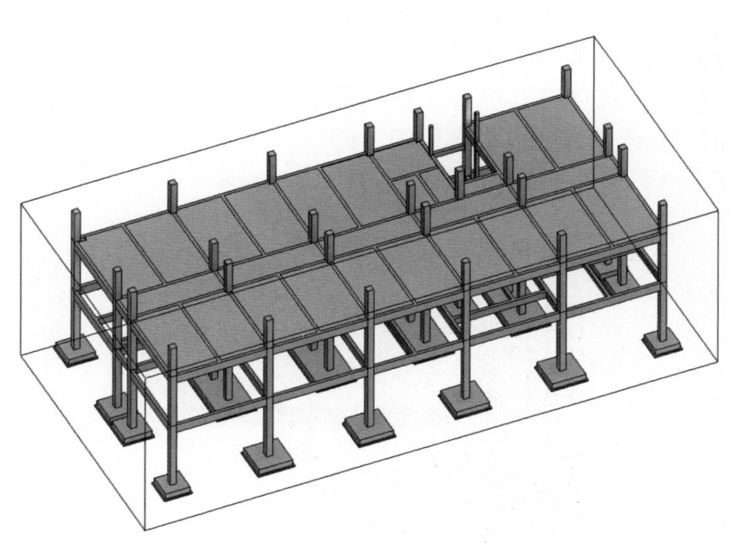

图 3.52

【操作技巧】由于绘制楼板的边界线均需沿着结构柱的边缘，因此在绘制结构板的边界线时，可以单击“修改｜创建楼层边界”上下文选项卡→“绘制”面板→“边界线”选项→“矩形”按钮，快速创建结构板。

4．创建三层结构

观察三层结构图纸可知，三层结构梁、结构板与二层均相同，因此在绘制三层的结构梁、板时，只需将二层的结构构件复制到三层即可。操作步骤与二、三层结构柱的创建相同。

1）框选二层结构梁和板。打开三维视图，单击窗口右上角 ViewCube 视图方块的前立面，光标从左向右框选二层全部结构梁及板，如图 3.53 所示。

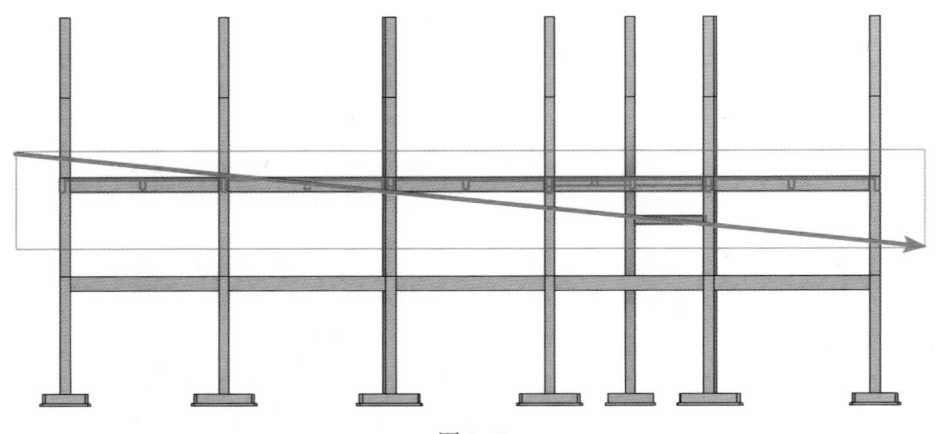

图 3.53

2）创建三层结构梁和板。单击“修改｜结构柱”上下文选项卡→“剪贴板”面板→“复制到剪贴板”按钮。选择“剪贴板”面板→“粘贴”下拉菜单→“与选定的标高对齐”命令，弹出“选择标高”对话框，如图 3.54 所示，选择“3F-S（7.150）”，单击“确定”按钮，完成三层结构梁与板的复制。三维效果如图 3.55 所示。二、三层结构梁、板创建完成后将文件保存为“3.4 二、三层结构梁、板 .rvt”。

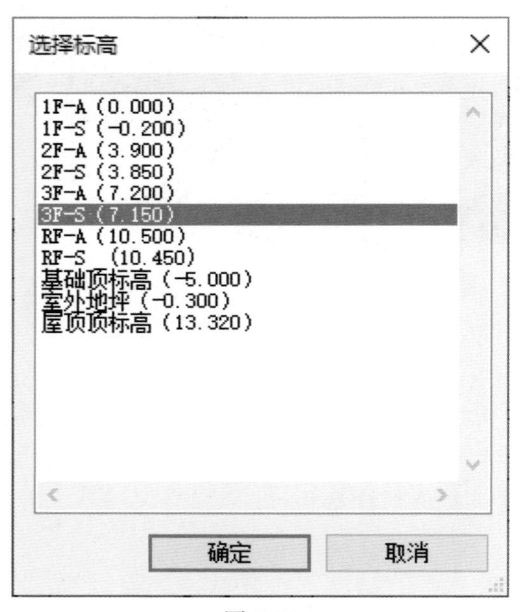

图 3.54

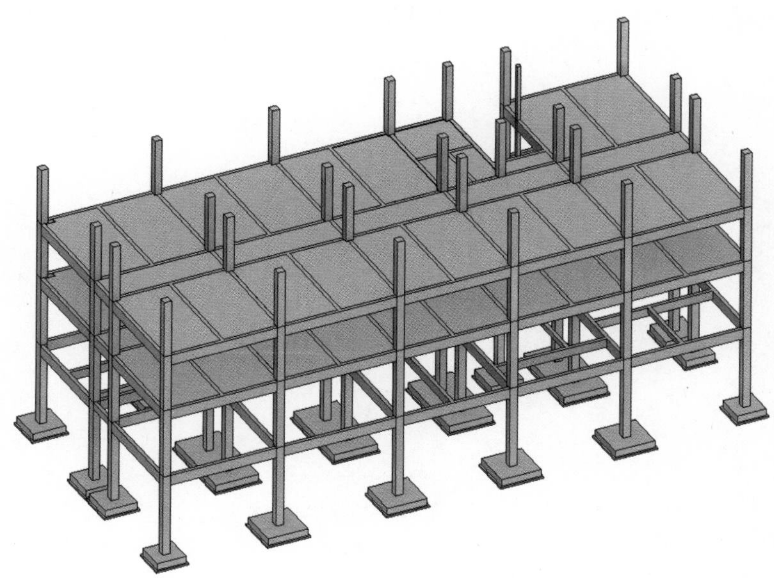

图 3.55

3.5　屋顶层结构创建

本节案例屋顶层结构包括坡屋顶、屋面结构柱及屋面斜梁，主要讲述如何运用迹线屋顶、结构梁及结构柱命令创建屋顶层结构。

屋顶层结构创建（一）

屋顶层结构创建（二）

屋顶层结构创建（三）

1．图纸解析

查看斜屋面梁、板钢筋图图纸（详见电子文件，登录 www.abook.cn 网站下载）时，需注意以下几点。

1）注意图纸说明中的“梁顶标高见斜屋面板钢筋图”信息。由板图屋面线标高可知，该单体为坡屋顶，故梁顶标高随板面坡度变化。

2）注意图纸中梁的原位标注的尺寸变化信息。GD-B 轴与 GD-C 轴之间的屋面框梁 WL2（3），原位标注尺寸为 200mm×400mm。

3）注意观察檐口大样檐口造型，屋面框梁的尺寸均为 200mm×600mm。檐口大样中，屋顶坡度比例为 1 ： 2.5，如图 3.56 所示。

4）屋面梁 ZL 折角大样中，屋面梁位于屋面板下，在无屋脊处折角。根据结构柱位置的不同，结构柱可用于非屋脊梁、屋脊梁以及屋谷梁，在斜屋面梁钢筋图中，结构柱均用于非屋脊梁，如图 3.57 所示。

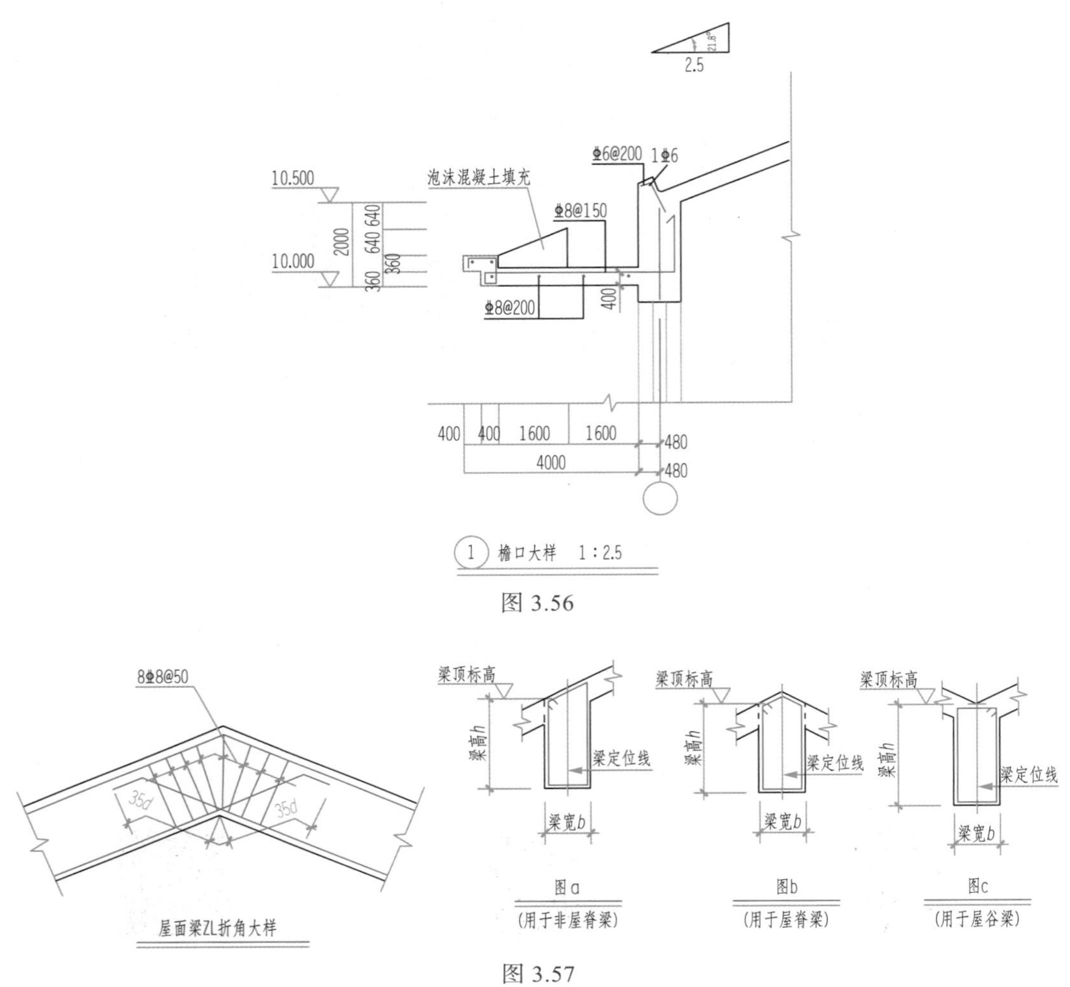

图 3.56

图 3.57

2．屋面板创建

因屋顶层梁顶标高随板面坡度变化，故需先创建屋面板，然后再创建结构梁。

1）导入斜屋面板图纸。打开“3.4 二、三层结构梁、板 .rvt”文件，在项目浏览器中双击进入结构平面“RF（10.500）”视图。将斜屋面板图导入该视图中，并与轴网对齐。

2）创建屋顶类型。执行“建筑”选项卡→“构建”面板→“屋顶”下拉菜单→“迹线屋顶”命令，弹出“类型属性”对话框，如图 3.58 所示，单击“复制”按钮，修改名称为“常规 -120mm”；单击“结构”中的“编辑”按钮，在弹出的“编辑部件”对话框中，输入结构厚度为 120mm，如图 3.59 所示，单击“确定”按钮，完成类型的设置。

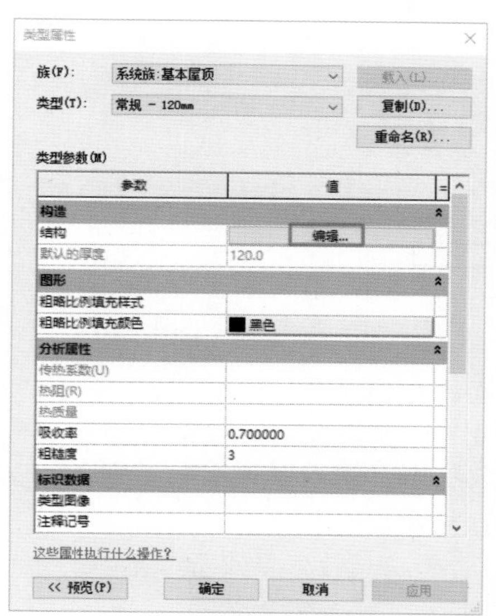

图 3.58

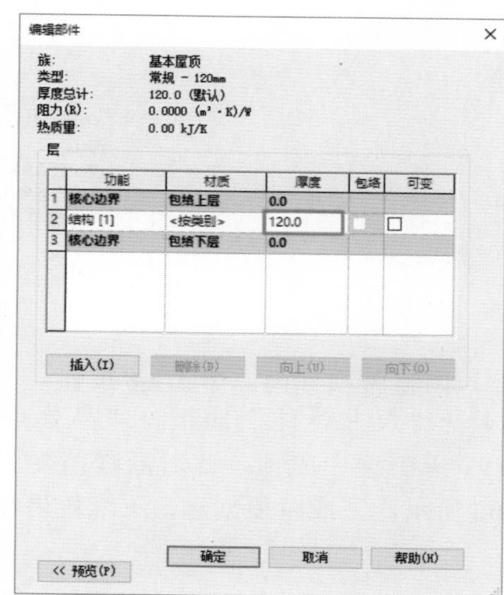

图 3.59

3）绘制屋顶边线。单击“修改 | 创建屋顶迹线”上下文选项卡→“绘制”面板→边界线下的“线”按钮，沿结构柱外边线绘制屋顶边线，如图 3.60 所示。

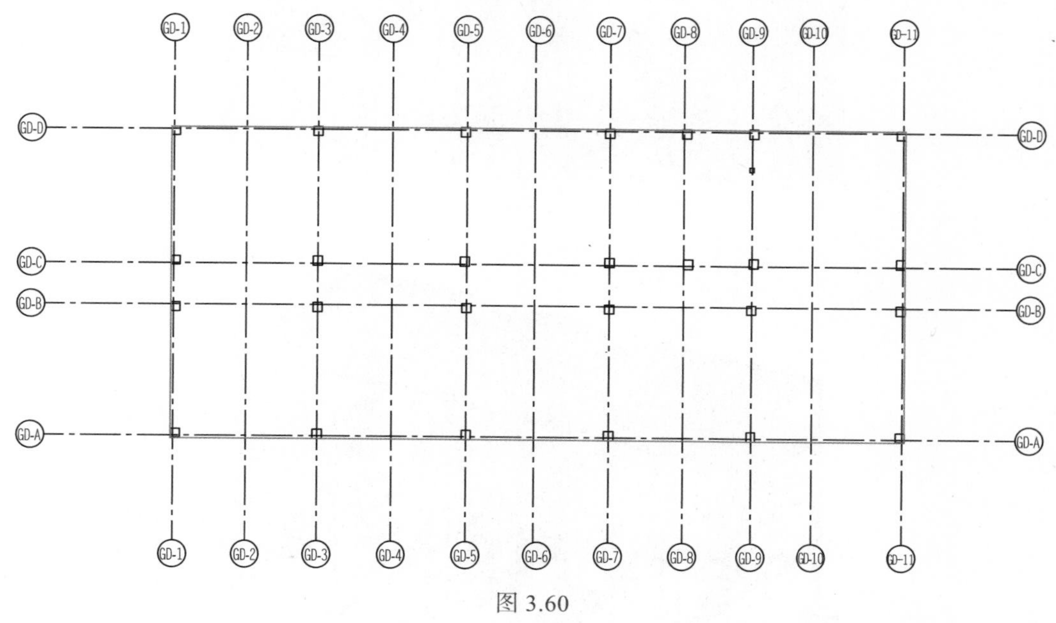

图 3.60

4）定义坡度。框选全部的屋顶迹线，在属性设置任务窗格中选中“定义屋顶坡度”复选框，在“坡度”选项输入“1/2.5”，软件会自动计算得出度数，如图 3.61 所示。

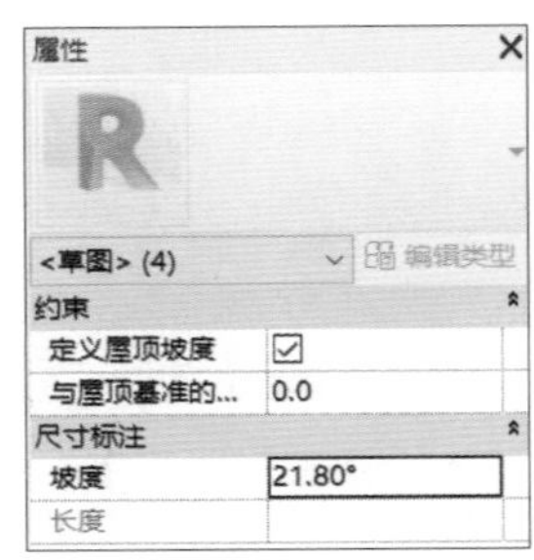

图 3.61

5）调整屋顶标高。单击✔按钮，完成屋面板创建；进入三维视图，单击“注释”选项卡→“尺寸标注”面板→“高程点”按钮（快捷键 EL），测量得知屋顶高程为 13.399；单击选中屋顶，此时高程值变为可修改状态，输入屋顶实际高程 13.320，如图 3.62 所示。完成屋顶创建，三维效果如图 3.63 所示。

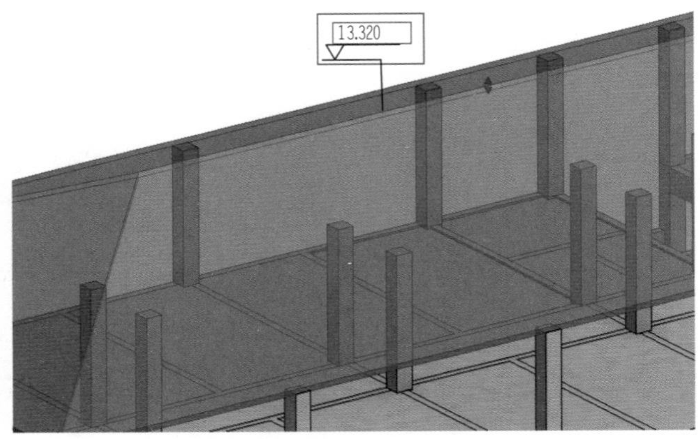

图 3.62

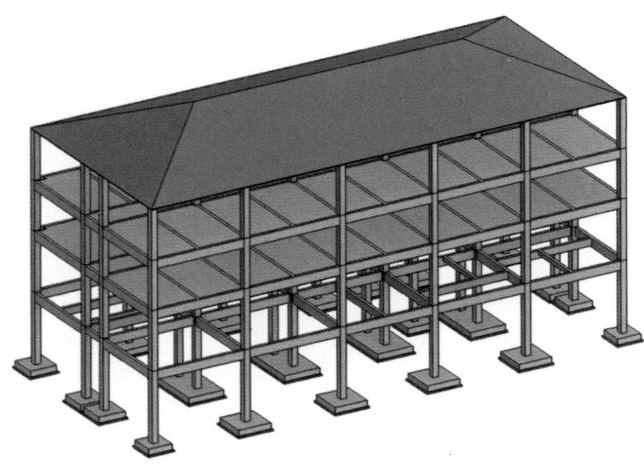

图 3.63

3．屋顶层结构柱创建

1）选择三层结构柱。在项目浏览器中双击进入结构平面“RF-A（10.500）”视图，光标从左向右框选室内的结构柱，如图3.64所示。

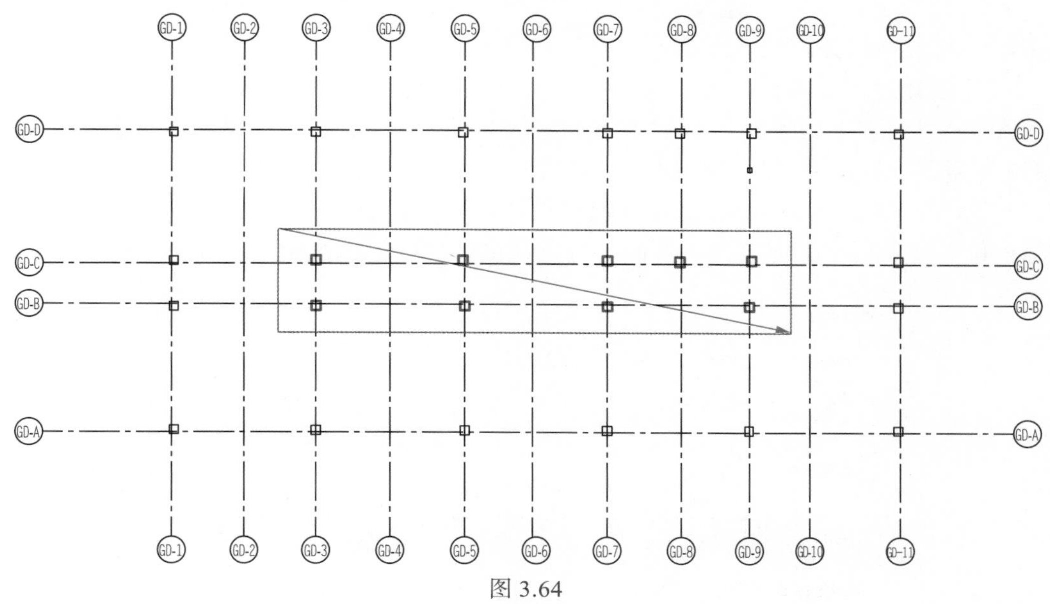

图3.64

2）单击“修改｜结构柱”上下文选项卡→“修改柱”面板→“附着顶部/底部”按钮，在选项栏中将“附着对正”选项修改为“最大相交”，如图3.65所示。再单击选中屋顶，将结构柱顶高度附着至屋顶上。三维效果如图3.66所示。

图3.65

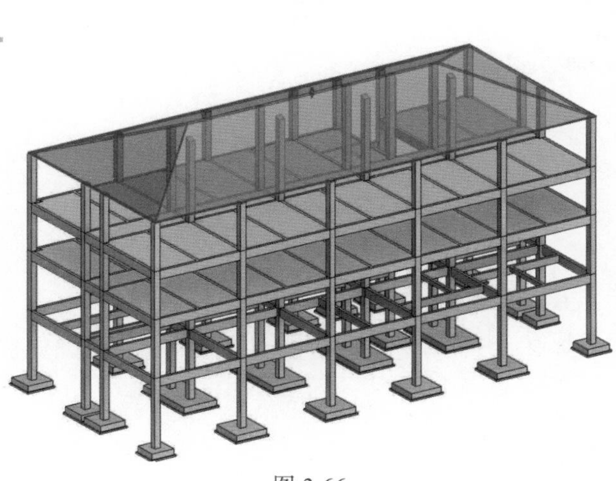

图3.66

4．屋面梁创建

（1）导入屋面梁图纸

在项目浏览器中双击进入结构平面“RF（10.500）”视图。将斜屋面梁图导入该视图中，并与轴网对齐。

（2）创建屋面梁类型

单击“结构”选项卡→“结构”面板→“梁”按钮。在属性设置任务窗格中单击“编辑类型”按钮，弹出“类型属性”对话框，如图 3.67 所示，单击“复制”按钮，修改名称为“WKL1_200×600mm”，修改“尺寸标注”栏中的“b”和“h”分别为“200”和“600”；其余梁类型创建方法类似。最后，单击“确定”按钮，完成类型的设置。

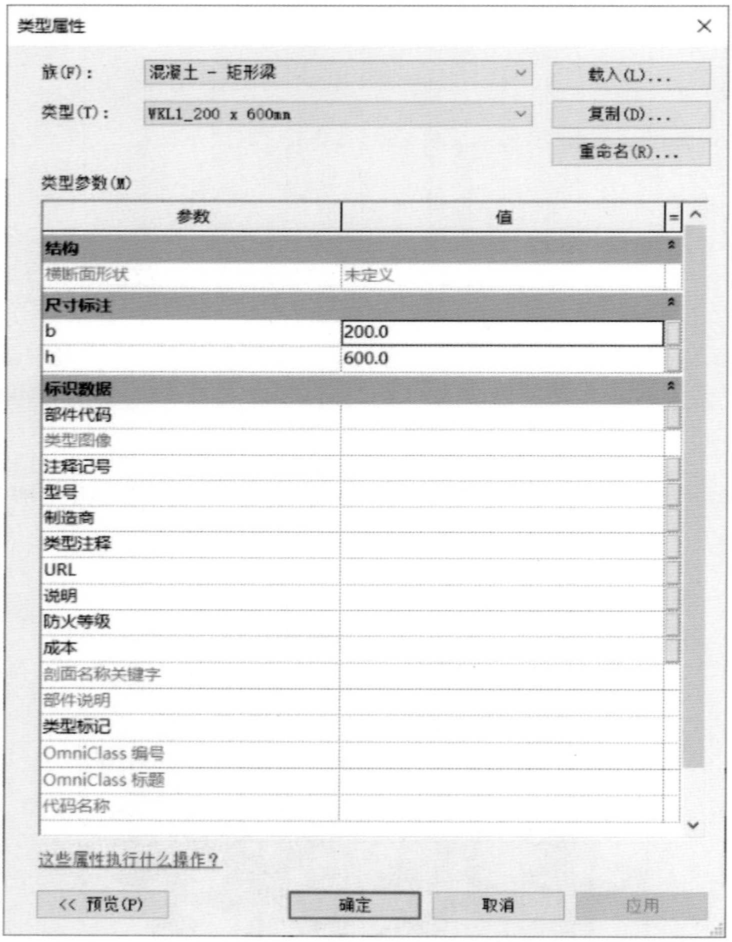

图 3.67

（3）创建剖面和参照线

单击“视图”选项卡→“创建”面板→“剖面”按钮，在模型左侧创建竖直方向的剖面1。单击“建筑”选项卡→“工作平面”面板→“参照平面”按钮，在GD-B轴和GD-C轴之间绘制三个水平参照平面；在GD-3轴和GD-9轴旁分别绘制两个竖向参照平面；在GD-2轴和GD-10轴上分别绘制两个水平参照平面，如图3.68所示。

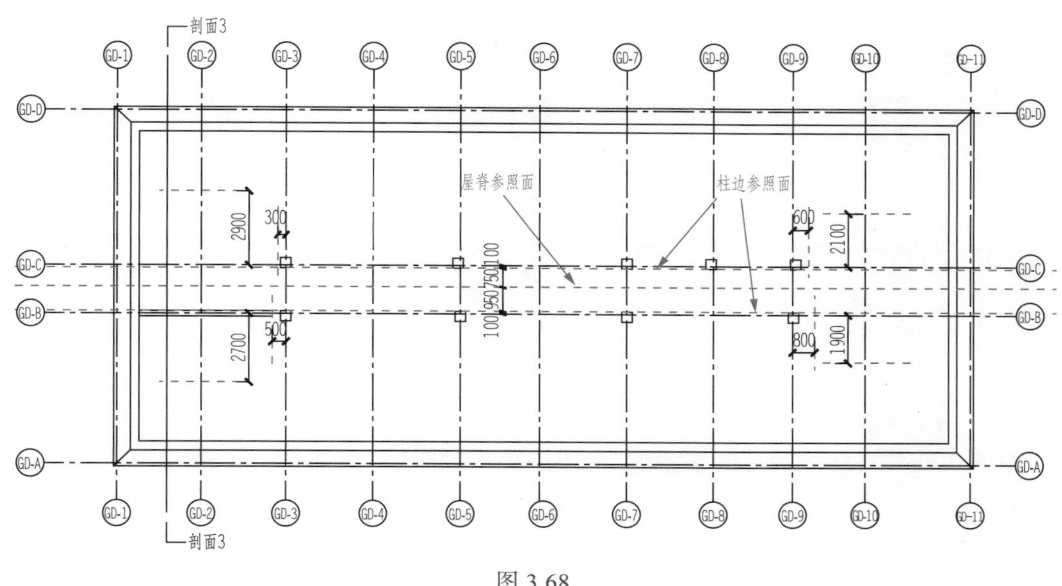

图3.68

（4）创建水平屋面梁

根据斜屋面梁钢筋图可知，在建筑外侧的屋面梁均为水平屋面梁。单击“视图控制”栏下的“临时隐藏图元”按钮（快捷键HH），将屋顶进行隐藏，如图3.69所示；再单击“结构”选项卡→“结构”面板→“梁”按钮，顺时针方向绘制水平屋面梁，如图3.70所示。

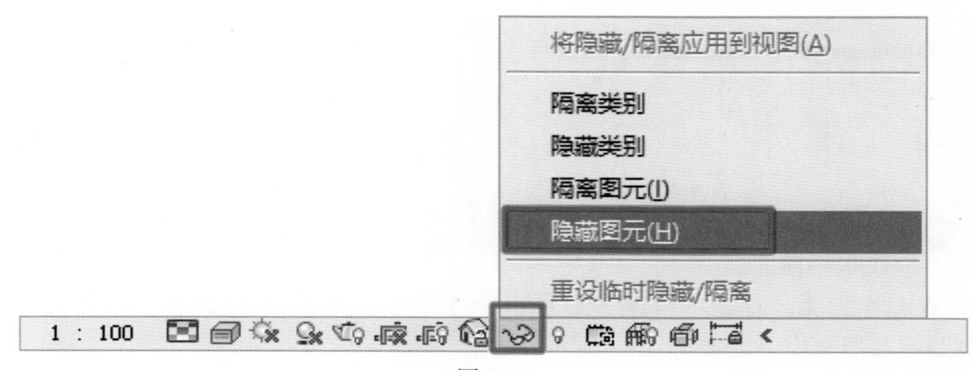

图3.69

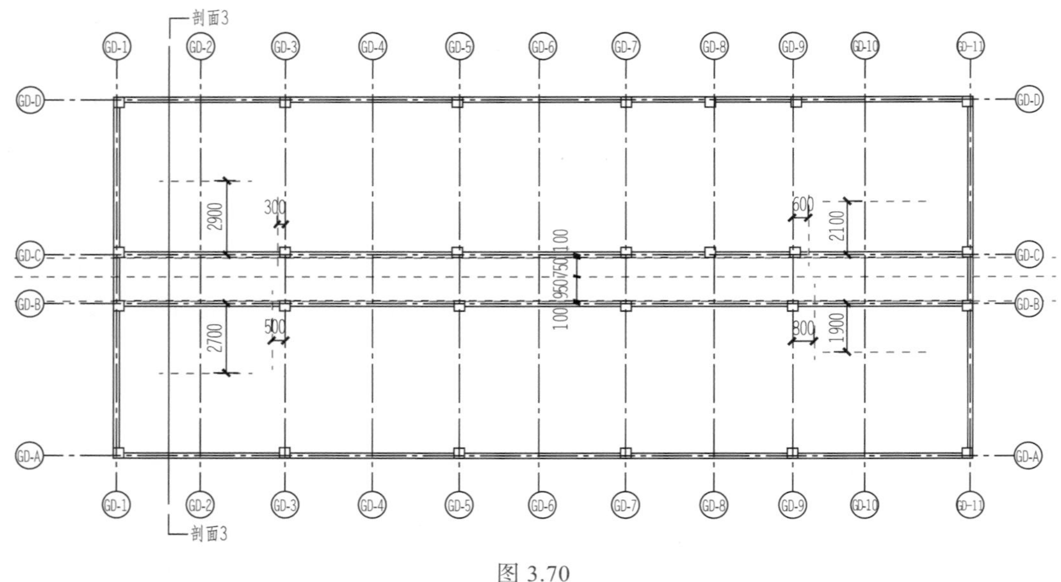

图 3.70

（5）拆分水平屋面梁

GD-B 轴和 GD-C 轴上的水平屋面梁应在参照平面处进行拆分。拆分屋面梁可单击“修改”选项卡→“修改”面板→“拆分图元”按钮（快捷键 SL），将光标放置在屋面梁和参照平面的交点处，梁边线将高亮显示，单击该点即可拆分屋面梁，拆分后如图 3.71 所示。

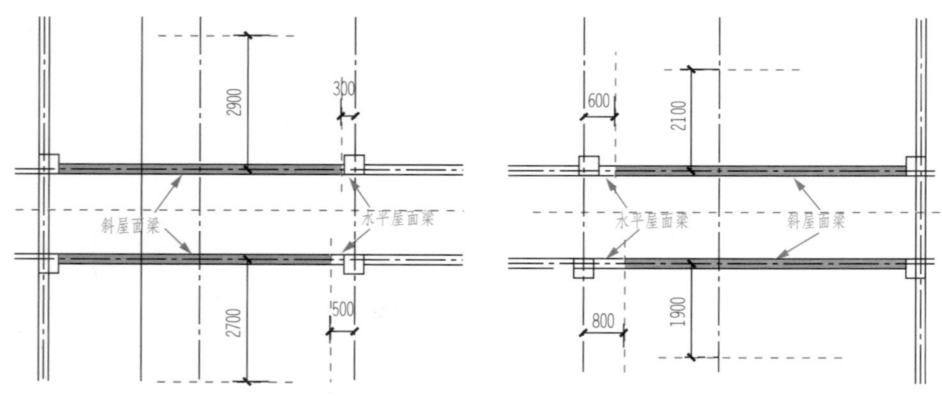

图 3.71

（6）修改水平屋面梁

以 WKL5 为例，单击“修改”选项卡→“修改”面板→“移动”按钮，将剖面 3 移动至竖向参照平面处，如图 3.72 所示。

打开“剖面 3”视图，选择已创建的水平屋面梁，单击“修改 | 结构框架”上下文选项卡→“对正”面板→“Z 轴偏移”按钮，单击屋面梁上边线，再单击屋脊线与

GD-B 轴线的交点，如图 3.73 所示。

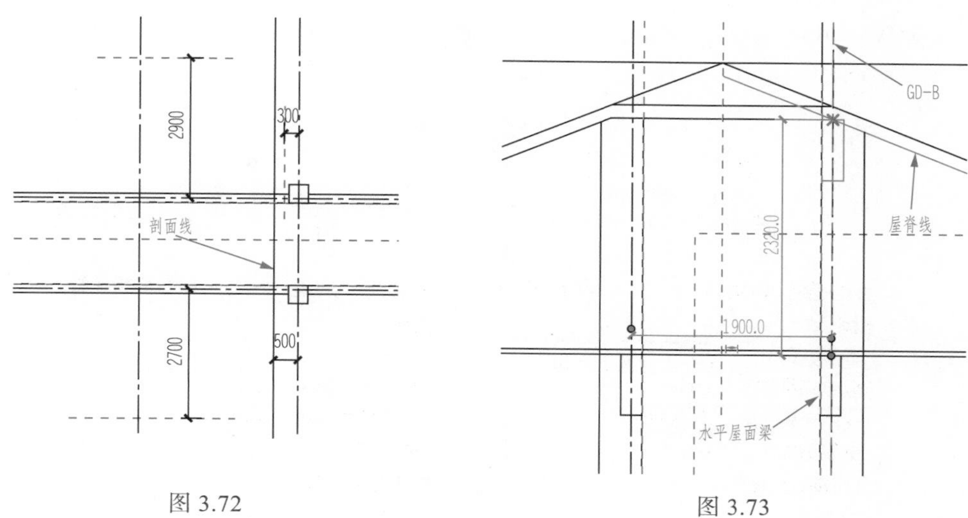

图 3.72　　　　图 3.73

选中移动后的水平屋面梁，在属性设置任务窗格中可以发现“Z 轴偏移值”由“0”变为“2320.6”，如图 3.74 所示。其余同类型的水平屋面梁可直接修改其“Z 轴偏移值”，完成水平屋面梁的修改。

WKL6 的修改方法与 WKL5 相同，移动剖面 3 至另一处竖向参照平面，同样移动 WKL6 后，WKL6 的“Z 轴偏移值”将变为“2400.6”，如图 3.75 所示。

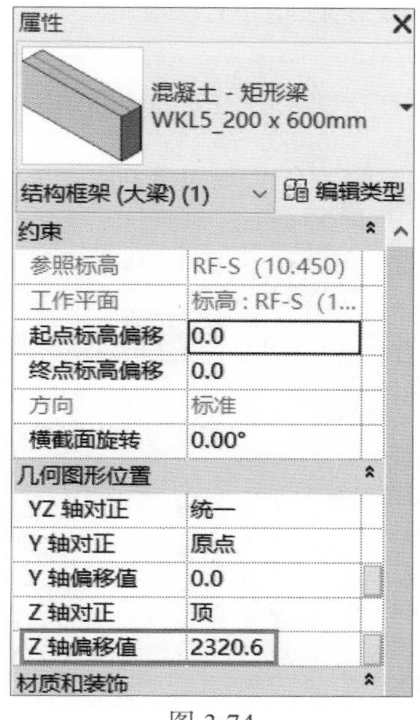

图 3.74

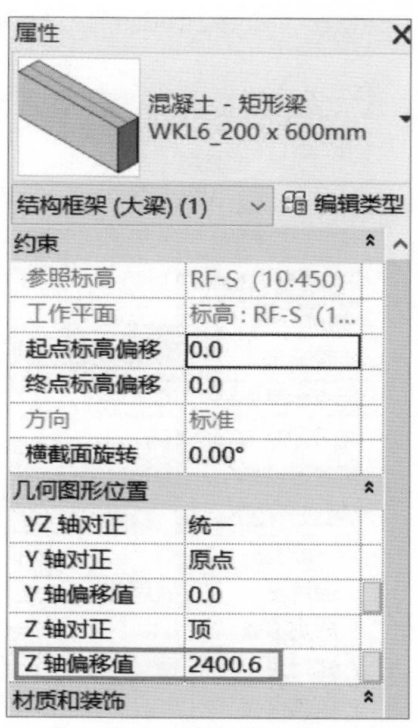

图 3.75

（7）创建屋面斜梁

1）修改 WKL5 和 WKL6 的边跨梁。打开三维视图，先将屋顶进行临时隐藏；单击 WKL5 和 WKL6 的左侧边跨梁，在属性设置任务窗格中输入“终点标高偏移”值分别为“2320.6”和“2400.6”，如图 3.76 所示。

图 3.76

单击 WKL5 和 WKL6 的右侧边跨梁，在属性设置任务窗格中输入“起点标高偏移”分别为“2320.6”和“2400.6”，如图 3.77 所示。三维效果如图 3.78 所示。

图 3.77

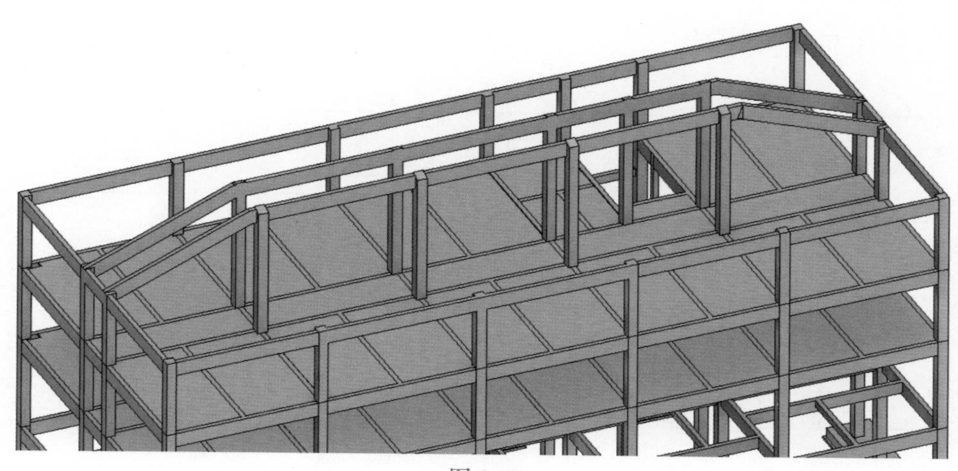

图 3.78

2）创建屋面梁中的次梁。在项目浏览器中双击进入结构平面“RF（10.500）”视图，单击“结构”选项卡→“结构”面板→“梁”按钮，绘制 GD-2 轴线上的屋面梁 L1，注意在参照平面处需要进行拆分。移动剖面 3 至屋面梁 L1 的左侧，如图 3.79 所示。

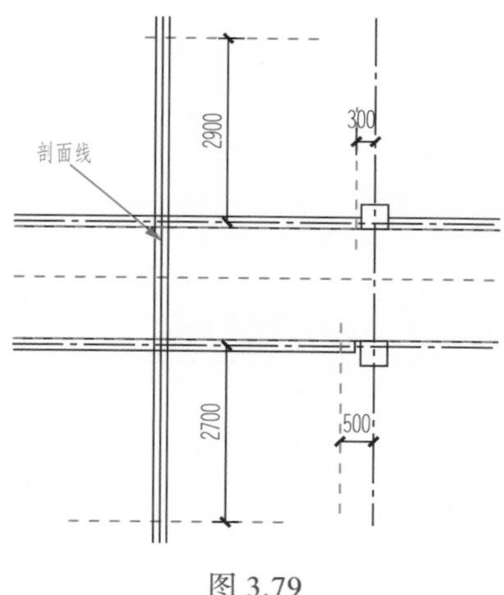

图 3.79

打开“剖面 3”视图，绘制如图 3.80 所示的参照平面，单击“注释”选项卡→“尺寸标注”面板→“高程点”按钮，测量水平参照平面的标高。

单击左侧的屋面梁，在梁的两侧出现“0.0mm”的标注，如图 3.81 所示。单击右侧的标注，输入值为“1240mm”，如图 3.82 所示。

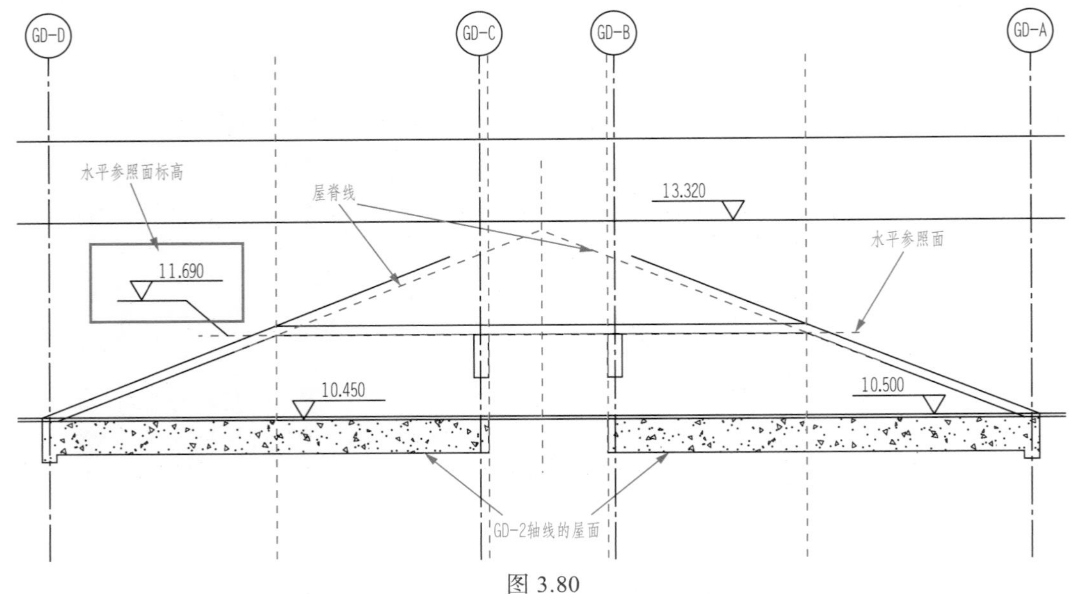

图 3.80

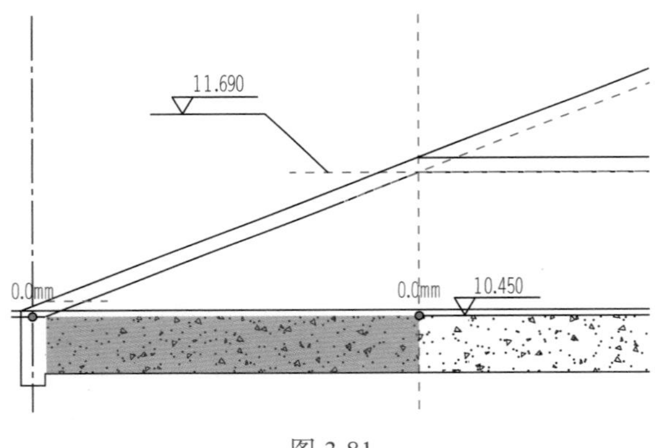

图 3.81

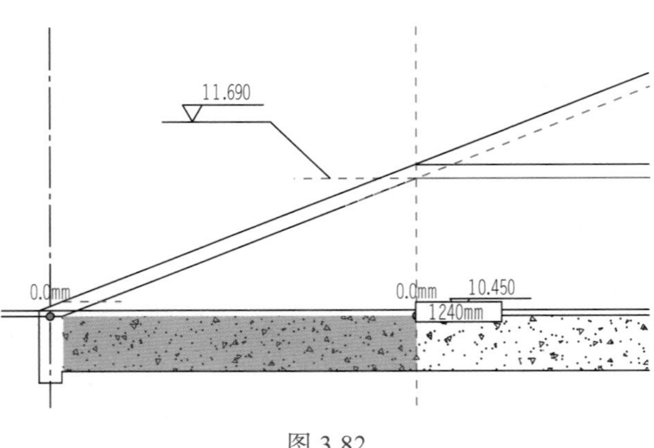

图 3.82

单击该屋面梁的另一段，在属性设置任务窗格中输入“Z 轴偏移值”为“1240”，如图 3.83 所示。右侧屋面梁的创建方法与左侧相同，三维效果如图 3.84 所示。

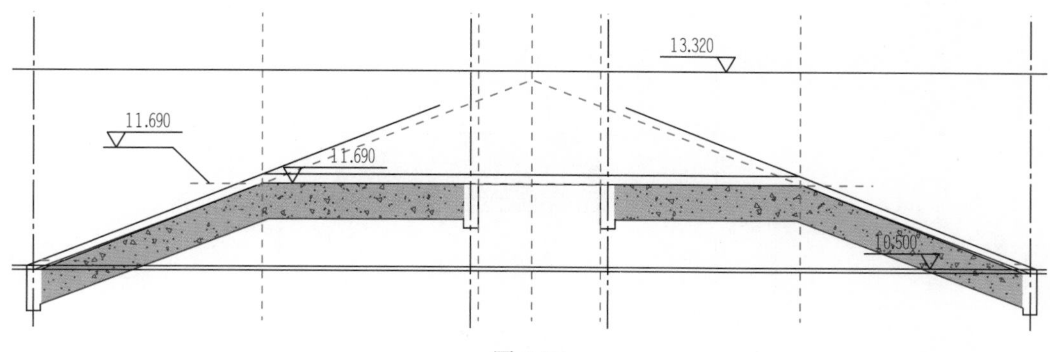

图 3.83

图 3.84

GD-10 轴线上的斜屋面 L1 梁创建方法与之类似，屋面梁的“Z 轴偏移值”为“1560”。

3）创建屋面梁中的框梁。在项目浏览器中双击进入结构平面“RF（10.500）”视图，单击“结构”选项卡→“结构”面板→“梁”按钮，绘制 GD-3 轴线上的屋面梁 WKL2，注意在中间屋脊参照平面处需要进行拆分。移动剖面 3 至 GD-3 轴线上，如图 3.85 所示。

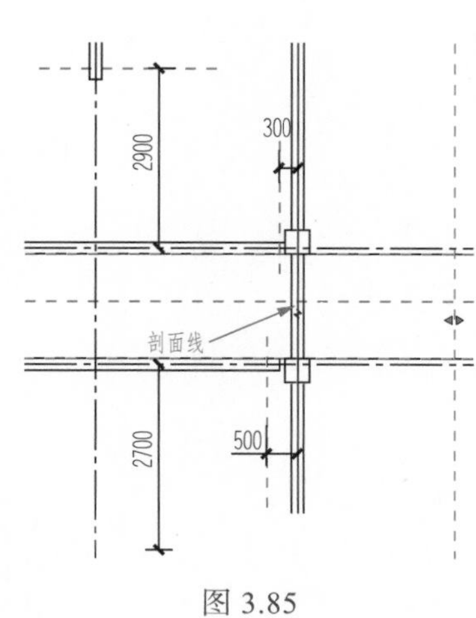

图 3.85

打开“剖面 3”视图，选择中间的屋面梁 WKL2_200×400mm，单击“修改｜结构框架”选项卡→“对正”面板→“Z 轴偏移”按钮，将中间的屋面梁移动至屋脊线底部，如图 3.86 所示。单击“修改”选项卡→“修改”面板→“拆分图元”按钮，在屋脊线的拐角处拆分中间的屋面梁，如图 3.87 所示。

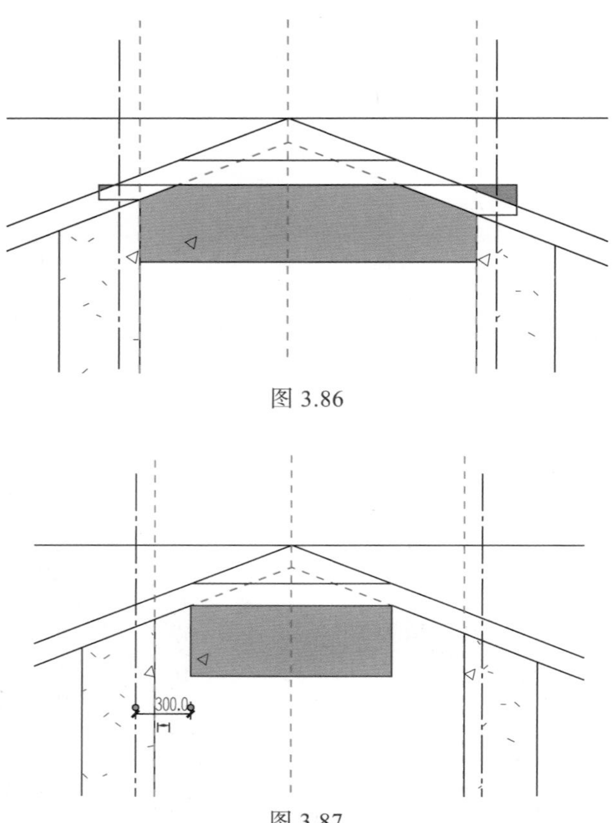

图 3.86

图 3.87

单击该段屋面梁，在属性设置任务窗格中，“Z 轴偏移值”自动改为“2520.0”，如图 3.88 所示。

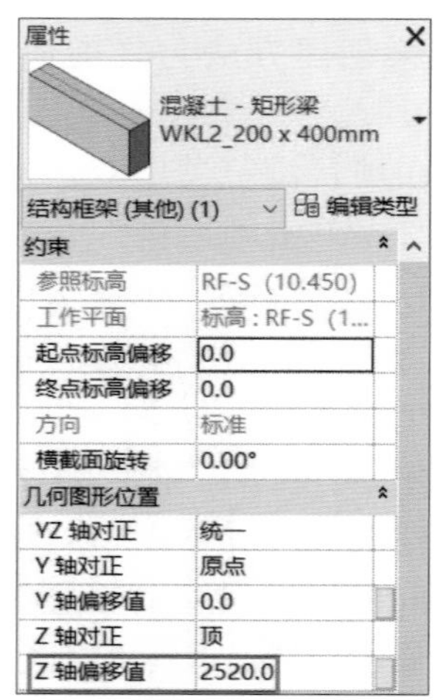

图 3.88

选中左侧的屋面梁，拖动梁上的蓝色圆点，如图 3.89 所示，对齐至中间的屋面梁边缘，如图 3.90 所示。

图 3.89

图 3.90

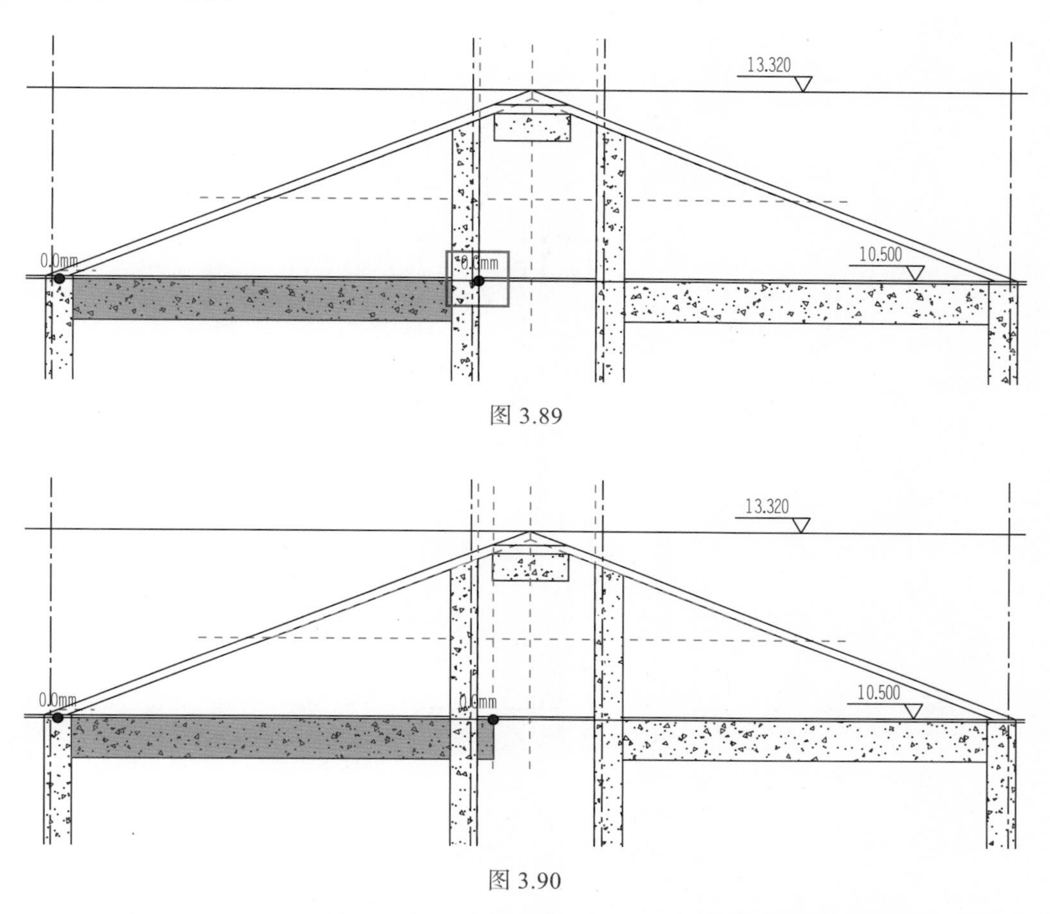

单击梁右侧的“0.0mm”标注，输入“2520.0mm”。修改结果如图 3.91 所示。

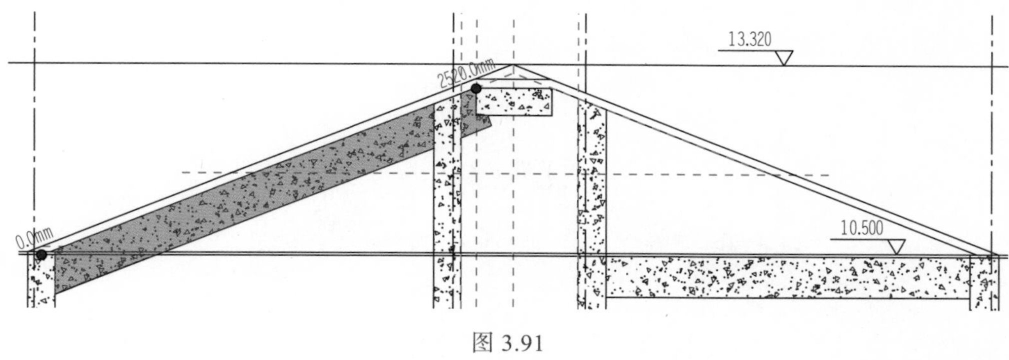

图 3.91

单击“修改”选项卡→“修改”面板→“拆分图元”按钮，在柱边参照平面处拆分左侧的屋面梁，如图 3.92 所示。单击拆分后的屋面梁，在属性设置任务窗格中将其改为“WKL2_200×400mm”的梁类型，修改后如图 3.93 所示。

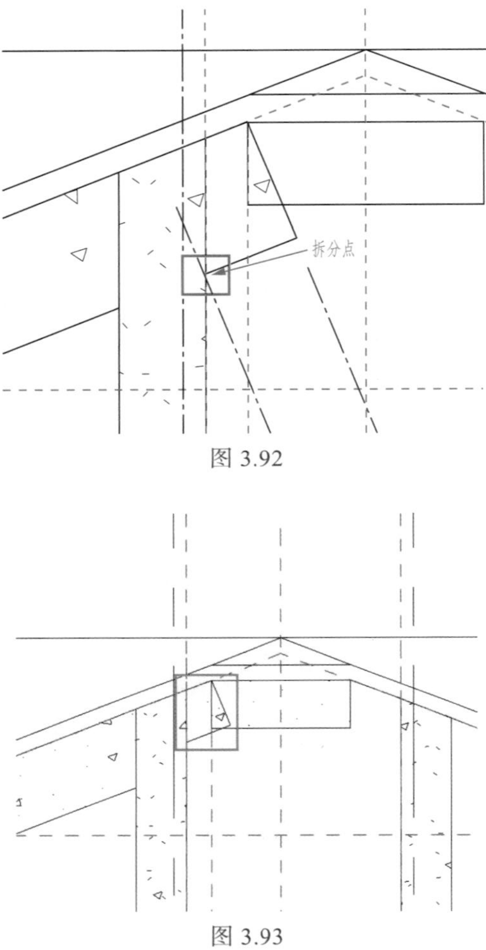

图 3.92

图 3.93

选择该轴线右侧的屋面梁，使用同样的方法创建斜屋面梁，如图 3.94 所示。右侧屋面梁的创建方法与左侧相同，三维效果如图 3.95 所示。

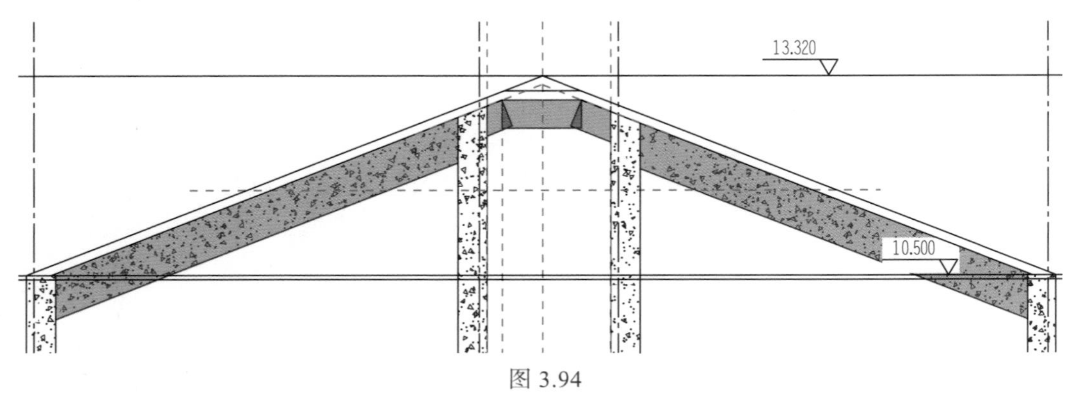

图 3.94

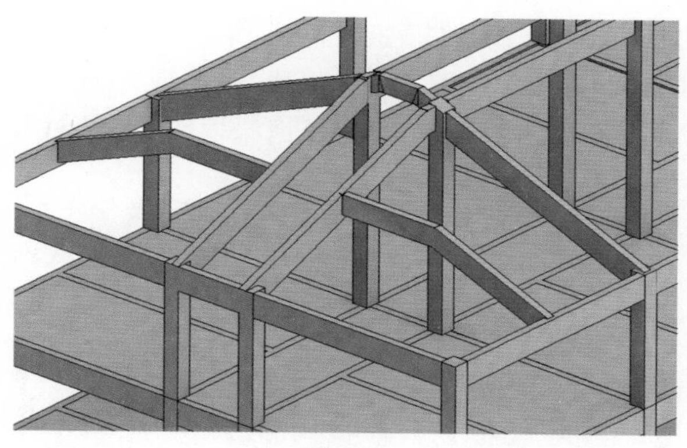

图 3.95

GD-9 轴线上的斜屋面梁创建方法与 GD-3 轴线上的斜屋面梁创建方法类似，中间段的屋面梁，在属性设置任务窗格中将“Z 轴偏移值”改为“2640.0mm”。

4）创建其余斜屋面梁。创建 GD-5、GD-7 轴线上的斜屋面梁时，使用“高程点”命令测量屋脊处的标高，屋面梁的“0.0mm”应改为屋脊标高与 RF 层标高的差“2740.0mm”，如图 3.96 所示。

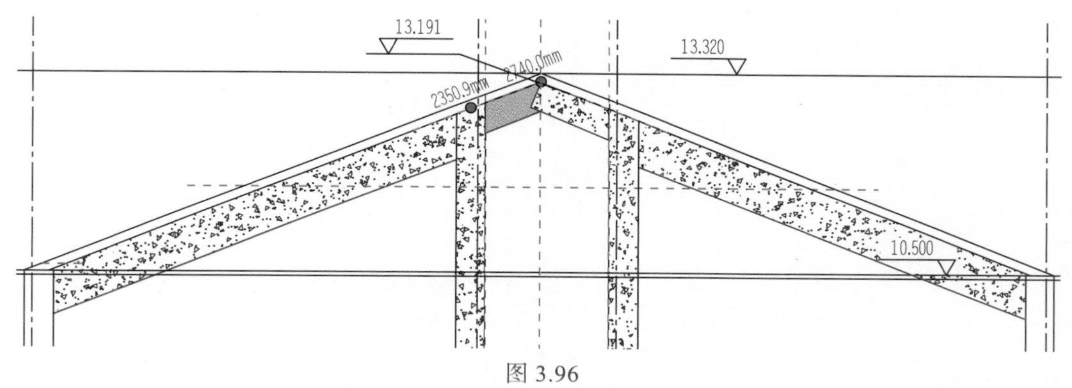

图 3.96

创建 GD-4、GD-6、GD-8 轴线上的斜屋面梁时，左侧屋面梁的“0.0mm”改为“2310.0mm”，右侧屋面梁的“0.0mm”改为“2220.0mm”，再拖动斜屋面梁的蓝色圆点至柱边线，如图 3.97 所示。

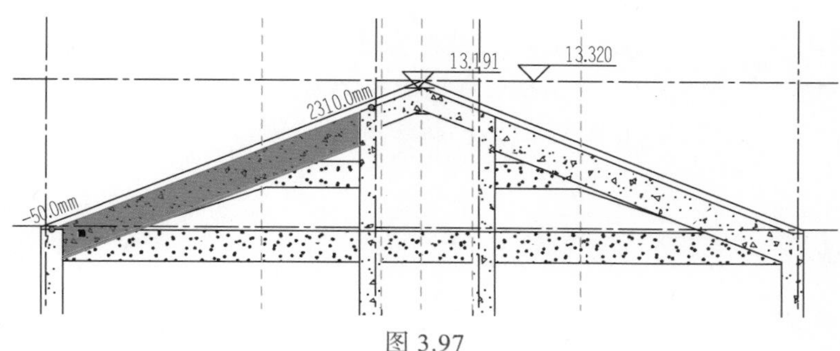

图 3.97

其余斜屋面梁创建完成后三维效果如图 3.98 所示。单击“视图控制”栏下的“临时隐藏 / 隔离”按钮，选择“重设临时隐藏 / 隔离”（快捷键 HR）；恢复隐藏的屋顶，如图 3.99 所示；创建完成后将文件保存为“3.5 屋顶层结构创建 .rvt”。

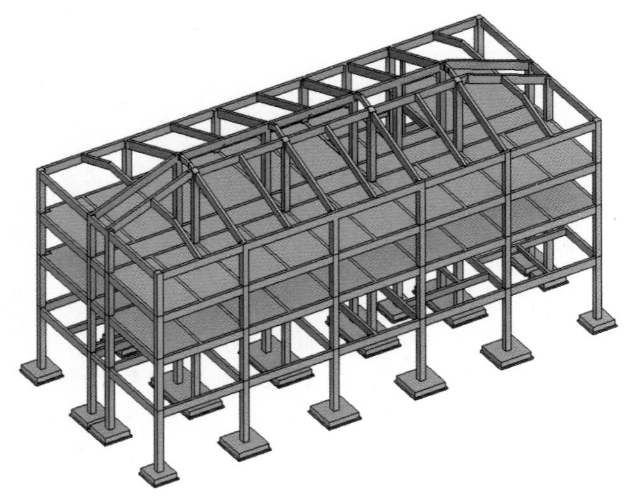

图 3.98

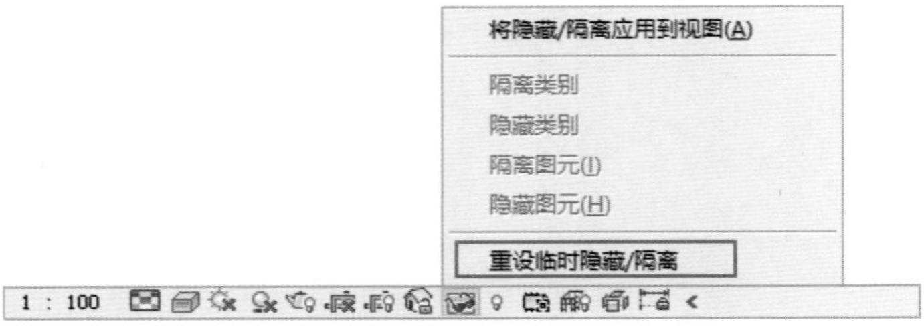

将隐藏/隔离应用到视图(A)

隔离类别

隐藏类别

隔离图元(I)

隐藏图元(H)

重设临时隐藏/隔离

1 : 100

图 3.99

小　　结

通过本章内容的学习，读者需熟悉结构专业 BIM 模型创建步骤：结构基础→结构柱→基础梁→地上结构梁→屋顶结构；掌握结构基础、柱、梁、斜梁、板的创建方法。接下来第 4 章将学习建筑主体 BIM 模型创建步骤及方法。

第4章 建筑主体 BIM 建模

本章主要讲解建筑主体 BIM 模型建模步骤及方法，共分为 6 节，包括一层墙创建、一层建筑板创建、一层门窗创建、一层节点构件创建、二层建筑构件创建、三层建筑构件创建。由浅入深、重点突出，带领读者逐步学习，全面掌握。

一层墙创建

4.1 一层墙创建

本节主要讲述一层建筑外墙及内墙的创建步骤和材质设置方法。

1. 图纸解析

1）根据建筑施工图底层平面图（详见电子文件，登录 www.abook.cn 网站下载）可知，外墙的主体部分为 200mm 厚的页岩多孔砖；内墙以 200mm 厚加气混凝土砌块为主，100mm 厚加气混凝土砌块的位置如图 4.1 所示。

2）根据结构图纸中的二层梁钢筋图（详见电子文件，登录 www.abook.cn 网站下载），除原位标注的框梁之外，框梁梁高为 600mm，次梁梁高为 500mm。因此可设置一层内外墙的顶部偏移量为梁高，特殊位置的内墙顶部偏移量设置如图 4.2 所示。

2. 创建外墙

1）导入 CAD 图纸。打开第 3 章保存的文件“3.5 结构模型 .rvt”，在项目浏览器中双击进入结构平面“1F-S（−0.200）”视图，按 2.1 节叙述的 CAD 图纸导入方法，将供电所底层平面图（详见电子文件，登录 www.abook.cn 网站下载）导入该视图中。

2）创建外墙类型。单击“建筑”选项卡→“构建”面板→“墙：建筑”按钮。在属性设置任务窗格中选择“基本墙”类型，单击“编辑类型”按钮，在弹出的“类型属性”对话框中单击“复制”按钮，在弹出的“名称”对话框中修改名称为“外墙 -200mm”，如图 4.3 所示。

3）创建外墙材质。单击属性设置任务窗格中的“编辑类型”按钮，在弹出的“类型属性”对话框中单击“结构”参数后的“编辑”按钮，弹出“编辑部件”对话框，如图 4.4 所示。

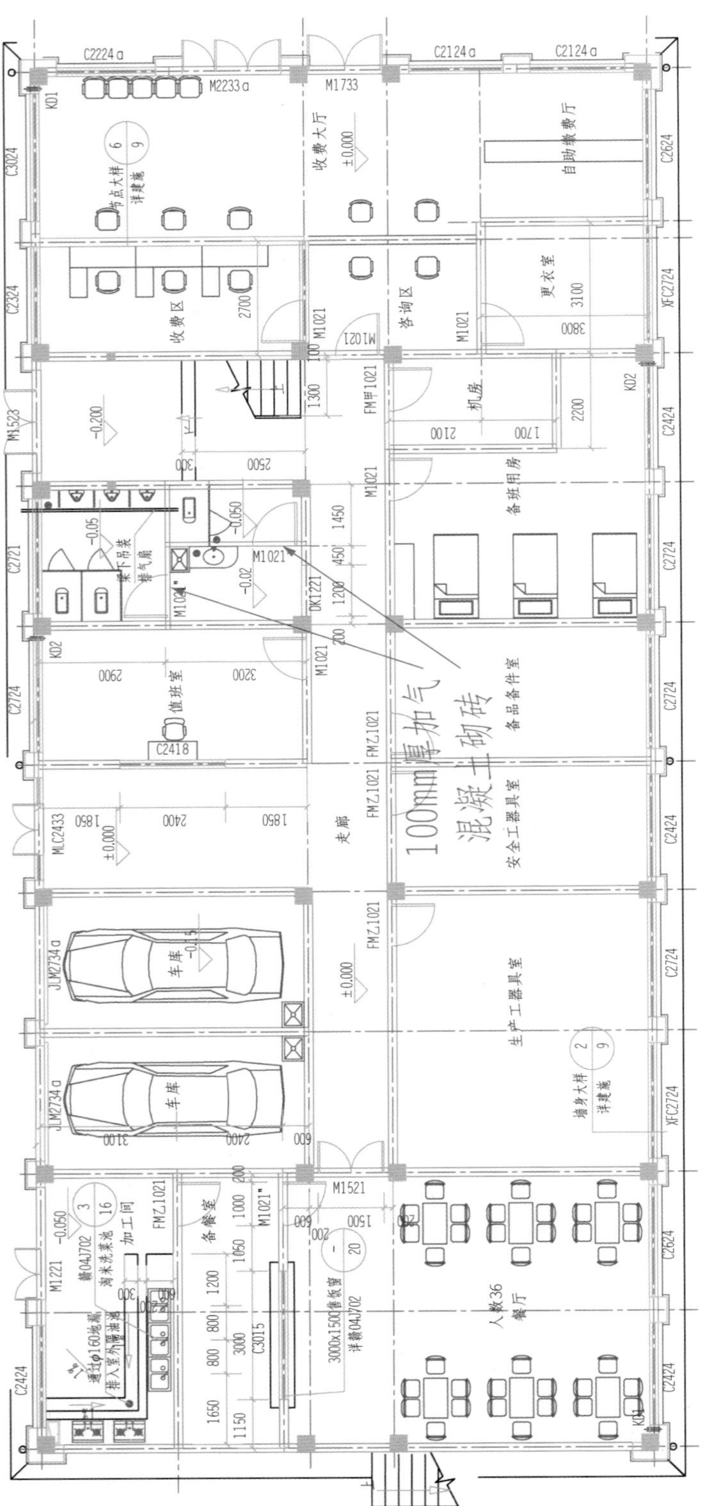

收费大厅
自助缴费厅
收费区
咨询区
更衣室
机房
备班用房
值班室
备品备件室
安全工器具室
走廊
车库
车库
生产工器具室
加工间
备餐室
餐厅
人数36
100mm厚加气
混凝土砌块
C2224 a
C2124 a
M2233 a
M1733
C3024
C2624
C2324
XFC2724
M1523
C2424
C2721
C2724
MLC2433
JLM2734 a
XFC2724
C2424
M1221
M1021
FM甲1021
FMZ1021
M1521
C2418
C3015
KD1
KD2
DK1221
±0.000
-0.200
-0.050
-0.02
-0.05
风机吊装
排气扇

图 4.1

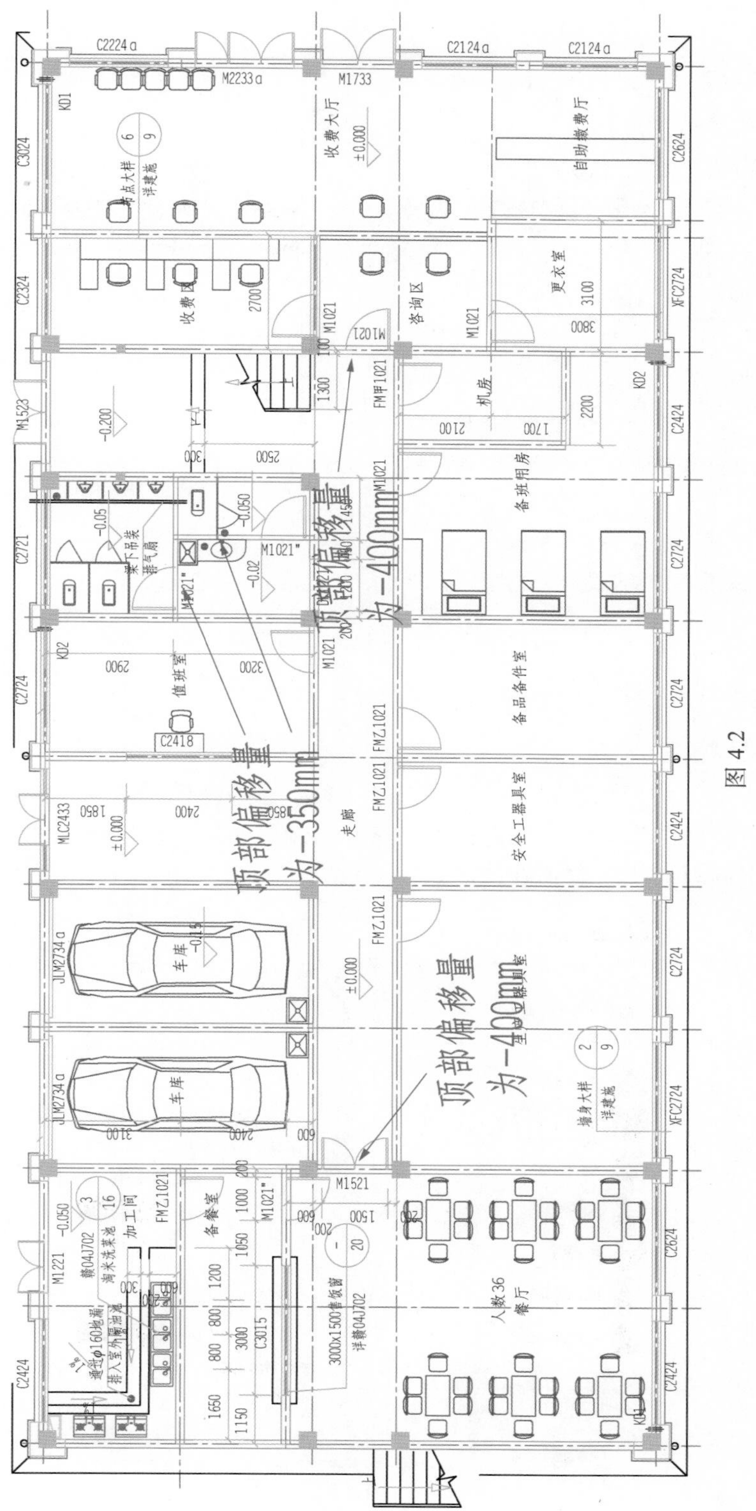

图 4.2

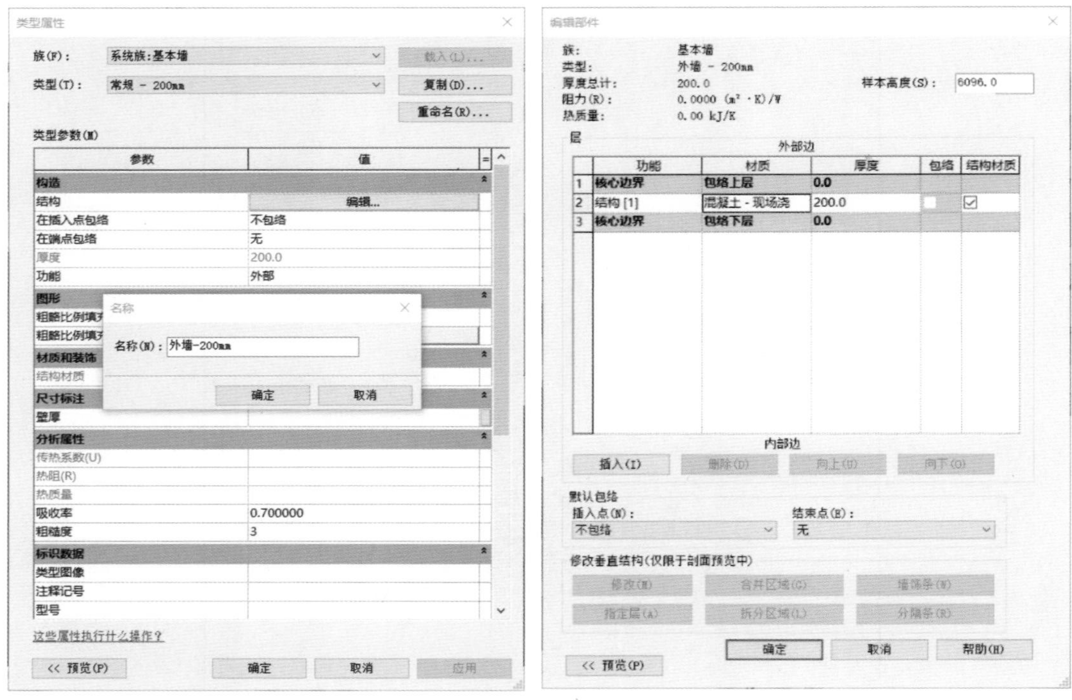

图 4.3　　　　图 4.4

单击“结构 [1]”栏“材质”单元格按钮，弹出“材质浏览器”对话框，如图 4.5 所示，选择“砌体 - 普通砖”材质，再选择“创建并复制材质”下拉按钮→“复制选定的材质”命令，重命名新材质为页岩多孔砖。

图 4.5

4）修改属性参数。在属性设置任务窗格“约束”栏中，“底部约束”选择“1F-S（-0.200）”，“底部偏移”值为“0.0”；“顶部约束”选择“直到标高：2F-S（3.850）”，“顶部偏移”值为“-600.0”，如图 4.6 所示。

约束	
定位线	墙中心线
底部约束	1F-S（-0.200）
底部偏移	0.0
已附着底部	☐
底部延伸距离	0.0
顶部约束	直到标高: 2F-S...
无连接高度	3450.0
顶部偏移	-600.0
已附着顶部	☐
顶部延伸距离	0.0
房间边界	☑
与体量相关	☐
横截面	垂直

图 4.6

【操作技巧】绘制外墙时，需要在结构柱两侧断开。若分段绘制外墙，则每段绘制前“底部约束”都会恢复成默认设置“1F-A（0.000）”。解决该问题有以下两种方法。

方法一：打开“1F-S（-0.200）”视图，在属性设置任务窗格中，“底部约束”直接使用默认设置“1F-S（-0.200）”。

方法二：在当前“1F-A（0.000）”视图中，修改属性设置任务窗格“底部约束”为“1F-S（-0.200）”，修改“底部偏移”为“-50.0”。

5）创建外墙。沿外侧轴线绘制外墙，注意 KL9a 梁的标高为 2.250，因此需要将该处的外墙对齐至 KL9a 梁底处。单击需要修改的外墙，拖动外墙顶部的操纵柄至 KL9a 梁底部，三维效果如图 4.7 所示。

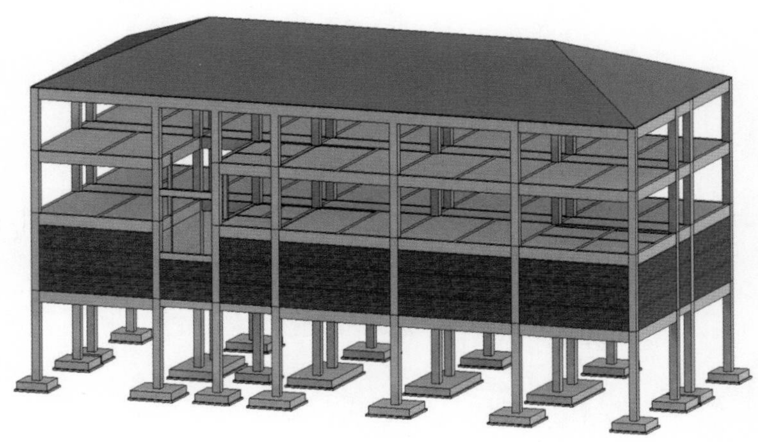

图 4.7

【操作技巧】打开三维视图，单击“修改”选项卡→“修改”面板→“对齐”按钮，单击 KL9a 梁的底部平面，再单击需要修改的外墙的顶部平面，外墙顶部平面则对齐至梁底平面，如图 4.8 所示。

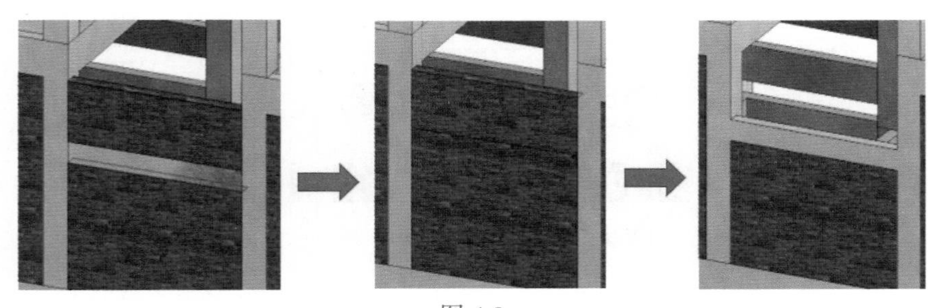

图 4.8

【提示】墙区分内外边，因此在创建墙时应以顺时针的方向绘制，可以使用空格键切换墙的内外边。

3．创建内墙

1）创建 200mm 的内墙类型。在项目浏览器中双击进入结构平面“1F-S（-0.200）”视图，单击“建筑”选项卡→“构建”面板→“墙”按钮，在属性设置任务窗格中选择“常规 -200mm”类型；单击“编辑类型”按钮，弹出“类型属性”对话框，如图 4.9 所示，单击“复制”按钮，在弹出的“名称”对话框中输入“室内隔墙 -200mm”作为新类型名称。

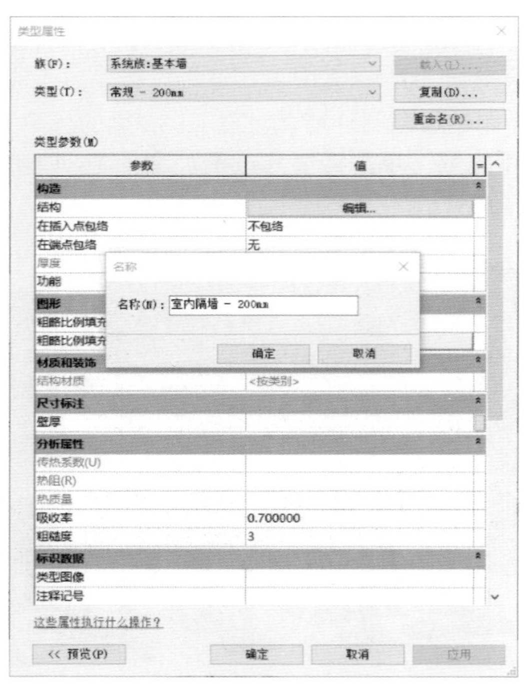

图 4.9

2）创建内墙材质。单击“类型属性”对话框→“结构”参数→“编辑”按钮，弹出“编辑部件”对话框；在“编辑部件”对话框中单击“结构 [1]”栏“材质”单元格按钮，弹出“材质浏览器”对话框；在“材质浏览器”对话框中选择“混凝土砌块”材质，选择“创建并复制材质”下拉按钮→“复制选定的材质”命令，重命名新材质为加气混凝土砌块。

3）创建 100mm 的内墙类型。单击属性设置任务窗格中的“编辑类型”按钮，在弹出的“类型属性”对话框中单击“复制（D）...”按钮，弹出“名称”对话框，在“名称”对话框中输入“室内隔墙 -100mm”作为新类型名称。在“编辑部件”对话框中修改“结构 [1]”栏“厚度”单元格的值为“100”，如图 4.10 所示。

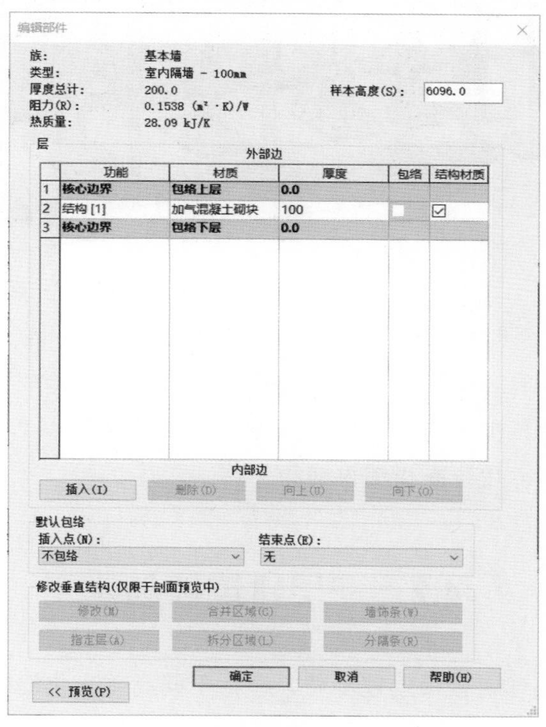

图 4.10

4）修改属性参数。在属性设置任务窗格中，“底部约束”选择“1F-S（-0.200）”，“底部偏移”值为“0.0”；“顶部约束”选择“直到标高 2F-S：（3.850）”。按照二层梁钢筋图，不同区域的内墙偏移值见表 4.1。

表 4.1　不同区域的内墙偏移值

内墙位置	底部偏移量	顶部偏移量
框梁下的内墙	0	-600
次梁下的内墙	0	-500
GD-B 和 GD-C 轴线之间框梁下的内墙	0	-400
卫生间梁下的内墙	-50	-350

选中属性设置任务窗格中的“剖面框”复选框，将剖面框顶部的拖拽按钮移动至二层框梁。使用工具栏中的“临时隐藏 / 隔离”命令，点选一层外墙进行隐藏，一层内墙的三维效果如图 4.11 所示。保存文件为“4.1 一层墙 .rvt”。

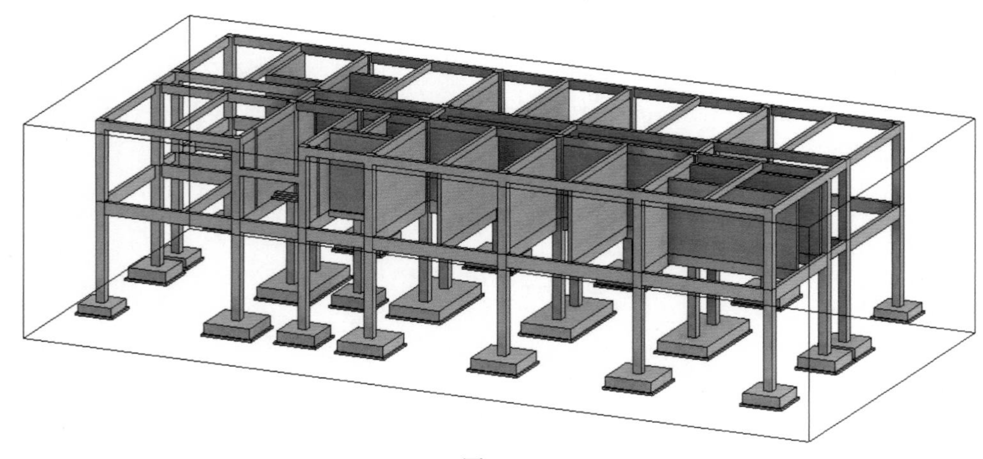

图 4.11

【提示】内墙创建完成后，可以在三维视图中检查模型。在三维视图的属性设置任务窗格中选中“范围”栏内的“剖面框”复选框，三维模型外侧出现长方体框，可拖动剖面框上的操纵柄查看模型的内部构件；也可以使用工具栏中的“临时隐藏 / 隔离”命令，将部分构件进行隐藏，方便检查模型内部构件。

一层建筑板创建

4.2　一层建筑板创建

本节主要讲述一层建筑楼板创建步骤，包括不同高差变化的楼板做法。

1. 图纸解析

1）根据底层平面图中的标高，可知每个区域的建筑标高，如图 4.12 所示。

2）由于每层的建筑标高和结构标高差均为 50mm，因此可以判断每层建筑板的厚度均为 50mm。也可以通过查看 1-1 剖面图（详见电子文件，登录 www.abook.cn 网站下载）中的标注，验证每层建筑板的厚度为 50mm。

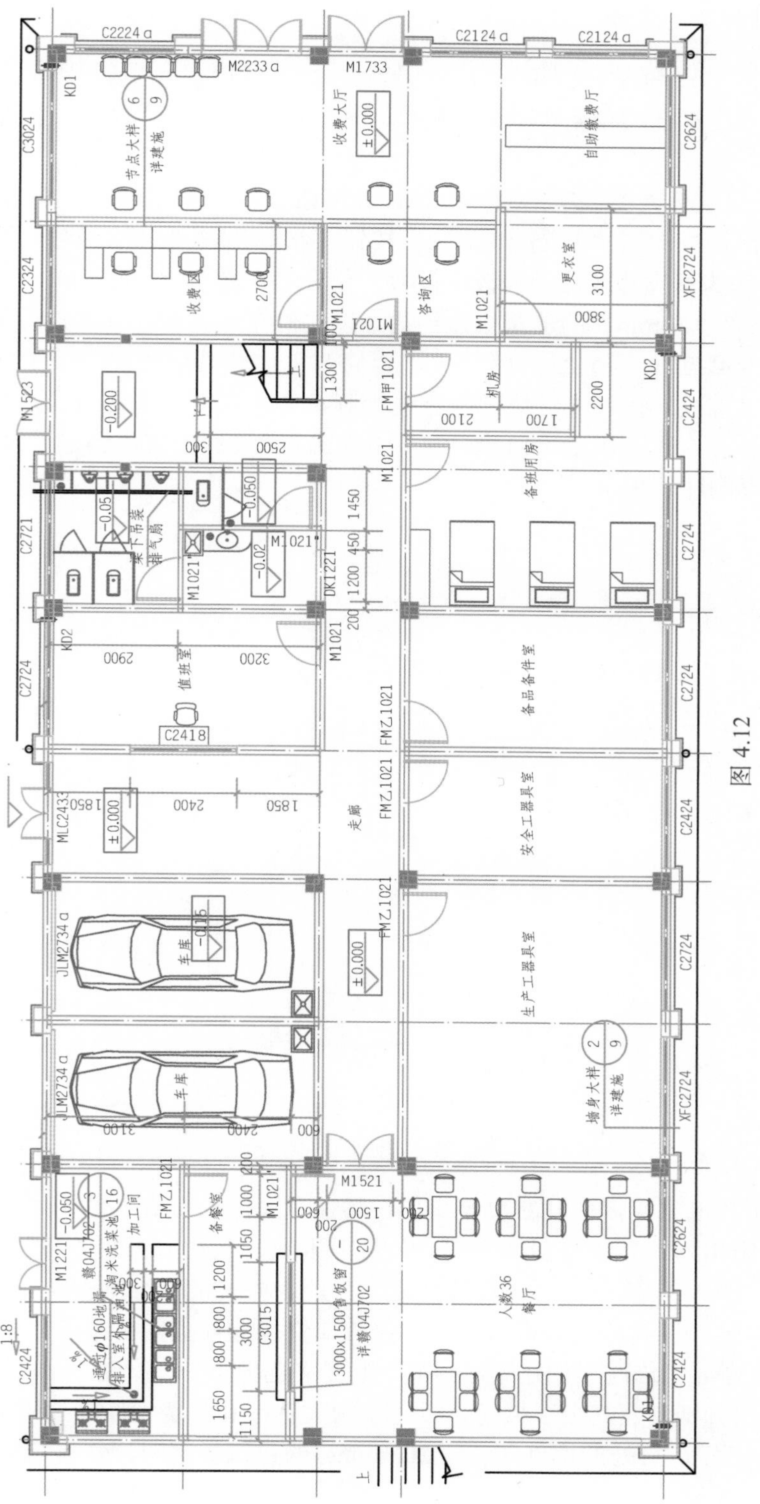
收费大厅
自助缴费厅
收费区
咨询区
更衣室
机房
备班用房
值班室
备品备件室
安全工器具室
走廊
车库
车库
生产工器具室
餐厅
备餐室
加工间

图 4.12

2．创建一层建筑板

1）打开上节保存的文件“4.1 一层墙 .rvt”，在项目浏览器中双击进入楼层平面“1F-A（0.000）”视图，单击“建筑”选项卡→“构建”面板→“楼板”下拉菜单→“楼板：建筑”按钮。

2）创建建筑板类型。单击属性设置任务窗格中的“编辑类型”按钮，在弹出的“类型属性”对话框中单击“复制（D）...”按钮，在弹出的“名称”对话框中输入“建筑板 -50mm”作为新类型名称。修改“厚度”单元格的值为“100”。

3）绘制“-150mm”的建筑板边界线。以左侧车库为例，在属性设置任务窗格中输入“自标高的高度 ...”值“-150”。单击“修改｜创建楼层边界”上下文选项卡→“绘制”面板→“直线”按钮，沿墙的内边线绘制车库建筑板的边界线，注意柱角处应该沿柱角边缘绘制边界线，如图 4.13 所示，单击“确定”按钮，完成创建。再用同样的方法，绘制另一车库的建筑板。

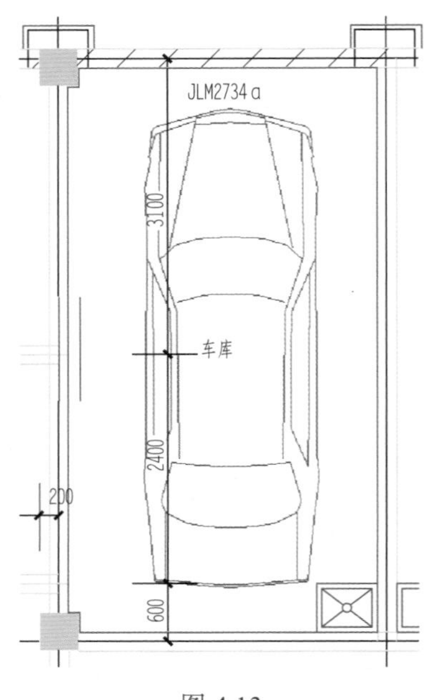

图 4.13

4）绘制其他建筑板区域的边界线。在属性设置任务窗格中输入“自标高的高度 ...”值“-50”，用相同的方法绘制加工间、公共卫生间、独立卫生间的建筑板。修改属性设置任务窗格“约束”栏中“自标高的高度 ...”值为“-20”，绘制盥洗间的建筑板。

5）绘制室内标高的建筑板边界线。修改属性设置任务窗格中的“自标高的高度 ...”值为“0.0”，单击“修改｜创建楼层边界”上下文选项卡→“绘制”面板→“直线”按钮，沿墙的内边线分别创建其余区域建筑板。绘制收费区和收费大厅的建筑板时，9-6 节点（9 号图纸中的6号节点）处的构件需预留200mm宽的建筑板空间，创建结果如图4.14 所示。

同时需注意走廊区域的建筑板边界线如图 4.15 所示。创建完成后保存文件为“4.2 一层建筑板 .rvt”。

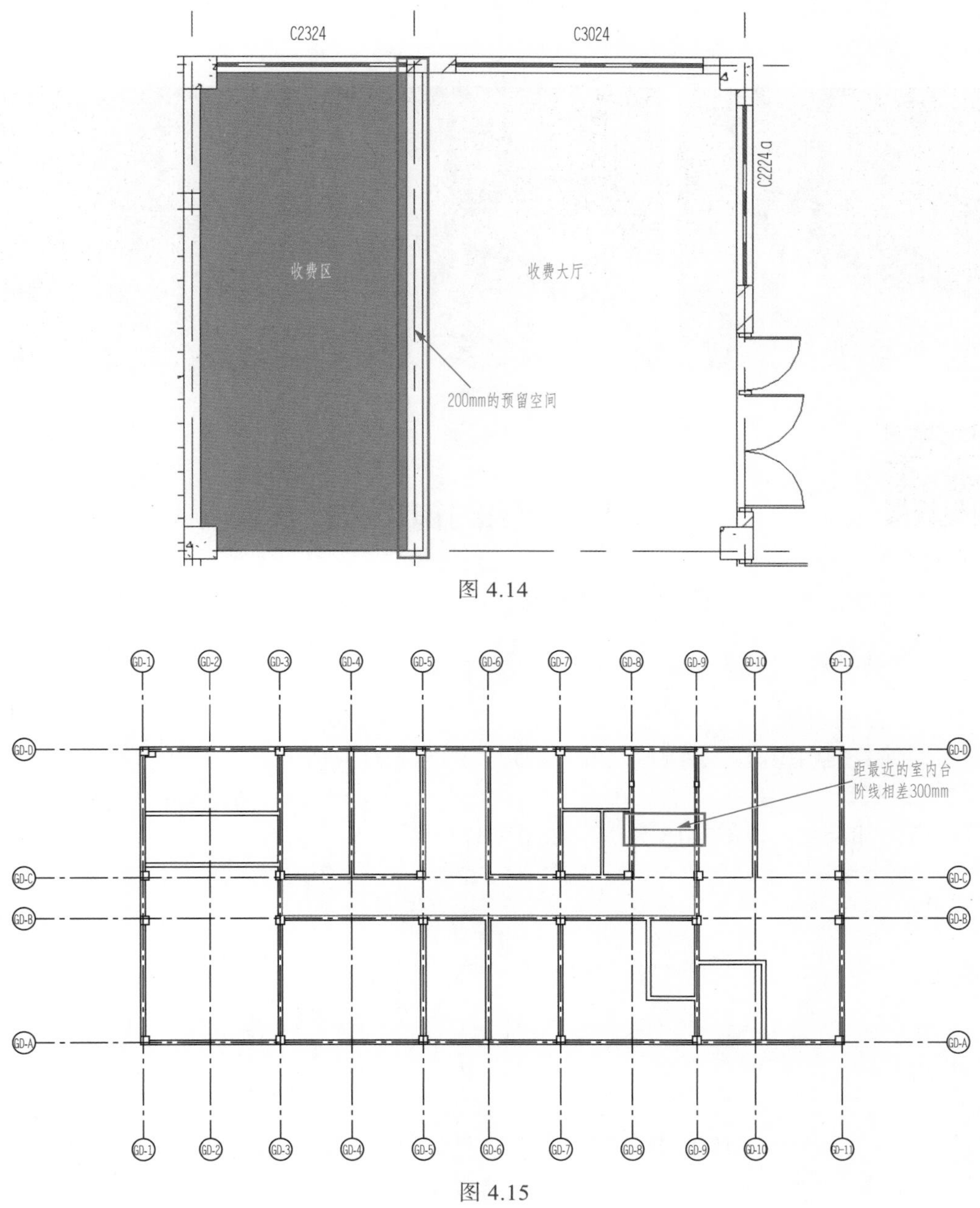

图 4.14

图 4.15

【提示】查看结构施工图纸（详见电子文件，登录 www.abook.cn 网站下载）中的楼梯 1 剖面图，测量 GD-C 轴线至走廊与台阶的边界的距离为 2200mm，平面图中“2500”的尺寸标注包含了一级台阶的踏面宽度 300mm，因此走廊的边界应在台阶线往下偏移 300mm。

【操作技巧】 由于建筑板属于建筑专业的构件，结构柱属于结构专业的构件，因此绘制建筑板时，也可以使用“矩形”命令绘制边界线，再使用“连接”命令将建筑板与结构柱连接，再选择“连接”下拉菜单中的“切换连接顺序”命令。切换建筑板和结构柱的连接顺序如图 4.16 所示。

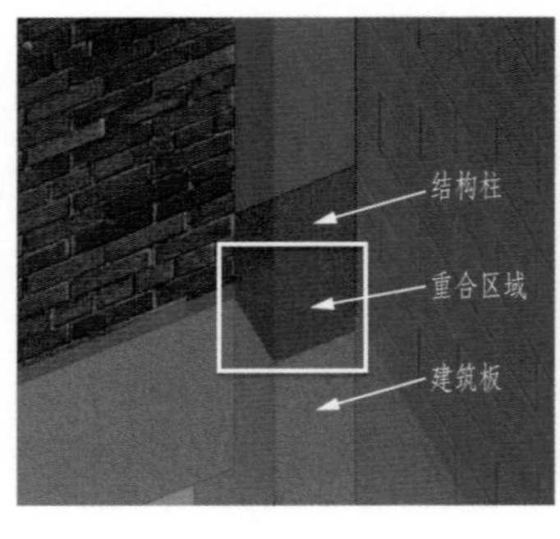

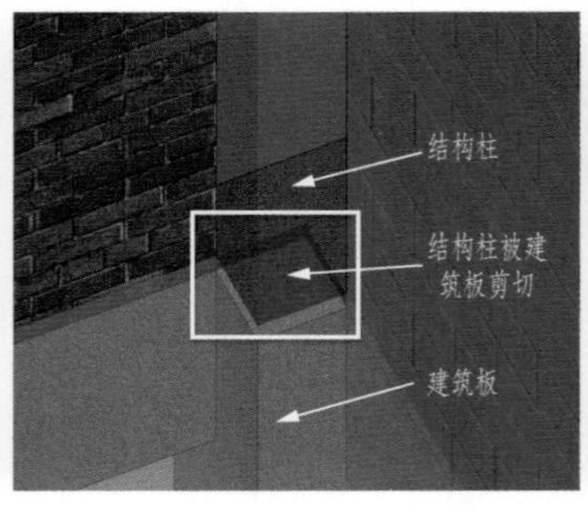

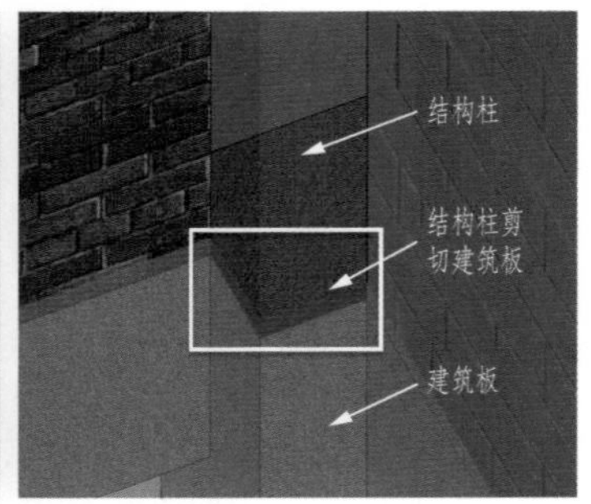

图 4.16

一层门窗创建

4.3 一层门窗创建

本节主要讲述一层建筑门窗创建步骤，包括门窗载入方法及参数修改方法。

1．图纸解析

1）根据建筑施工图（详见电子文件，登录 www.abook.cn 网站下载）中的门窗表，查看不同编号的门窗类型、洞口尺寸、数量、图集名称等。

2）根据建筑施工图（详见电子文件，登录 www.abook.cn 网站下载）的 9 号图纸，查看门窗内部尺寸，以 C2418 为例，如图 4.17 所示。

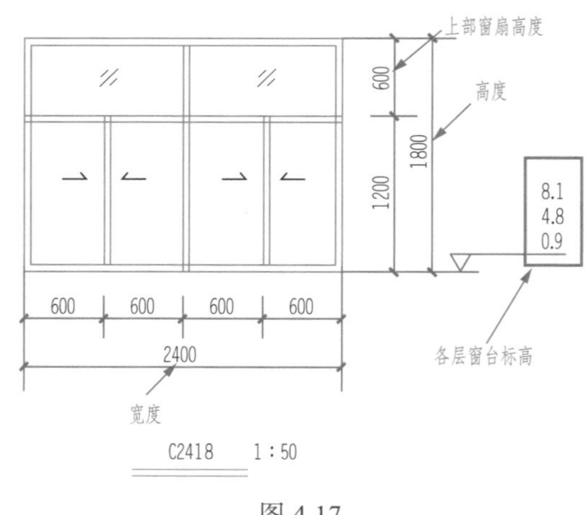

图 4.17

2．放置一层门窗

1）打开上节保存的文件“4.2 一层建筑板 .rvt”，在项目浏览器中双击进入楼层平面“1F-A（0.000）”视图，再单击“建筑”选项卡→“构建”面板→“窗”按钮，弹出“修改｜放置窗”上下文选项卡。

2）载入窗族。在走廊和盥洗室之间需载入窗族，单击“修改｜放置 窗”上下文选项卡→“模式”面板→“载入族”按钮。在“载入族”对话框依次双击：建筑文件夹→窗文件夹→普通窗文件夹→组合窗文件夹→组合窗－双层单列（四扇推拉）－上部双扇文件、组合窗－双层单列（推拉＋固定＋推拉）文件、组合窗－双层单列（固定＋推拉）文件。

3）修改属性参数。按照 9 号图纸中窗大样的窗底标高，修改属性设置任务窗格中的“底高度值”。单击属性设置任务窗格的“编辑类型”按钮，根据 9 号图纸窗大样图的尺寸标注，在“类型属性”对话框中修改“尺寸标注”栏的参数值，如图 4.18 所示。一层窗底高度值见表 4.2。

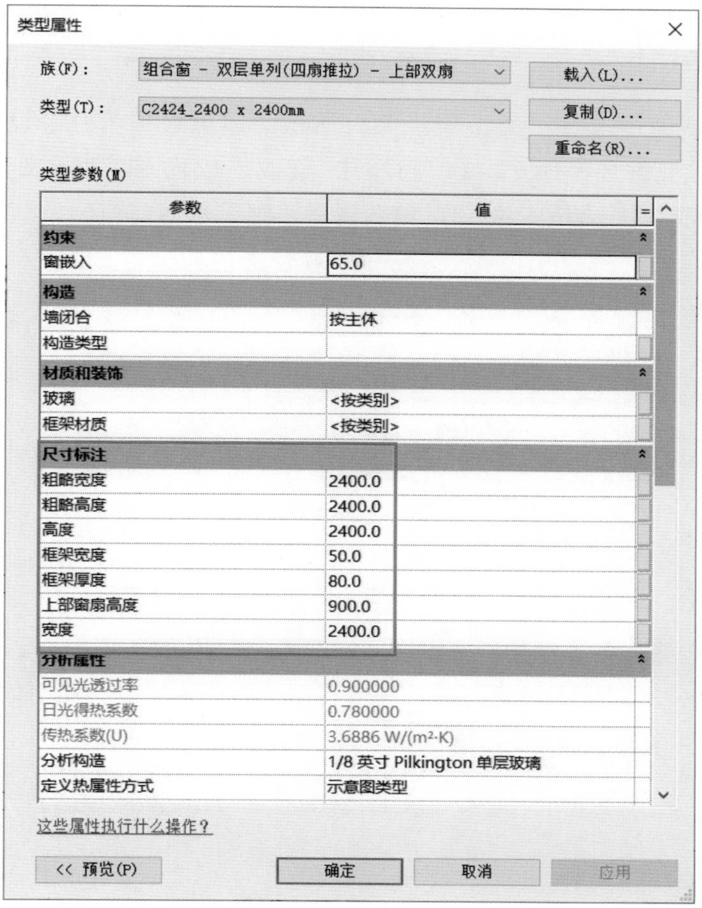

类型属性

族(F)：组合窗 － 双层单列(四扇推拉) － 上部双扇　　载入(L)...

类型(T)：C2424_2400 x 2400mm　　复制(D)...

重命名(R)...

类型参数(M)

参数	值
约束	
窗嵌入	65.0
构造	
墙闭合	按主体
构造类型	
材质和装饰	
玻璃	<按类别>
框架材质	<按类别>
尺寸标注	
粗略宽度	2400.0
粗略高度	2400.0
高度	2400.0
框架宽度	50.0
框架厚度	80.0
上部窗扇高度	900.0
宽度	2400.0
分析属性	
可见光透过率	0.900000
日光得热系数	0.780000
传热系数(U)	3.6886 W/(m²·K)
分析构造	1/8 英寸 Pilkington 单层玻璃
定义热属性方式	示意图类型

这些属性执行什么操作？

<< 预览(P)　　确定　　取消　　应用

图 4.18

表 4.2　一层窗底高度值

窗类型	设计编号	洞口尺寸 /mm	底高度 /mm
普通窗	C2324	2300×2400	900
	C2418	2400×1800	900
	C2424	2400×2400	900
	C2624	2600×2400	900
	C2721	2700×2100	1200
	C2724	2700×2400	900
	C3024	3000×2400	900
	C2124a	2150×2400	900
	C2224a	2250×2400	900
消防救援窗	CFX2724	2700×2400	900
售饭窗	C3015	3000×1500	900

4）添加类型编号。在“类型属性”对话框“标识数据”栏中设置“类型标记”值为当前窗的类型编号，如 C2424。再单击“修改｜放置 窗”上下文选项卡→“标记”面板→“在放置时进行标记”按钮，放置窗后，则显示当前窗的类型编号，如图 4.19 所示。

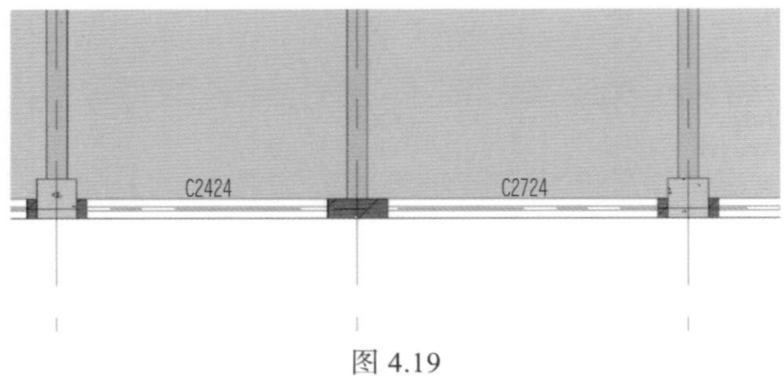

图 4.19

5）载入门洞族。在走廊和盥洗室之间需载入门洞族，单击“修改｜放置 门”上下文选项卡→“模式”面板→“载入族”按钮。在“载入族”对话框中依次双击：建筑文件夹→门文件夹→其他文件夹→门洞文件，如图 4.20 所示。

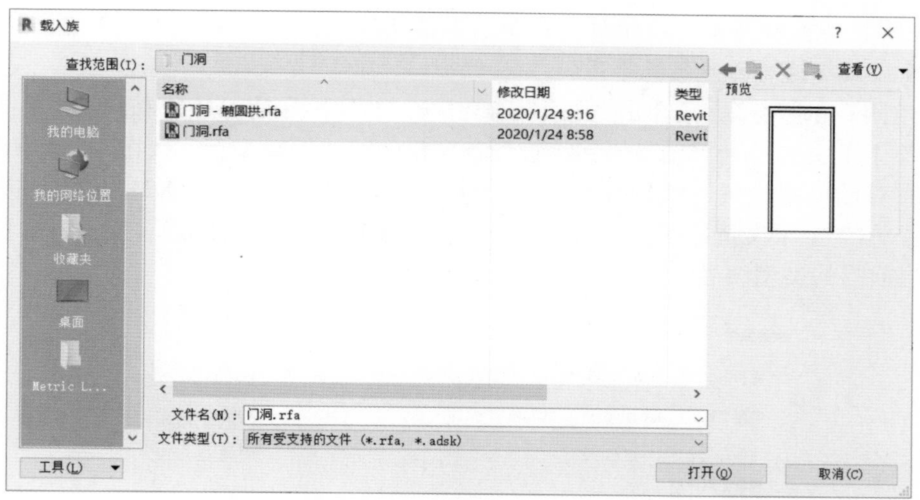

图 4.20

单击“打开”按钮后，门洞载入到项目当中，再单击“编辑类型”按钮，修改门洞类型为 DK1221。按照各区域的建筑板标高修改属性设置任务窗格中“约束”栏的底高度。一层门底高度值见表 4.3。

表 4.3　一层门底高度值

门两侧区域	门两侧区域的降板深度 /mm	设计编号	底高度 /mm
备餐室 / 加工间	0/-50	FM 乙 1021	0
加工间 / 室外台阶	-50/-100	M1221	-50
车库 / 室外地坪	-150/-300	JLM2734a	-150
走廊 / 室外台阶	0/-50	MLC2433	0
盥洗室 / 公共卫生间	-20/-50	M1021’’	-20
盥洗室 / 独立卫生间	-20/-50	M1021’’	-20
走廊 / 盥洗室	0/-20	DK1221	0
楼梯间 / 室外地坪	-200/-300	M1523	-200
收费大厅 / 室外台阶	0/-15	M2233a	0
收费大厅 / 室外台阶	0/-15	M1733	0
备餐室 / 餐厅	0/0	M1021’’	0
餐厅 / 走廊	0/0	M1521	0
走廊 / 收费大厅	0/0	M1021	0
走廊 / 生产工具器室	0/0	FM 乙 1021	0
走廊 / 安全工器具室	0/0	FM 乙 1021	0
走廊 / 备品备件室	0/0	FM 乙 1021	0
走廊 / 备班用房	0/0	M1021	0
走廊 / 机房	0/0	FM 甲 1021	0
咨询区 / 更衣室	0/0	M1021	0

【提示】当室内隔墙的内外两侧存在不同深度的降板时，按照规范规定，该墙上的门底高度应该与较高的建筑板等高。

6）创建门的类型编号。单击“建筑”选项卡→“构建”面板→“门”按钮，弹出“修改｜放置 门”上下文选项卡。单击属性设置任务窗格中的“编辑类型”按钮，在弹出的“类型属性”对话框中设置“类型标记”为当前门的类型编号，如图 4.21 所示。单击“修改｜放置 门”上下文选项卡→“标记”面板→“在放置时进行标记”按钮，放置门后，则显示当前门的类型编号。

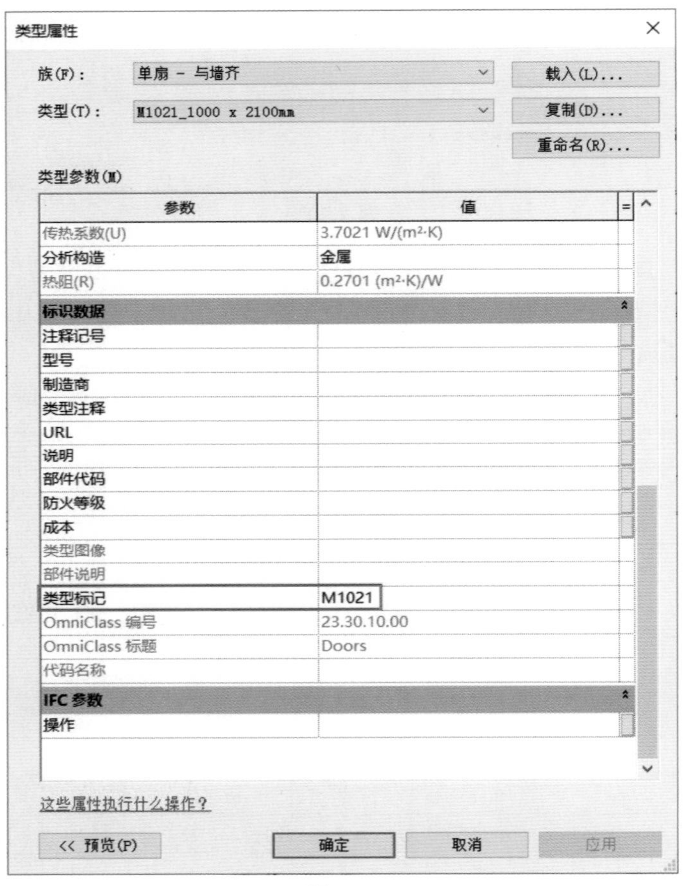

图 4.21

7）创建门。按照图纸中门的位置放置门构件。利用“剖面框”命令，将剖面框顶部的拖拽按钮移动至二层框梁处，查看室内门窗的三维效果，如图 4.22 所示。保存文件为“4.3 一层门窗 .rvt”。

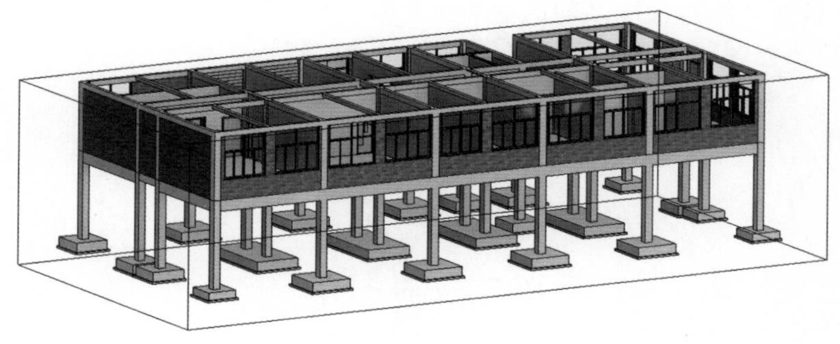

图 4.22

4.4　一层节点构件创建

一层节点构件创建

本案例一层节点构件包括 9-6 节点（9 号图纸中的 6 号节点）窗台构造、门联窗及室内台阶；本节主要讲述如何运用建筑墙、幕墙及内建模型命令创建节点构件。

1．图纸解析

1）根据底层平面图（详见电子文件，登录 www.abook.cn 网站下载），在 GD-10 轴线上，收费区和收费大厅之间的节点大样可查看 9 号图纸中的 6 号节点大样，如图 4.23 所示。

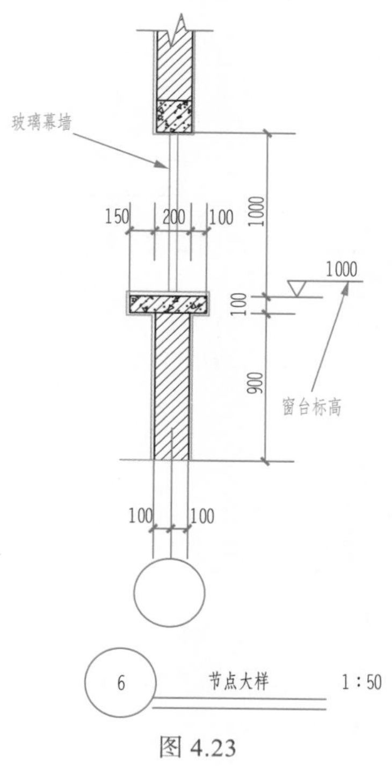

图 4.23

2）在收费区和收费大厅之间的墙和窗是幕墙嵌板的节点构件。该节点为玻璃幕墙上嵌入 M1021，如图 4.24 所示。

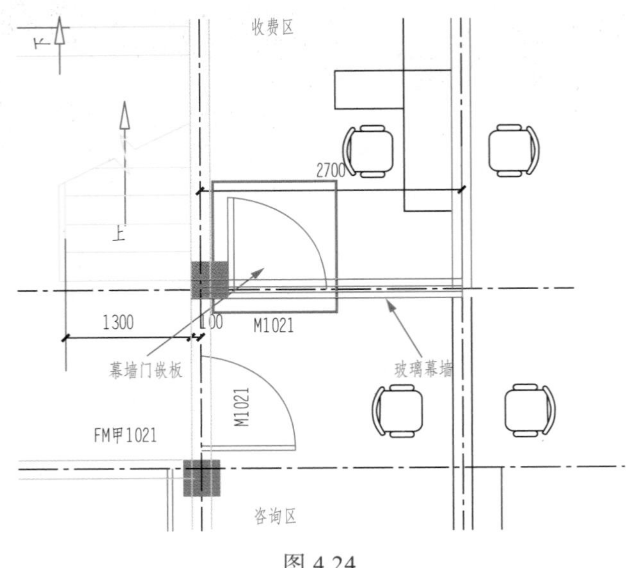

图 4.24

3）在结构施工图纸的楼梯 1 剖面图中，楼梯间和走廊的连接处存在室内台阶，如图 4.25 所示。

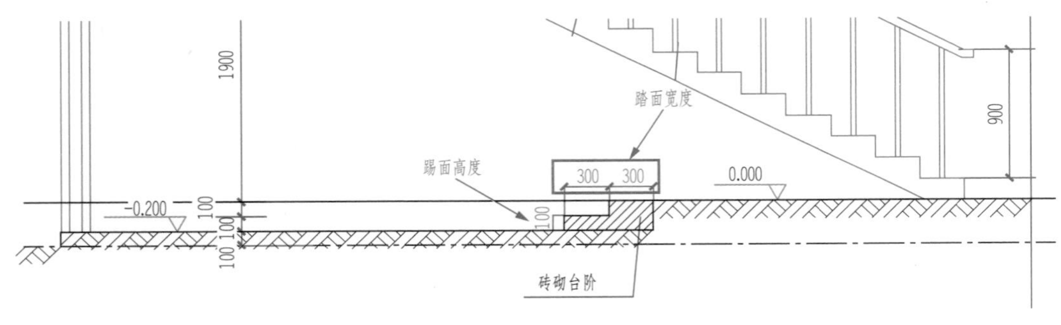

图 4.25

2．创建 9-6 节点

1）打开上节保存的文件“4.3 一层门窗 .rvt”，在项目浏览器中双击进入楼层平面“1F-A（0.000）”视图，单击“建筑”选项卡→“构建”面板→“墙”下拉菜单→“墙：建筑”按钮。

2）设置属性参数。在属性设置任务窗格中选择“室内隔墙 -200mm”的墙类型，修改“约束”栏中的“底部约束”“底部偏移”“顶部约束”“顶部偏移”，如图 4.26 所示。按照图纸绘制 200mm 厚的室内隔墙。

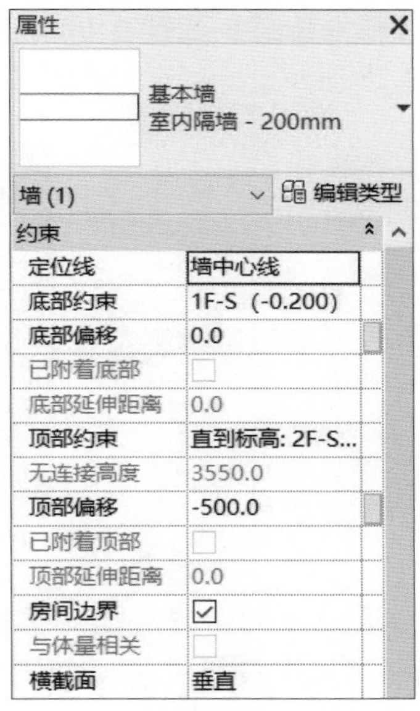

图 4.26

重新执行“墙：建筑”命令，在属性设置任务窗格（图 4.27）中选择“室内隔墙 -450mm”的墙类型，修改“约束”栏中的“底部约束”“底部偏移”“顶部约束”“顶部偏移”。在“修改｜放置 墙”上下文选项卡中修改“偏移”值为 -25，在同样的位置绘制 450mm 厚的室内隔墙。

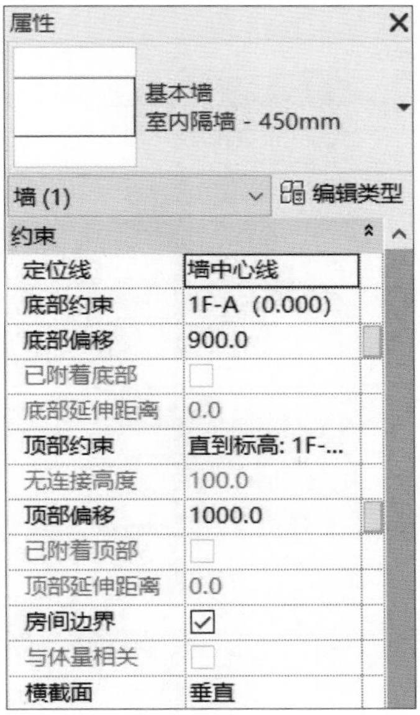

属性

基本墙
室内隔墙 - 450mm

墙 (1)　编辑类型

约束	
定位线	墙中心线
底部约束	1F-A (0.000)
底部偏移	900.0
已附着底部	☐
底部延伸距离	0.0
顶部约束	直到标高: 1F-...
无连接高度	100.0
顶部偏移	1000.0
已附着顶部	☐
顶部延伸距离	0.0
房间边界	☑
与体量相关	☐
横截面	垂直

图 4.27

3）连接隔墙。进入三维视图，发现两种室内隔墙存在重叠部分。单击“修改”选项卡→“几何图形”面板→“连接”按钮。选择 450mm 厚的室内隔墙，再选择 200mm 厚的室内隔墙，创建结果如图 4.28 所示。

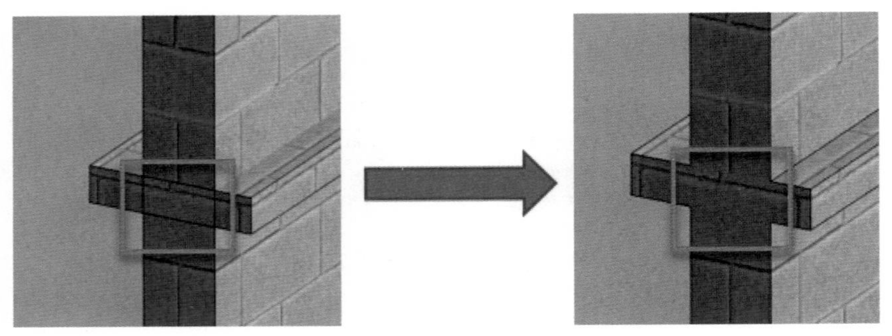

图 4.28

4）嵌入玻璃幕墙。在项目浏览器中双击进入楼层平面“1F-A（0.000）”视图，单击“建筑”选项卡→“构建”面板→“墙”按钮，在属性设置任务窗格选择“幕墙”类型，单击“编辑类型”按钮，在弹出的“类型属性”对话框中，选中“构造”栏中“自动嵌入”复选框，如图 4.29 所示。

类型属性

族(F)：系统族:幕墙　　载入(L)...

类型(T)：幕墙　　复制(D)...

重命名(R)...

类型参数(M)

参数	值
构造	
功能	外部
自动嵌入	☑
幕墙嵌板	无
连接条件	未定义
材质和装饰	
结构材质	
垂直网格	
布局	无
间距	
调整竖梃尺寸	☐
水平网格	
布局	无
间距	
调整竖梃尺寸	☐
垂直竖梃	
内部类型	无
边界 1 类型	无
边界 2 类型	无
水平竖梃	
内部类型	无
边界 1 类型	无

这些属性执行什么操作？

<< 预览(P)　确定　取消　应用

图 4.29

修改属性设置任务窗格中“约束”栏的“底部约束”“顶部约束”“底部偏移”“顶部偏移”，如图 4.30 所示。

在相同的位置绘制幕墙即可完成 9-6 节点创建。利用“剖面框”功能查看构件，三维创建结果如图 4.31 所示。

图 4.30

图 4.31

3. 创建幕墙嵌板构件

1）修改属性参数。在项目浏览器中双击进入楼层平面“1F-A（0.000）”视图，单击“建筑”选项卡→“构建”面板→“墙”按钮。在属性设置任务窗格中选择“幕墙”类型，修改“约束”栏中的“底部约束”“底部偏移”“顶部约束”“顶部偏移”，如图 4.32 所示。

图 4.32

2）创建剖面。单击“视图”选项卡→“创建”面板→“剖面”按钮。在 GD-B 和 GD-C 轴线之间绘制水平剖面。在项目浏览器中双击进入“剖面 1”（建筑剖面）视图，如图 4.33 所示，可在 GD-9 和 GD-10 轴线之间查看之前创建的玻璃幕墙。

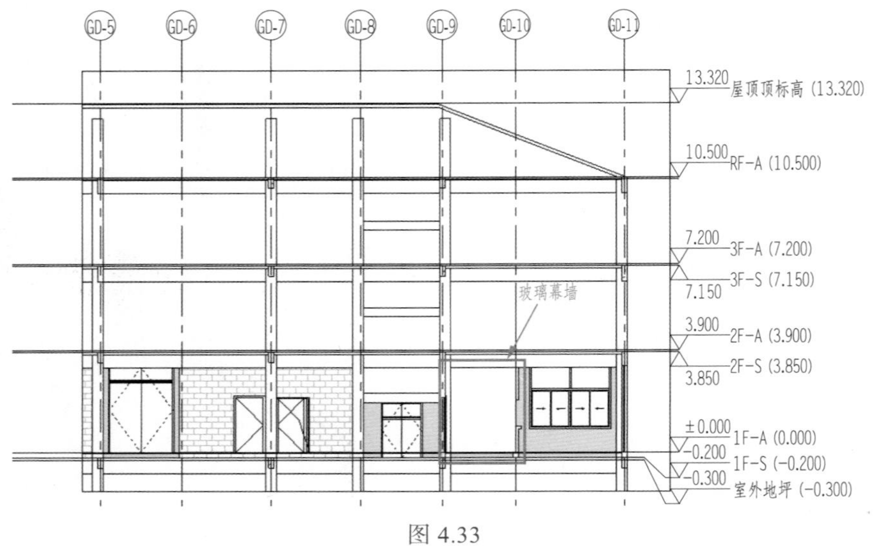

图 4.33

3）单击“建筑”选项卡→“构建”面板→“幕墙网格”按钮。在幕墙 2100mm 高度处绘制水平的幕墙网格，在幕墙 1000mm 宽度处绘制竖直的幕墙网格，绘制结果如图 4.34 所示。

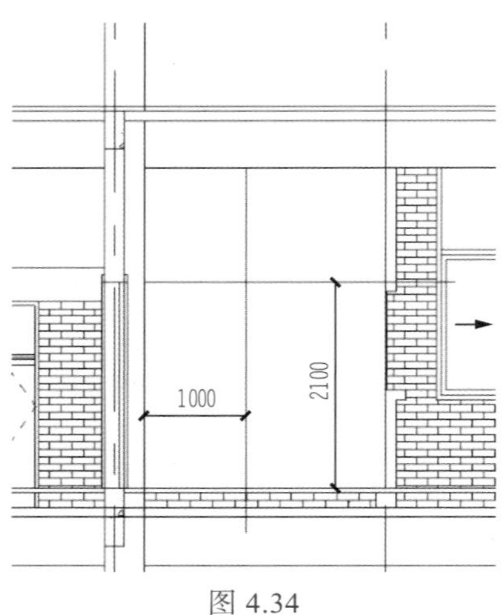

图 4.34

【提示】绘制幕墙网格时，若不能精准定位网格线，可在任意水平或竖向位置放置网格线，再单击网格线，出现临时尺寸标注，可修改水平网格线至幕墙底部的临时标注为 2100，竖直网格线至幕墙左侧的临时标注为 1000，如图 4.35 所示。

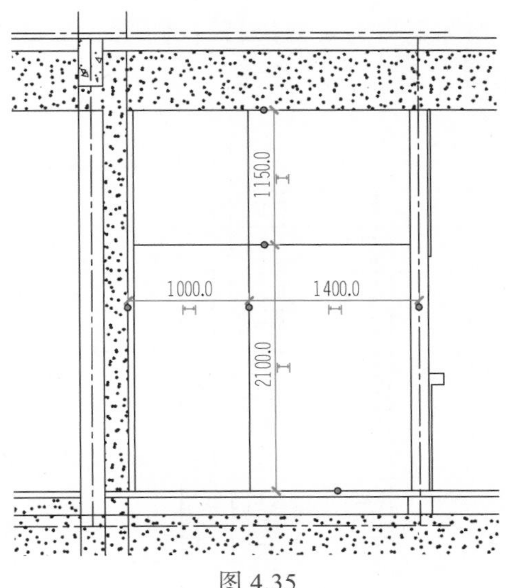

图 4.35

4）载入门嵌板。单击“插入”选项卡→“从库中导入”面板→“载入族”按钮，在“载入族”对话框中依次双击：建筑文件夹→幕墙文件夹→门窗嵌板文件夹→“门嵌板 _ 单开门 1”文件，如图 4.36 所示。

图 4.36

5）修改幕墙嵌板。将光标放置在网格线边缘，按 Tab 键直至选中左下角的玻璃嵌板，再单击左下角的玻璃嵌板，如图 4.37 所示。

在属性设置任务窗格中选择“门嵌板 _ 单开门 1”的嵌板类型，复制嵌板，重新命名为 M1021，并修改“类型标记”为“M1021”，创建结果如图 4.38 所示。

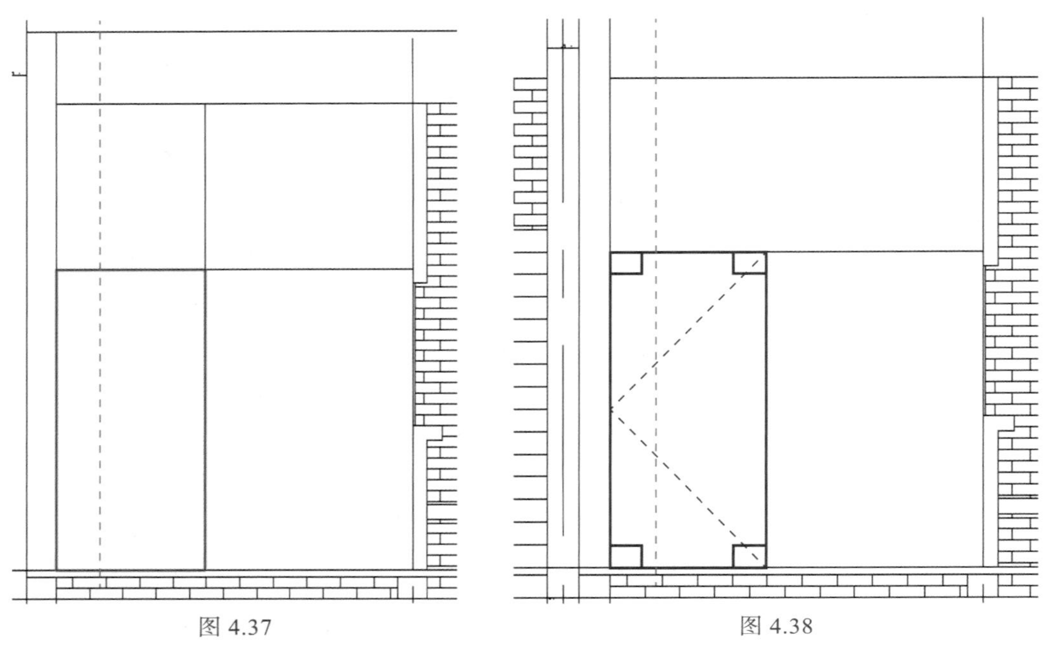

图 4.37　　图 4.38

6）创建幕墙竖梃。单击“建筑”选项卡→“构建”面板→“竖梃”按钮，再单击网格线放置矩形竖梃和四边形竖梃，三维效果如图 4.39 所示。

图 4.39

4．创建 MLC2433、M1733、M2233a

1）修改幕墙属性。在项目浏览器中双击进入楼层平面“1F-A（0.000）”视图，单击“建筑”选项卡→“构建”面板→“墙”按钮。在属性设置任务窗格中选择“幕墙”类型，单击“编辑类型”按钮，选中“自动嵌入”复选框，分别在 MLC2433、M1733、M2233a 所在的外墙处创建幕墙。

2）创建 MLC2433。以 MLC2433 为例，在属性设置任务窗格（图 4.40）中将“外墙 -200mm”的墙类型改为“幕墙”，修改“底部约束”“底部偏移”“顶部约束”“顶部偏移”。

图 4.40

3）绘制幕墙网格。打开北立面图，单击“建筑”选项卡→“构建”面板→“幕墙网格”按钮，按照 MLC2433 大样图在幕墙上绘制幕墙网格，绘制结果如图 4.41 所示。

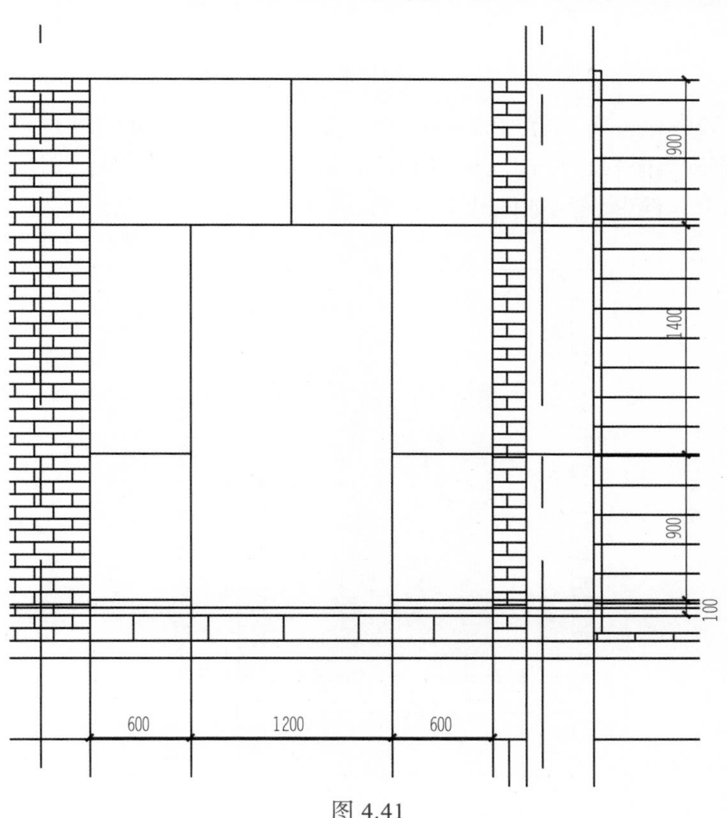

图 4.41

【提示】绘制幕墙网格时需删除部分线段，可单击“修改｜幕墙网格”上下文选项卡→“幕墙网格”→“添加/删除线段”按钮，再单击需要添加或删除的线段，即可创建完成幕墙网格线。

4）载入幕墙嵌板。单击“插入”选项卡→“从库中导入”面板→“载入族”按钮，在“载入族”对话框中依次双击：建筑文件夹→幕墙文件夹→门窗嵌板文件夹→“门嵌板 _ 双开门 3.rfa”文件及“窗嵌板 _ 上悬无框铝窗 .rfa”文件，如图 4.42 所示。

图 4.42

5）修改幕墙嵌板。将光标放置在中间玻璃嵌板的网格线处，经过多次使用 Tab 键，直至选中中间的玻璃嵌板，单击玻璃嵌板，在属性设置任务窗格中选择“门嵌板 _ 双开门 3”的嵌板类型，绘制结果如图 4.43 所示。

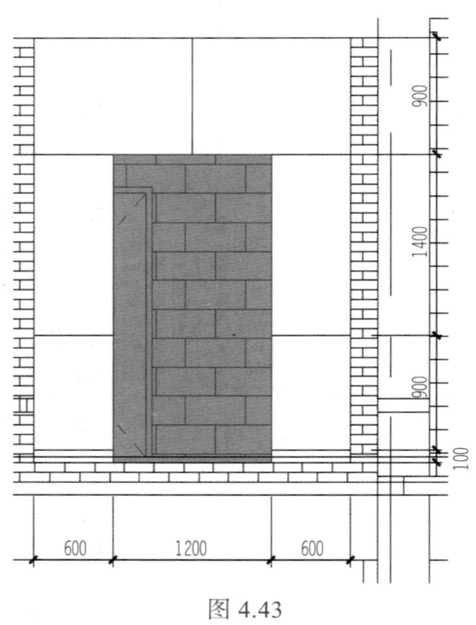

图 4.43

6）使用同样的方法将双开门两侧高度为 900mm 的嵌板和高度为 100mm 的底部嵌板分别改为“上悬无框铝窗”类型和“外墙 -200mm”类型，绘制结果如图 4.44 所示。

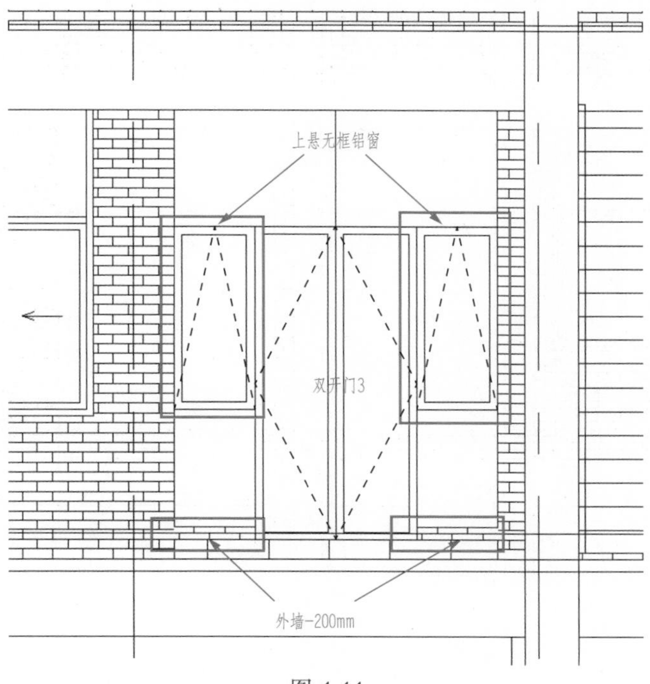

图 4.44

7）单击“建筑”选项卡→“构建”面板→“竖梃”按钮，再单击已创建的幕墙网格，完成 MLC2433 的创建，三维效果如图 4.45 所示。

图 4.45

8）创建 M1733 和 M2233a。设置幕墙属性设置任务窗格中的“约束”栏参数与

MLC2433 相同。创建幕墙后使用“幕墙网格”命令，按照大样图尺寸标注分别创建 M1733 和 M2233a 的幕墙网格线，创建结果如图 4.46 所示。

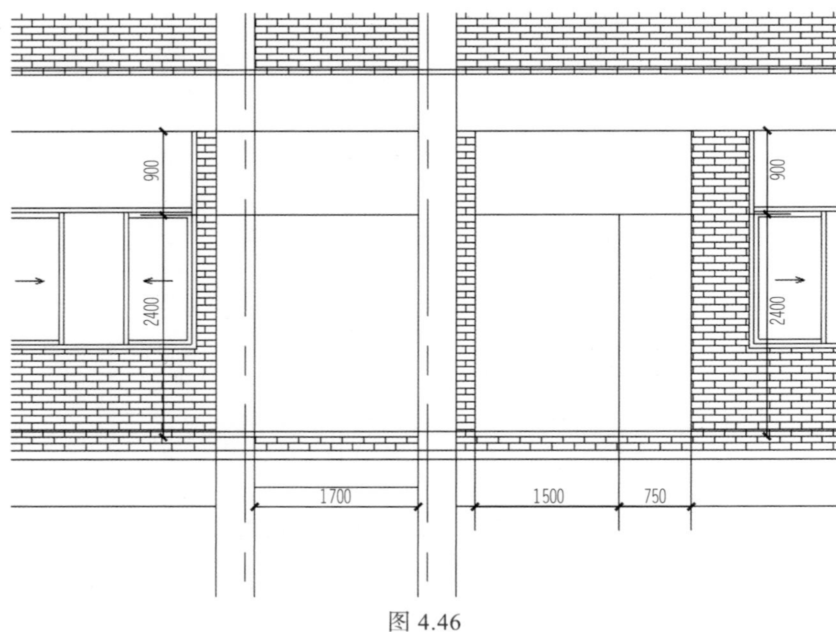

图 4.46

使用 Tab 键选中需要替换的玻璃嵌板，将玻璃嵌板替换成门嵌板，创建结果如图 4.47 所示。

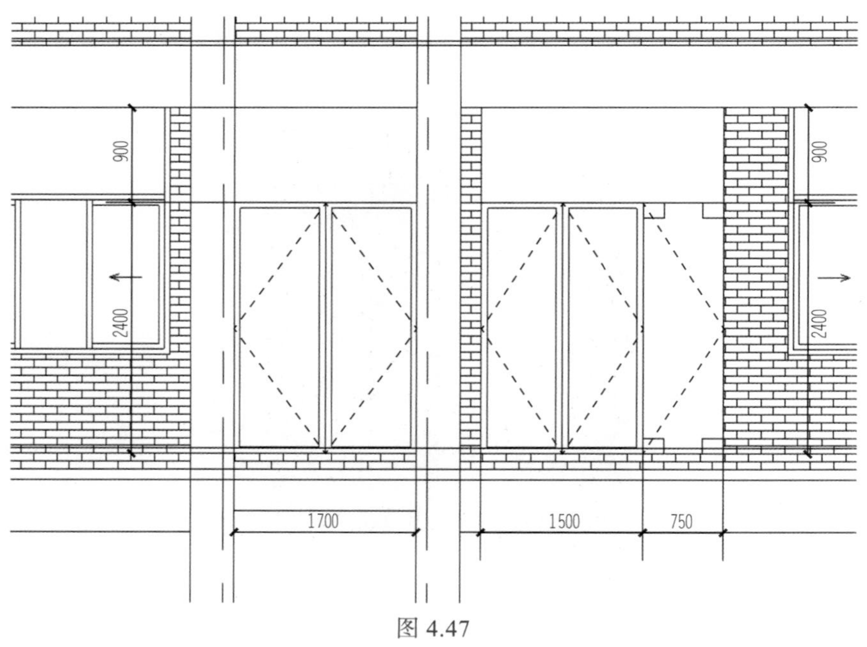

图 4.47

使用“竖梃”命令，将竖梃放置在网格线上，创建完成 M1733 和 M2233a，三维效果如图 4.48 所示。

图 4.48

5．创建楼梯间的室内台阶

1）创建剖面。在项目浏览器中双击进入楼层平面“1F-A（0.000）”视图，单击“视图”选项卡→“创建”面板→“剖面”按钮。在 GD-8 和 GD-9 轴线之间绘制竖直剖面“剖面 2”，如图 4.49 所示。

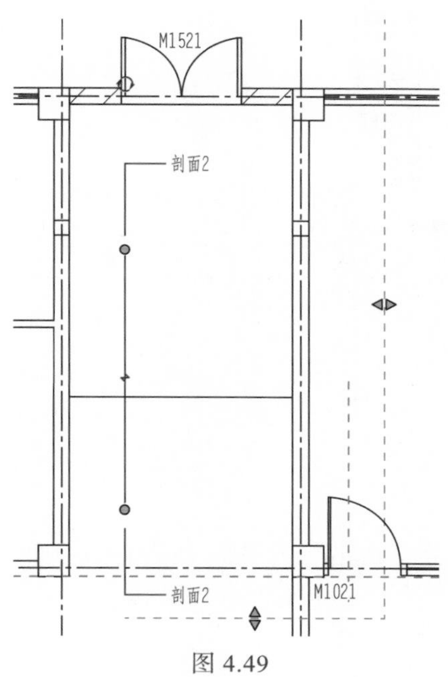

图 4.49

2）打开内建模型界面。在项目浏览器中双击进入剖面（建筑剖面）“剖面 2”视图，如图 4.50 所示。单击“建筑”选项卡→“构建”面板→“构件”下拉菜单→“内建模型”按钮。

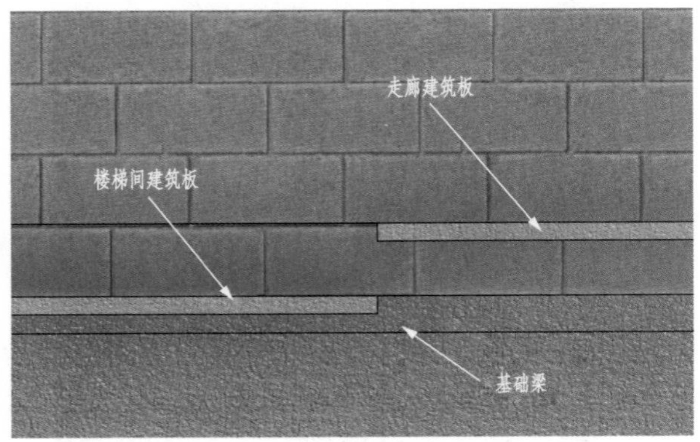

图 4.50

在“族类别和族参数”对话框中选择“常规模型”，如图 4.51 所示。单击“确定”按钮后弹出“名称”对话框，修改名称为“室内台阶”，进入类似族的编辑界面。

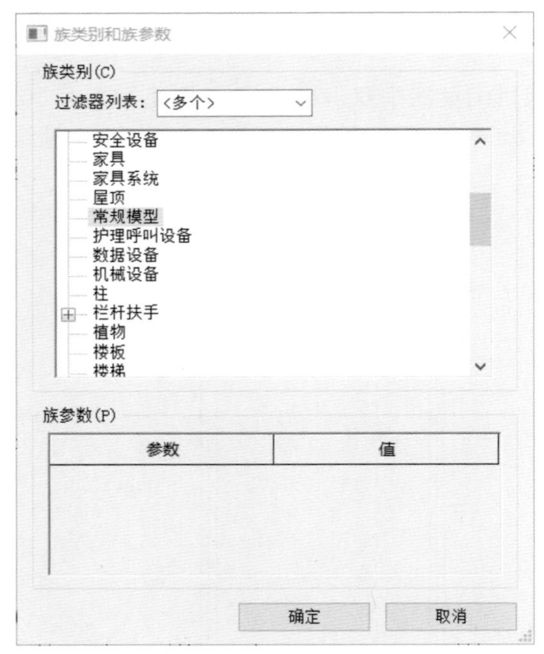

图 4.51

3）绘制拉伸轮廓。单击“创建”选项卡→“工作平面”面板→“设置”按钮。在“工作平面”对话框中选中“拾取一个平面（P）”复选框，如图 4.52 所示，拾取楼梯间室内隔墙的墙面作为参照平面。

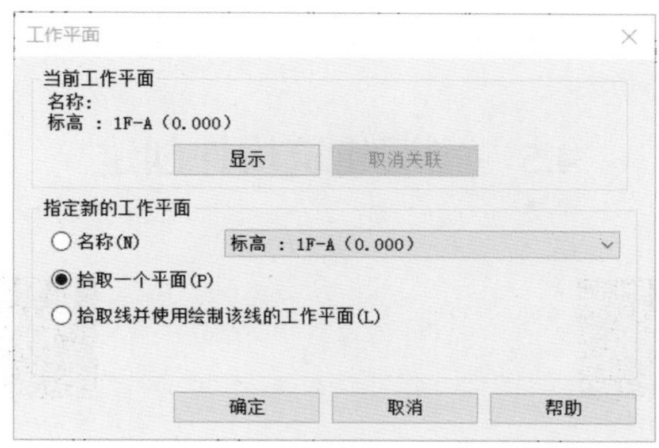

图 4.52

单击“创建”选项卡→“形状”面板→“拉伸”按钮。单击“绘制”面板中的“线”按钮，绘制如图 4.53 所示的轮廓线。

图 4.53

4）修改属性参数。修改属性设置任务窗格（图 4.54）中的“拉伸终点”为“2800.0”，“材质”为“混凝土 - 现场浇筑混凝土”。单击“确定”按钮，完成拉伸编辑，再单击“完成模型”按钮，退出“内建模型”界面，完成室内台阶的创建，三维效果如图 4.55 所示。保存文件为“4.4 一层节点构件 .rvt”。

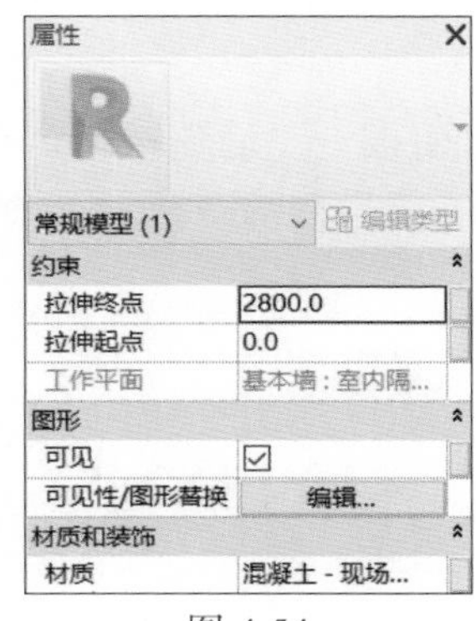

图 4.54

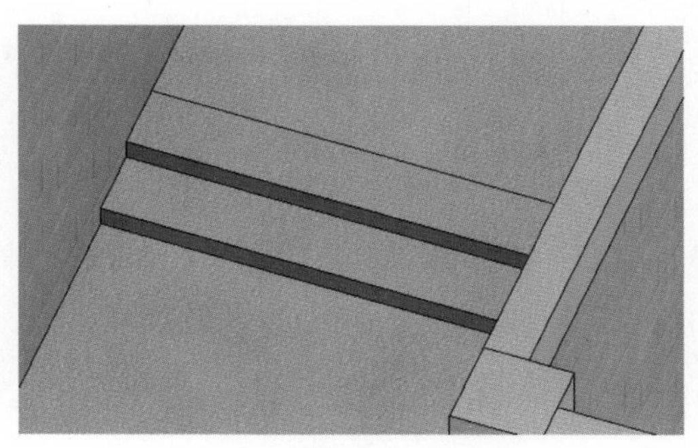

图 4.55

4.5　二层建筑构件创建

二层建筑构件创建（一）

二层建筑构件创建（二）

本节主要讲述二层建筑构件创建步骤，包括外墙、内墙、建筑板及门窗，创建方法同一层建筑。

1．图纸解析

1）根据二层平面图（详见电子文件，登录 www.abook.cn 网站下载）可知，二层外墙类型与一层外墙类型相同，均为 200mm 厚页岩多孔砖；二层内墙也分两种，主要是位于室内隔墙的 200mm 厚加气混凝土砌块，其次是 100mm 厚加气混凝土砌块。100mm 厚加气混凝土砌块位置如图 4.56 所示。

2）根据结构图纸中的三层梁钢筋图（详见电子文件，登录 www.abook.cn 网站下载），可知与一层类似，除原位标注的框梁之外，框梁梁高为 600mm，次梁梁高为 500mm。因此可设置二层内外墙的顶部偏移量为梁高，特殊位置的内墙顶部偏移量设置方式与一层相同。

2．创建二层外墙

1）导入 CAD 图纸。打开上节保存的文件“4.4 一层节点构件 .rvt”，在项目浏览器中打开“2F-A（3.900）”视图，按 2.1 节讲解的 CAD 图纸导入方法，将二层平面图导入该视图中。

2）修改属性参数。单击“建筑”选项卡→“构建”面板→“墙”按钮，在属性设置窗格（图 4.57）中选择“基本墙”类型为“外墙 -200mm”，修改“底部约束”“底部偏移”“顶部约束”“顶部偏移”。

3）创建外墙。沿图纸的墙中线顺时针绘制外墙，三维效果如图 4.58 所示。

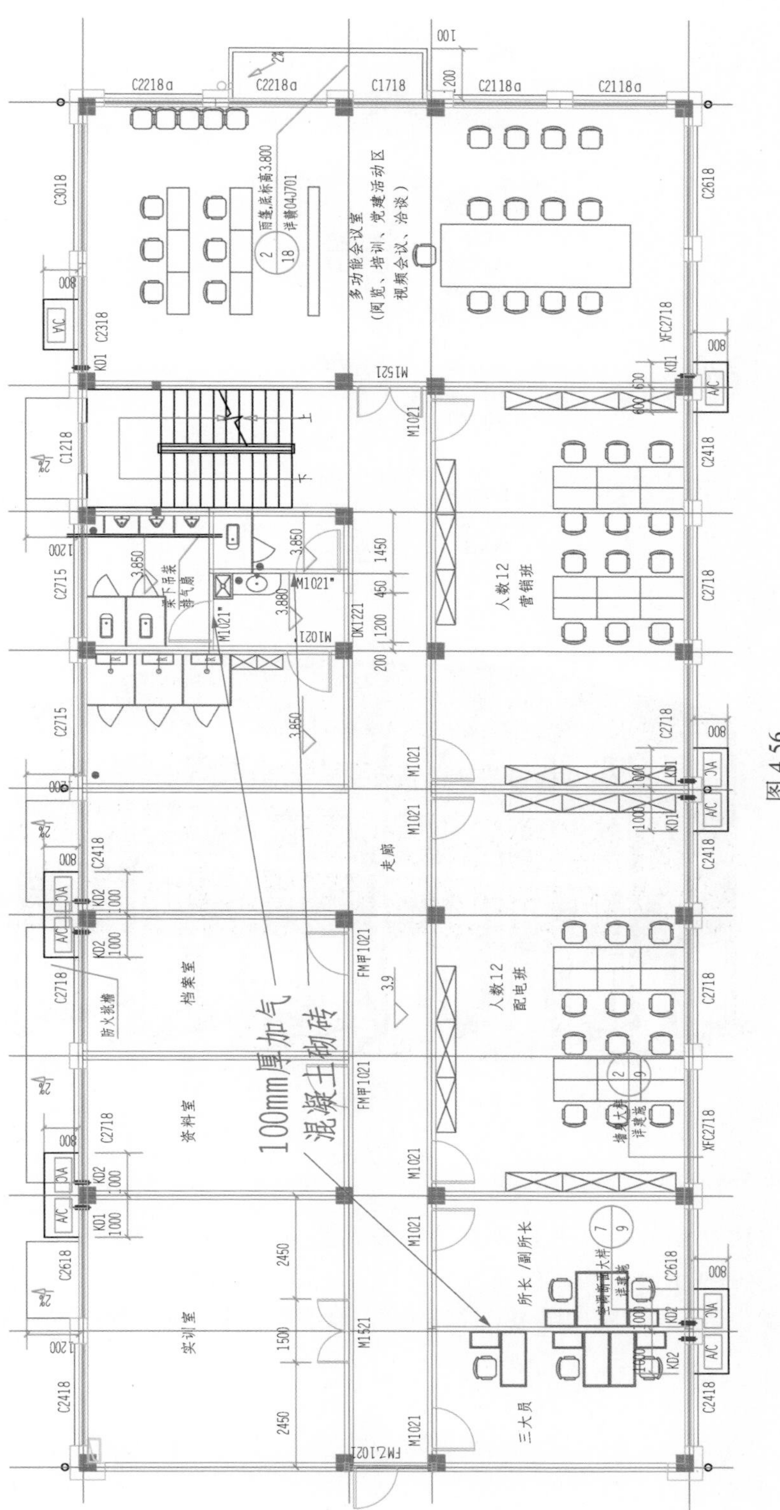

100mm厚加气
混凝土砌砖
多功能会议室
(阅览、培训、党建活动区
视频会议、洽谈)
人数12
营销班
人数12
配电班
所长/副所长
三大员
实训室
资料室
档案室
走廊
防火挑檐

图 4.56

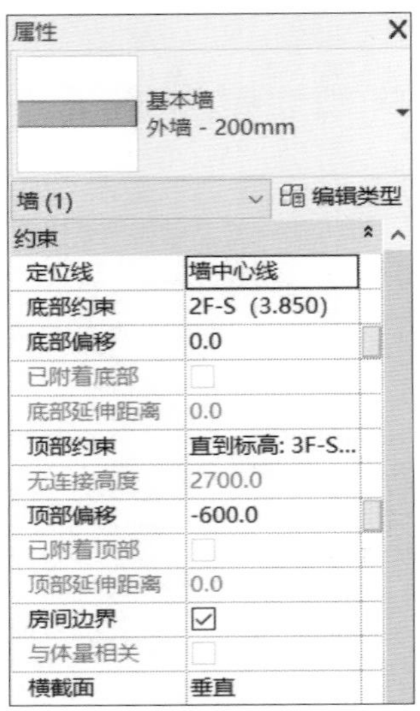

图 4.57

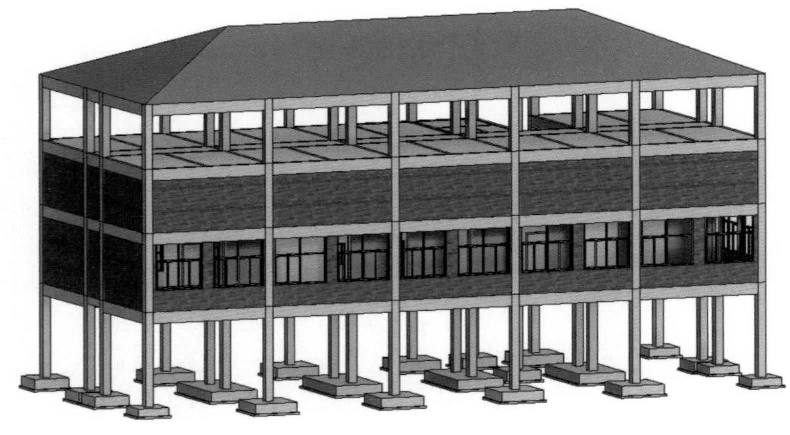

图 4.58

3．创建二层内墙

1）修改属性参数。在项目浏览器中双击进入结构平面图“2F-S（3.850）”视图，单击“建筑”选项卡→“构建”面板→“墙”按钮。在属性设置任务窗格（图 4.59）中选择“基本墙”类型为“室内隔墙 -200mm”，修改“约束”栏的“底部约束”“底部偏移”“顶部约束”。

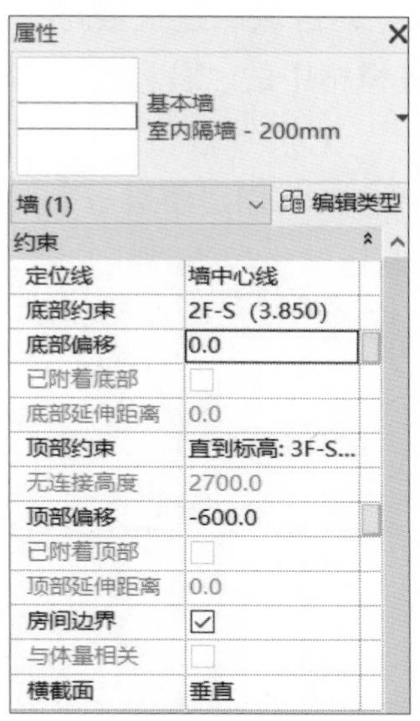

图 4.59

2）创建内墙。按照三层梁钢筋图，不同区域的内墙偏移值与一层内墙相同，可见表 4.1。使用“视图”选项卡中属性设置任务窗格中的“剖面框”功能和工具栏的“临时隐藏 / 隔离”功能，分别将二层以上的结构构件及外墙进行隐藏，二层内墙的三维效果如图 4.60 所示。

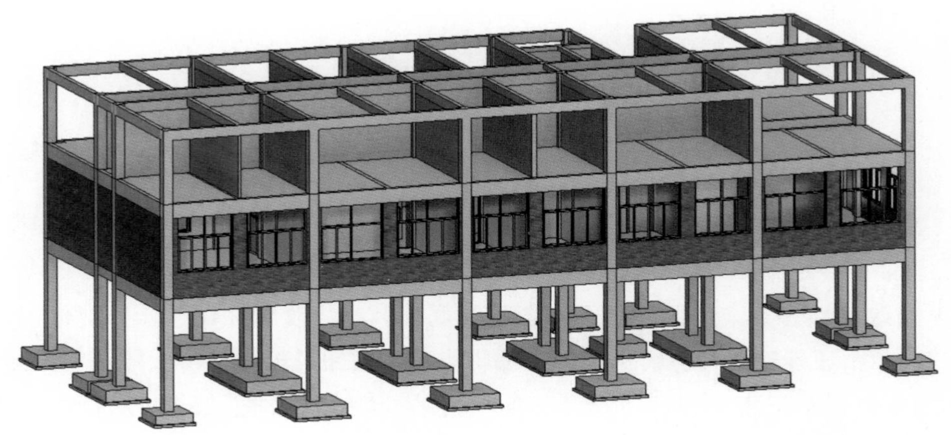

图 4.60

4．创建二层建筑板

1）进入楼板编辑界面。二层建筑板创建方式与一层类似，在项目浏览器中双击进入楼层平面“2F-A（3.900）”视图，选择“建筑”选项卡→“构建”面板→“楼板”下拉按钮→“楼板：建筑”命令。

2）修改属性参数。二层卫生间区域的建筑板与一层的卫生间区域的建筑板相同，按照图纸标高修改属性设置任务窗格中的“自标高的高度 ...”，其余建筑板的“自标高的高度 ...”均为“0.0”。

3）绘制建筑板边界。使用“修改｜创建楼层边界”上下文选项卡中“绘制”面板的“直线”命令，沿墙的内边线绘制建筑板的边界线，需要注意柱角处应该沿柱角边缘绘制边界线，单击“确定”按钮，完成建筑板边界的创建，创建结果如图 4.61 所示。

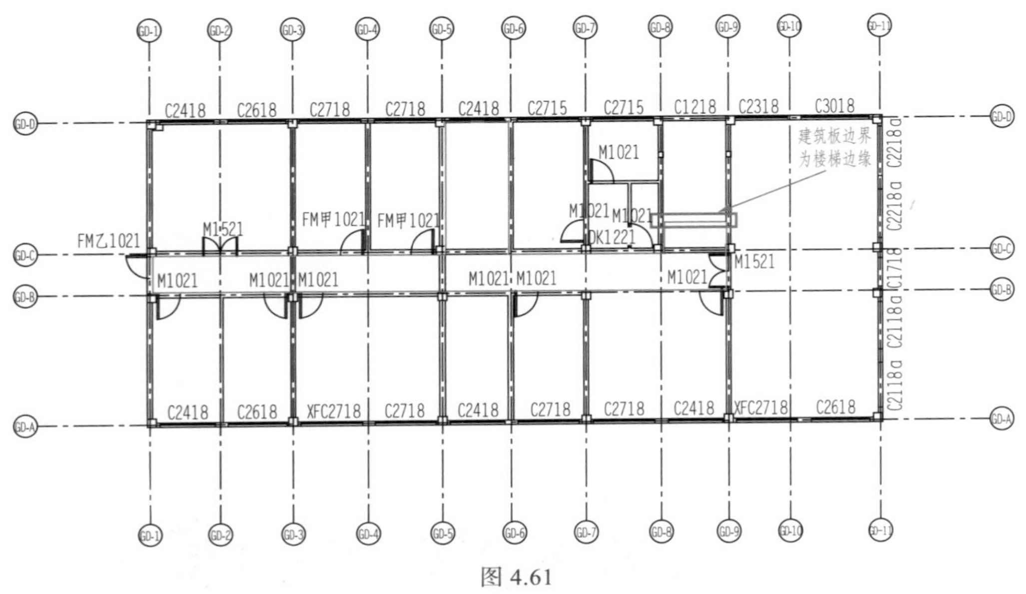

图 4.61

5. 创建二层门窗

1）进入窗的创建界面。在项目浏览器中双击进入楼层平面“2F-A（3.900）”视图，单击“建筑”选项卡→“构建”面板→“窗”按钮。

2）修改属性参数。按照门窗大样图的窗底标高，修改属性设置任务窗格中的“底高度值”。单击属性设置任务窗格中的“编辑类型”按钮，根据门窗大样图的尺寸标注，在“类型属性”对话框中修改“尺寸标注”栏的参数值，如图 4.62 所示。二层窗底高度值见表 4.4。

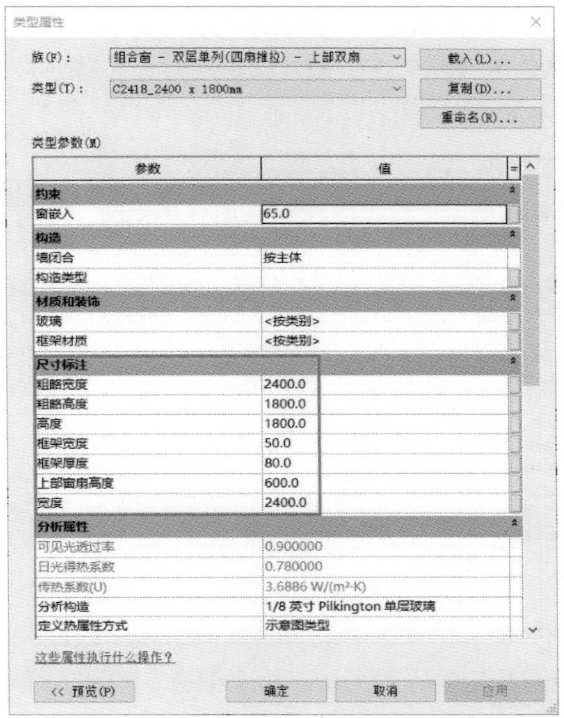

图 4.62

表 4.4　二层窗底高度值

窗类型	设计编号	洞口尺寸 /mm	上部窗扇高度 /mm	底高度 /mm
普通窗	C2318	2300×1800	600	900
	C2418	2400×1800	600	900
	C2618	2600×1800	600	900
	C2715	2700×1500	500	1200
	C2718	2700×1800	600	900
	C3018	3000×1800	600	900
	C2118a	2150×1800	600	900
	C2218a	2250×1800	600	900
	C1218	1200×1800	600	−750
消防救援窗	CFX2718	2700×1800	600	900

【提示】楼梯间的 C1218 与其他普通窗的底标高不同，在门窗大样图中 C1218 的底标高为 3.150，那么相对“2F-A（3.900）”标高，底高度将改为 −750。

3）创建窗的类型编号。在“类型属性”对话框（图 4.63）中修改“标识数据”栏的“类型标记”值为当前窗的类型编号，如 C2418。

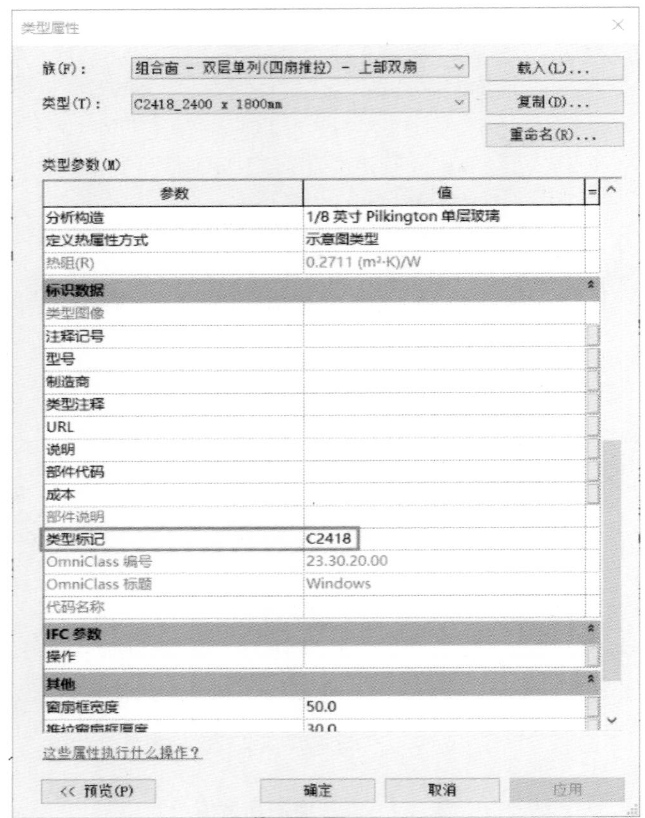

图 4.63

再单击“修改 | 放置 窗”上下文选项卡→“标记”面板→“在放置时进行标记”按钮，放置窗后，则显示当前窗的类型编号。放置窗的平面图如图 4.64 所示。

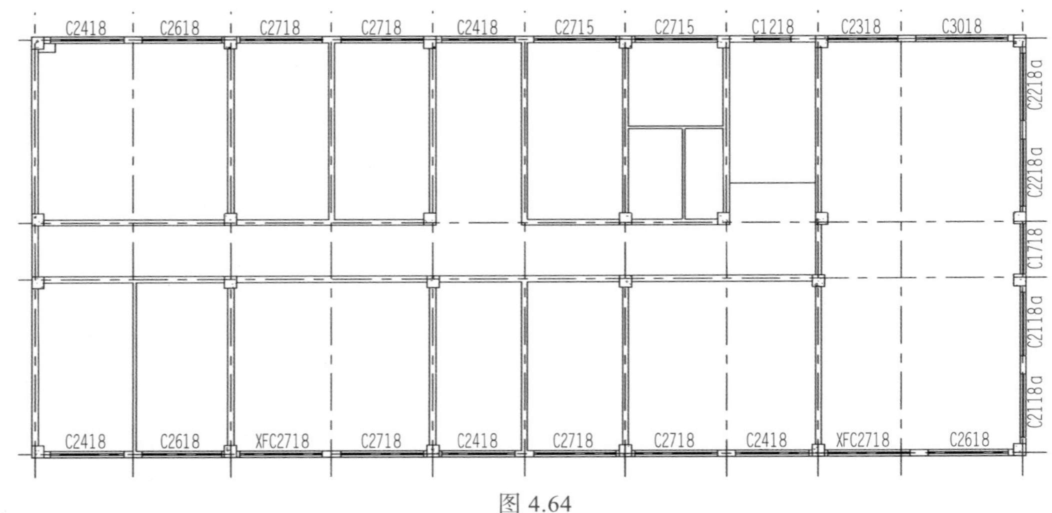

图 4.64

4）放置门洞。单击“建筑”选项卡→“构建”面板→“门”按钮。在走廊和盥洗室之间放置与一层相同的门洞类型 DK1221。

5）修改门的属性参数。按照各区域的建筑板标高修改属性设置任务窗格中“约束”栏的底高度。二层门底高度值见表 4.5。

表 4.5　二层门底高度值

门两侧区域	门两侧区域的降板深度 /mm	设计编号	底高度 /mm
实训室 / 走廊	0/0	M1521	0
资料室 / 走廊	0/0	FM 甲 1021	0
档案室 / 走廊	0/0	FM 甲 1021	0
盥洗室 / 女卫生间	−20/−50	M1021	−20
盥洗室 / 男卫生间	−20/−50	M1021	−20
盥洗室 / 独立卫生间	−20/−50	M1021	−20
走廊 / 盥洗室	0/−20	DK1221	0
走廊 / 多功能会议室	0/0	M1521	0
三大员办公室 / 走廊	0/0	M1021	0
所长、副所长办公室 / 走廊	0/0	M1021	0
配电班 / 走廊	0/0	M1021	0
营销班 / 走廊	0/0	M1021	0
走廊 / 室外楼梯	0/−50	FM 乙 1021	0

6）创建二层门构件。按照图纸中门的位置放置门构件，放置门的平面图如图 4.65 所示。打开三维视图，执行“剖面框”命令，将顶部的剖面拖拽按钮移动至三层框梁，查看室内门窗的三维效果，如图 4.66 所示。保存文件为“4.5 二层建筑构件 .rvt”。

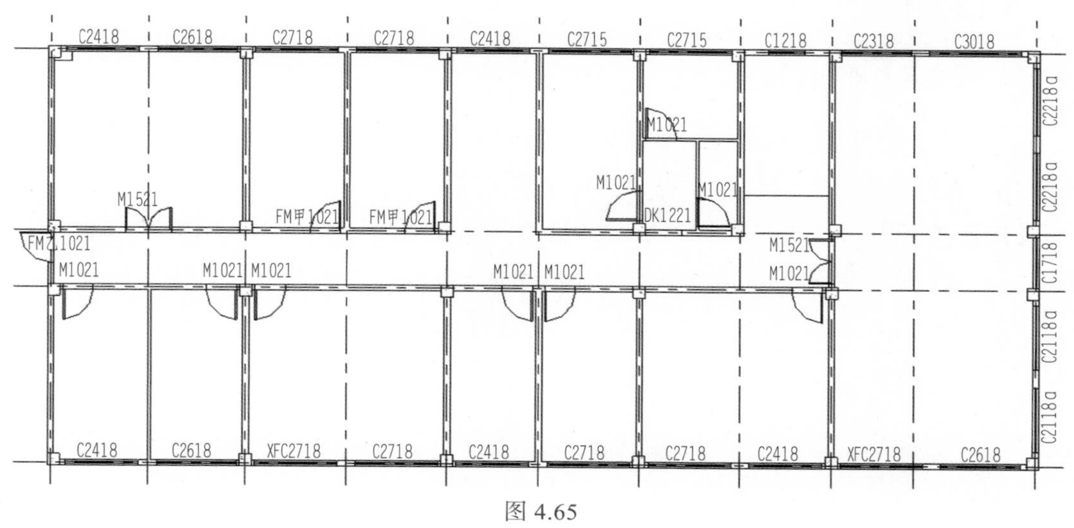

图 4.65

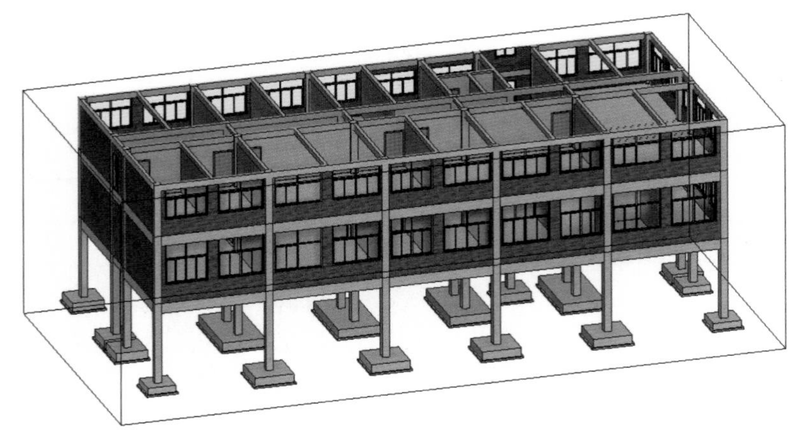

图 4.66

三层建筑构件创建

4.6 三层建筑构件创建

本节主要讲述三层建筑构件创建步骤，以及如何在 Revit 中运用“复制”及“粘贴”方法快速创建同类型构件。

1．图纸解析

在二层平面图和三层平面图（详见电子文件，登录 www.abook.cn 网站下载）中，建筑板相对楼层平面的标高均相同，建筑板相对楼层平面的标高偏移量均相同，门窗的尺寸编号也均相同。

2．创建三层外墙

1）框选二层外墙。打开 4.5 节保存的文件“4.5 二层建筑构件 .rvt”，打开三维视图，长按 Ctrl 键依次点选二层外墙，将二层外墙高亮显示，如图 4.67 所示。

【操作技巧】由于使用 Ctrl 键依次点选构件比较烦琐，可在三维视图中单击二层外墙，使用 SA 键选中一层和二层全部的外墙构件；再单击界面右上角的任意立面，长按 Shift 键，将光标放置在一层右侧，从右向左拖动光标，则取消选择一层外墙，选择结果与图 4.67 相同。

图 4.67

2）复制三层外墙。单击“修改｜墙”上下文选项卡→“剪贴板”面板→“复制到剪贴板”按钮→“粘贴”下拉按钮，在弹出的下拉列表中选择“与选定的标高对齐”命令。

在“选择标高”对话框中选择“3F-S（7.150）”，单击“确定”按钮，完成三层外墙的复制。由于门窗约束在外墙上，因此复制之后，门窗和外墙的相对位置不变。三维效果如图 4.68 所示。

图 4.68

【提示】在“选择标高”对话框中，选择的标高取决于之前二层外墙设置的“底部约束”标高，若创建二层外墙时设置的“底部约束”为“2F-A（3.900）”，则“选择标高”对话框中选择的标高为“3F-A（7.200）”。

3．创建三层内墙

1）框选二层内墙。与外墙的创建过程类似，打开三维视图，单击任意二层内墙，使用快捷命令 SA 选中一层和二层全部的内墙构件，再单击界面右上角的 ViewCube 图标中任意立面，长按 Shift 键，将光标放置在一层右侧，从右向左拖动光标，则取消选择一层内墙，框选结果如图 4.69 所示。

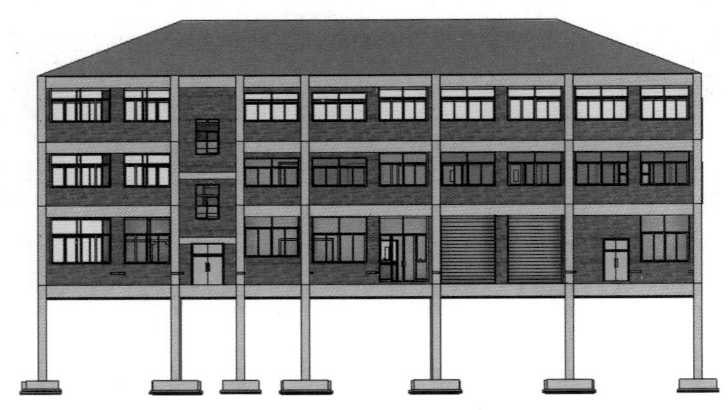

图 4.69

2）复制三层内墙。单击“修改｜墙”上下文选项卡→“剪贴板”面板→“复制到剪贴板”按钮→“粘贴”下拉按钮，在弹出的下拉列表中选择“与选定的标高对齐”命令，弹出“选择标高”对话框。在“选择标高”对话框中选择“3F-S（7.150）”，单击“确定”按钮，完成三层外墙的复制，如图 4.70 所示。

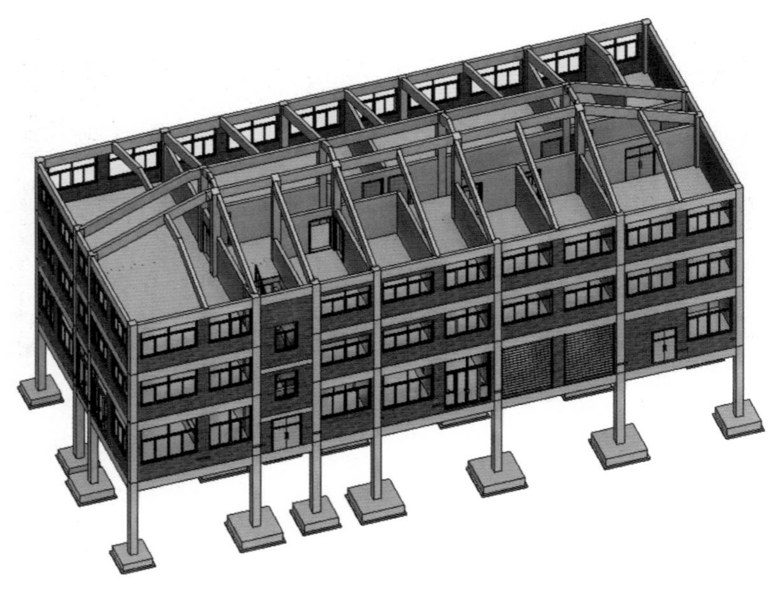

图 4.70

3）修改三层内墙。打开“剖面 3”视图，双击第三层的内墙，单击“修改｜编辑轮廓”上下文选项卡→“绘制”面板→“拾取线”按钮，编辑内墙的轮廓，如图 4.71 所示，将内墙顶部连接至斜屋面梁下，单击“确定”按钮，完成内墙的修改。

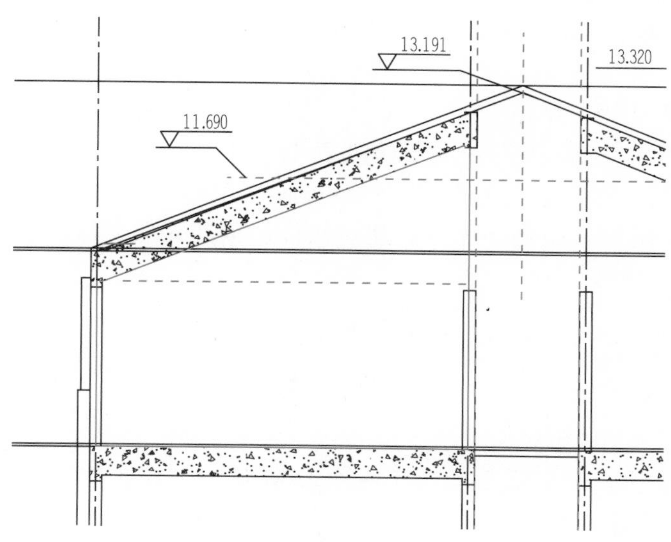

图 4.71

打开“3F-S（7.150）”平面视图，通过移动“剖面 3”的位置，将三层的所有内墙进行修改，完成后三维效果如图 4.72 所示。

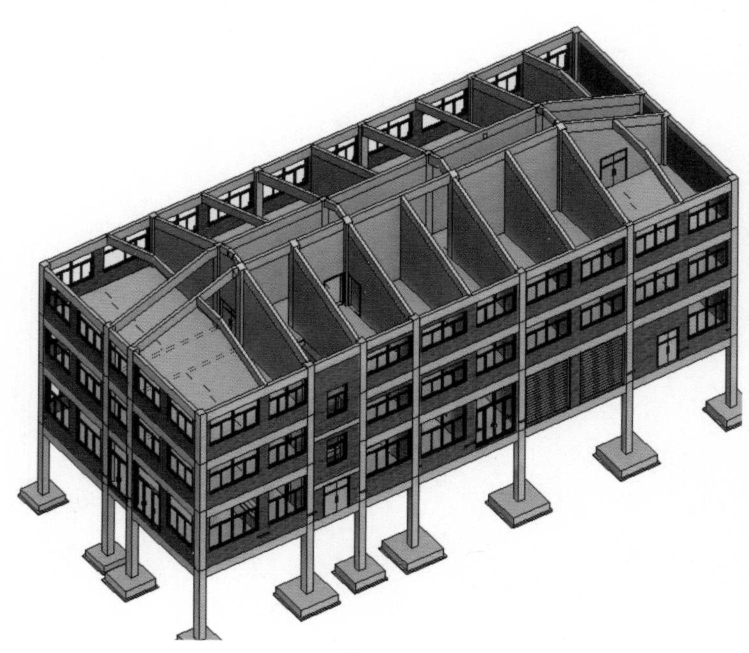

图 4.72

4．创建三层建筑板

1）框选二层建筑板。与墙的创建类似，单击任意一块二层建筑板，输入快捷命令 SA 选中一层和二层全部的建筑板构件，再单击界面右上角的 ViewCube 图标中任意立面，长按 Shift 键，将光标放置在一层右侧，从右向左拖动光标，则取消选择一层建筑板。

2）复制三层建筑板。单击"修改｜楼板"选项卡→"剪贴板"面板→"复制到剪贴板"按钮→"粘贴"下拉按钮，在弹出的下拉列表中选择"与选定的标高对齐"命令，弹出"选择标高"对话框。在"选择标高"对话框中选择"3F-A（7.200）"，单击"确定"按钮，完成三层建筑板的复制。至此，三层的建筑构件已创建完成。保存文件为"4.6 三层建筑构件 .rvt"。

小　　结

通过本章的学习，读者需熟悉建筑专业 BIM 模型创建步骤：建筑墙→建筑楼板→建筑门窗→节点构建；掌握建筑墙、楼板、门、窗、幕墙的创建方法。接下来进入第 5 章楼梯及细部构造 BIM 模型创建步骤及方法的学习。

第5章 楼梯及细部构造BIM建模

本章主要讲解楼梯及细部构造BIM模型建模步骤及方法，共分5节，包括室内楼梯创建、室外楼梯创建、屋顶构件创建、墙身构件创建、室外构件创建。由浅入深、重点突出，带领读者逐步学习，全面掌握。

室内楼梯创建

5.1 室内楼梯创建

本案例室内楼梯为2层双跑楼梯，结构为整体现浇楼梯；本节以1#楼梯为例，讲述整体现浇楼梯的创建方法和楼梯高度、踢面数、踏板深度、梯段厚度、休息平台厚度及大小等主要参数的设置方法。

1. 图纸解析

1）由结构图纸中的楼梯1剖面图可知，室内楼梯为整体现浇楼梯。楼梯1剖面图中的标高含义如图5.1所示。

2）建筑图纸中楼梯大样图1#楼梯一层平面图中的参数含义如图5.2所示。

3）1#楼梯二层平面图中的参数含义如图5.3所示。

4）1#楼梯三层平面图中的参数含义如图5.4所示。

5）A—A楼梯剖面图中的参数含义如图5.5所示。

（以上图纸详见电子文件，登录www.abook.cn网站下载）

2. 创建一层室内楼梯

1）进入楼梯编辑界面。打开第4章4.6节保存的文件“4.6三层建筑构件.rvt”，在项目浏览器中双击进入楼层平面“1F-A（0.000）”视图，单击“建筑”选项卡→“楼梯坡道”面板→“楼梯”按钮。

2）修改楼梯属性参数。在属性设置任务窗格中选择“整体浇筑楼梯”类型。修改“约束”栏中的“底部标高”“底部偏移”“顶部标高”“顶部偏移”，修改“尺寸标注”栏中的“所需踢面数”“实际踏板深度”，修改结果如图5.6所示。

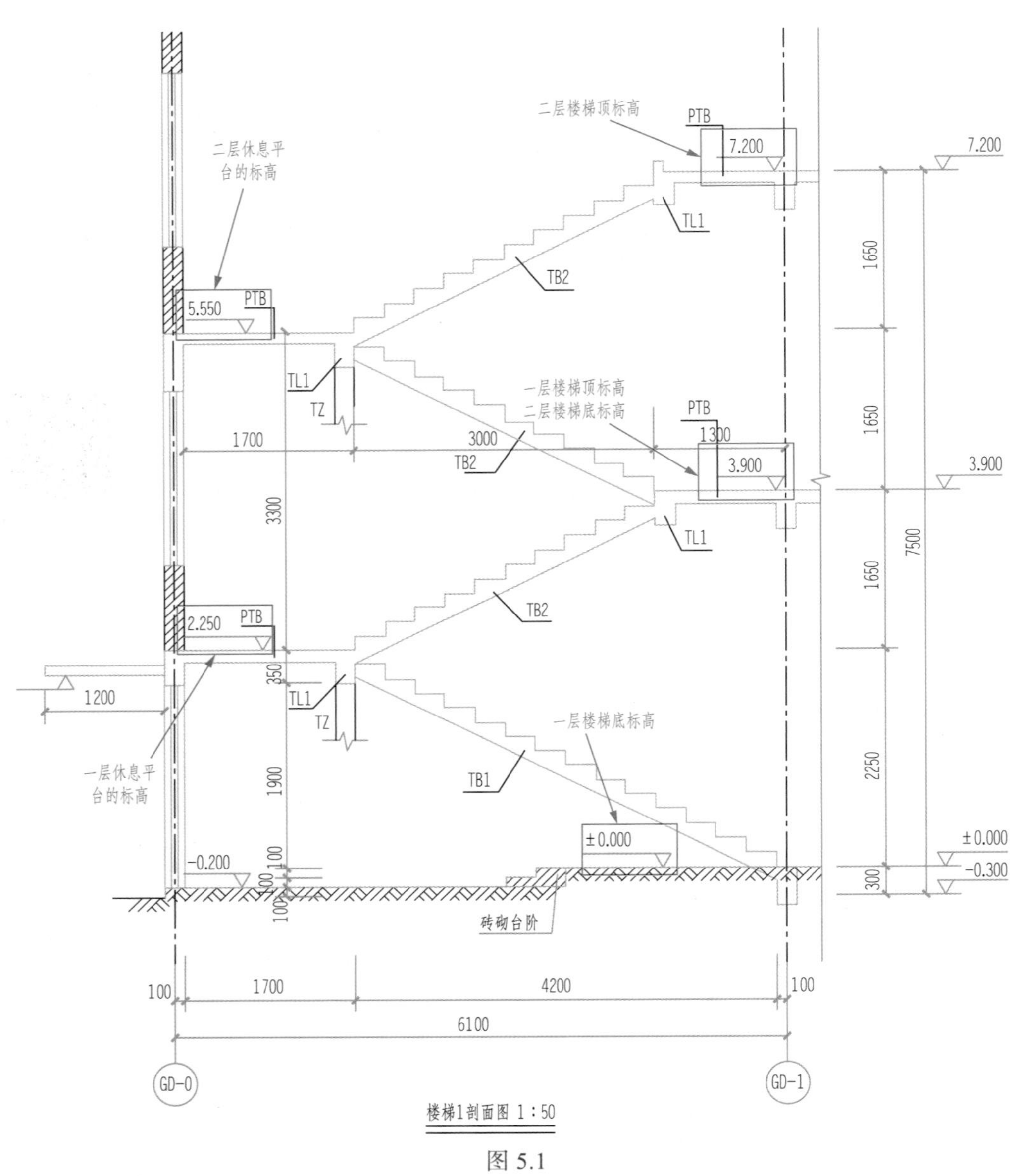
二层楼梯顶标高
PTB
7.200
7.200
二层休息平
台的标高
TL1
TB2
1650
5.550
PTB
TL1
一层楼梯顶标高
二层楼梯底标高
TZ
PTB
1650
1700
3000
1300
TB2
3.900
3.900
3300
TL1
7500
1650
TB2
2.250
PTB
350
1200
TL1
TZ
一层楼梯底标高
一层休息平
台的标高
TB1
1900
2250
±0.000
±0.000
-0.200
100
-0.300
300
100
砖砌台阶
100
1700
4200
100
6100
GD-0
GD-1
楼梯1剖面图 1：50

图 5.1

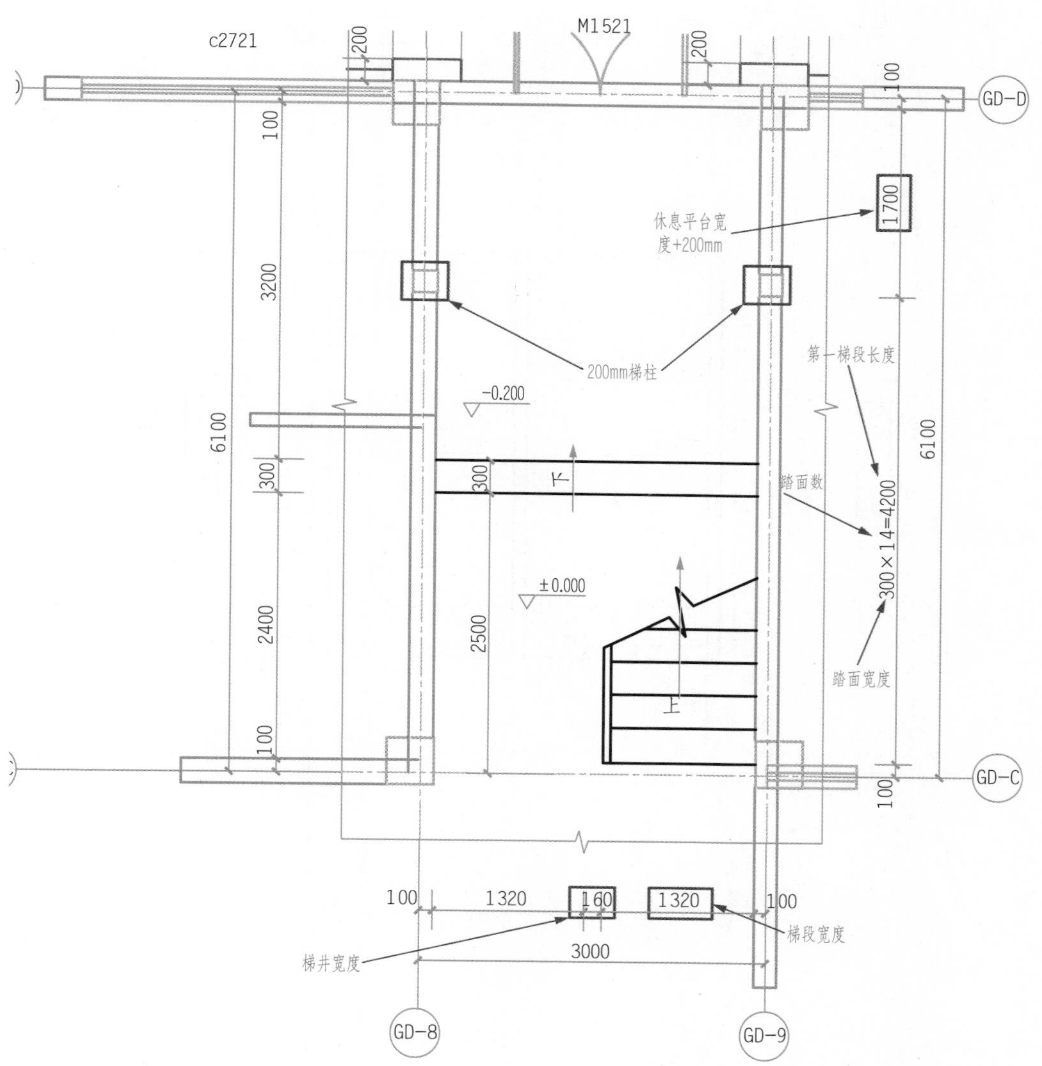
c2721
M1521
200
200
100
GD-D
100
1700
休息平台宽
度+200mm
3200
200mm梯柱
第一梯段长度
-0.200
6100
6100
300
300
下
踏面数
300×14=4200
±0.000
2400
2500
上
踏面宽度
100
GD-C
100
100
1320
160
1320
100
梯段宽度
梯井宽度
3000
GD-8
GD-9
1#楼梯一层平面图 1:50

图 5.2

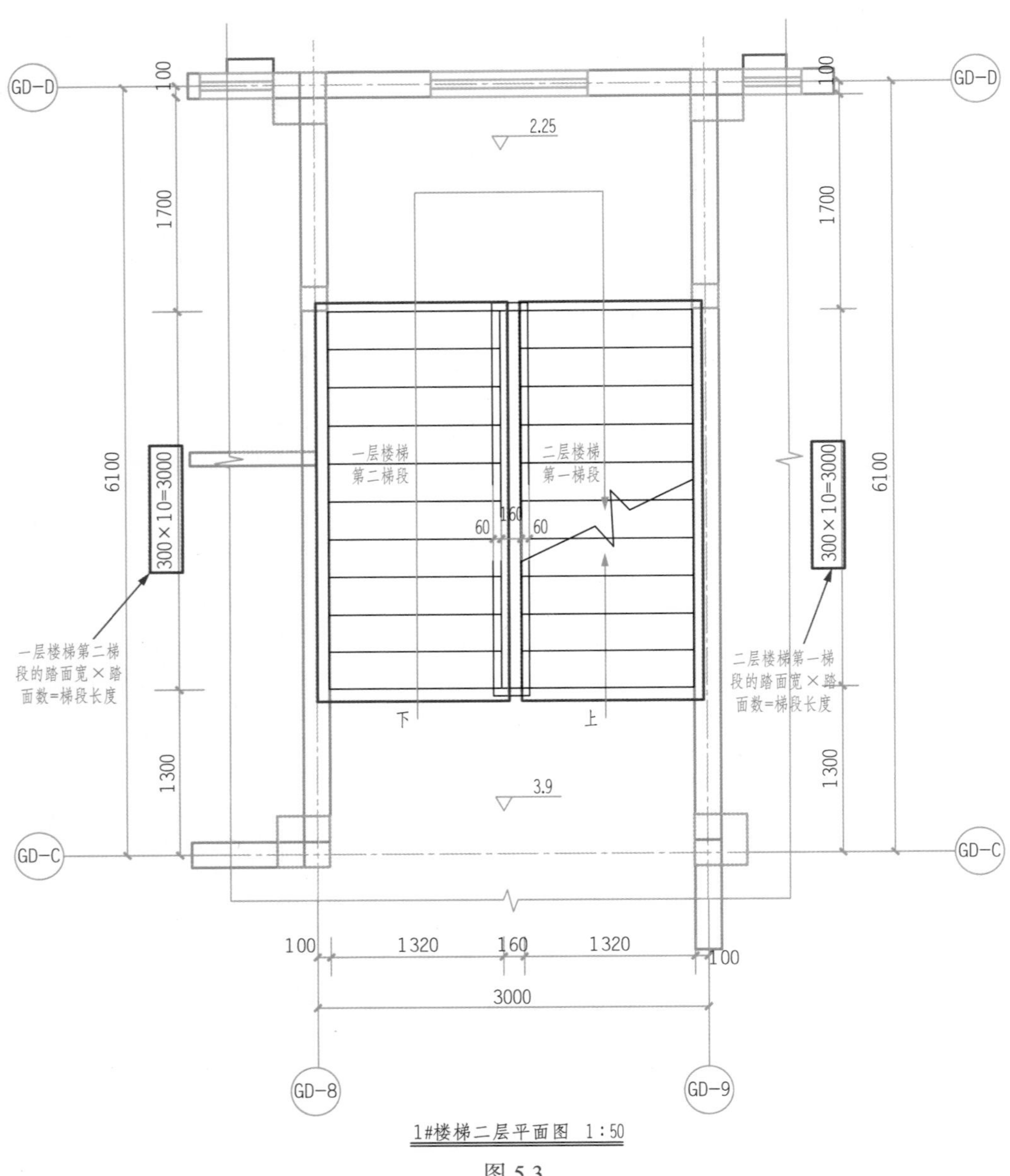
GD-D
GD-D
100
100
2.25
1700
1700
一层楼梯
第二梯段
二层楼梯
第一梯段
6100
300×10=3000
300×10=3000
6100
60
160
60
一层楼梯第二梯段的踏面宽×踏面数=梯段长度
二层楼梯第一梯段的踏面宽×踏面数=梯段长度
下
上
1300
1300
3.9
GD-C
GD-C
100
1320
160
1320
100
3000
GD-8
GD-9
1#楼梯二层平面图 1:50

图 5.3

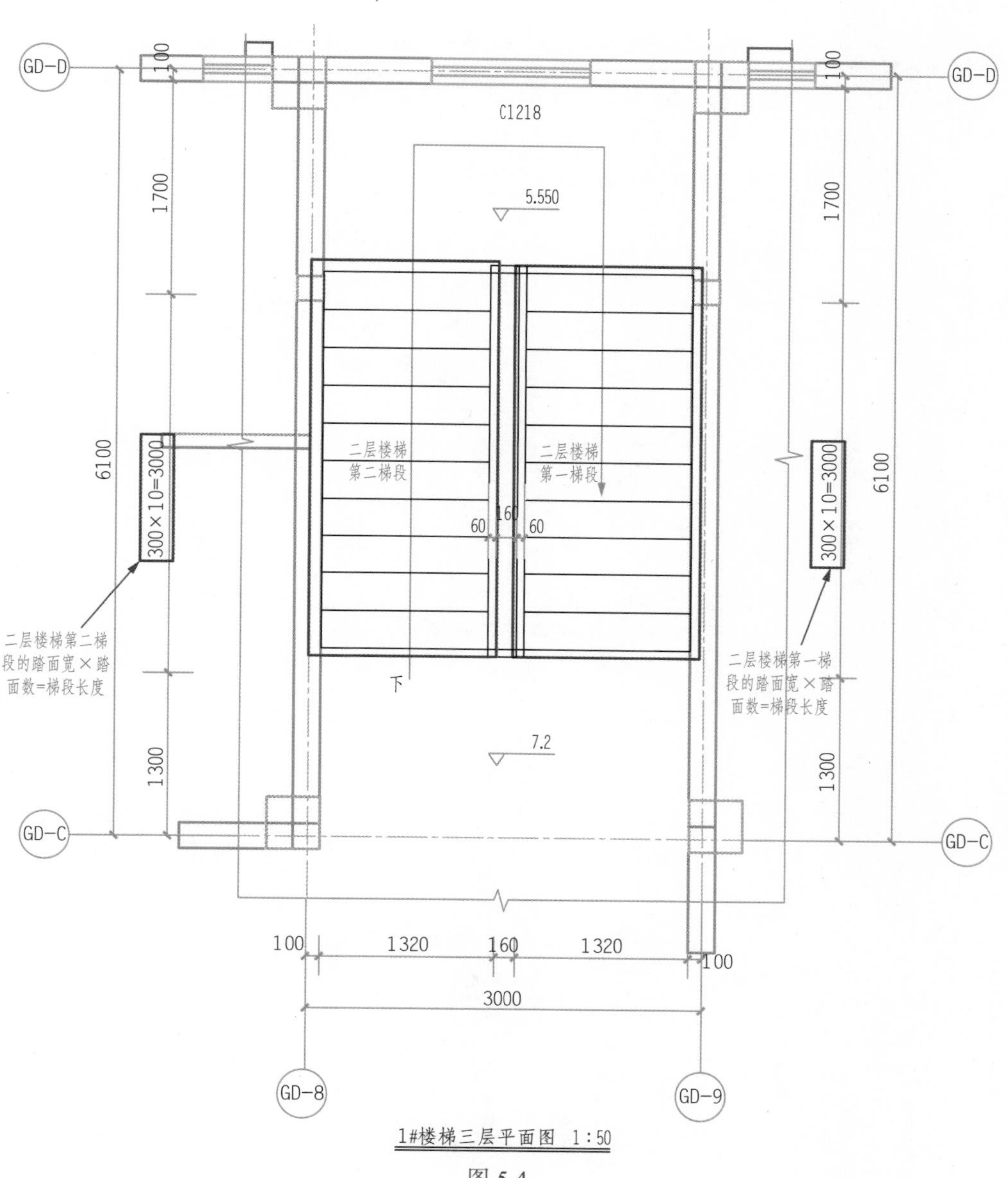

1#楼梯三层平面图　1:50

图 5.4

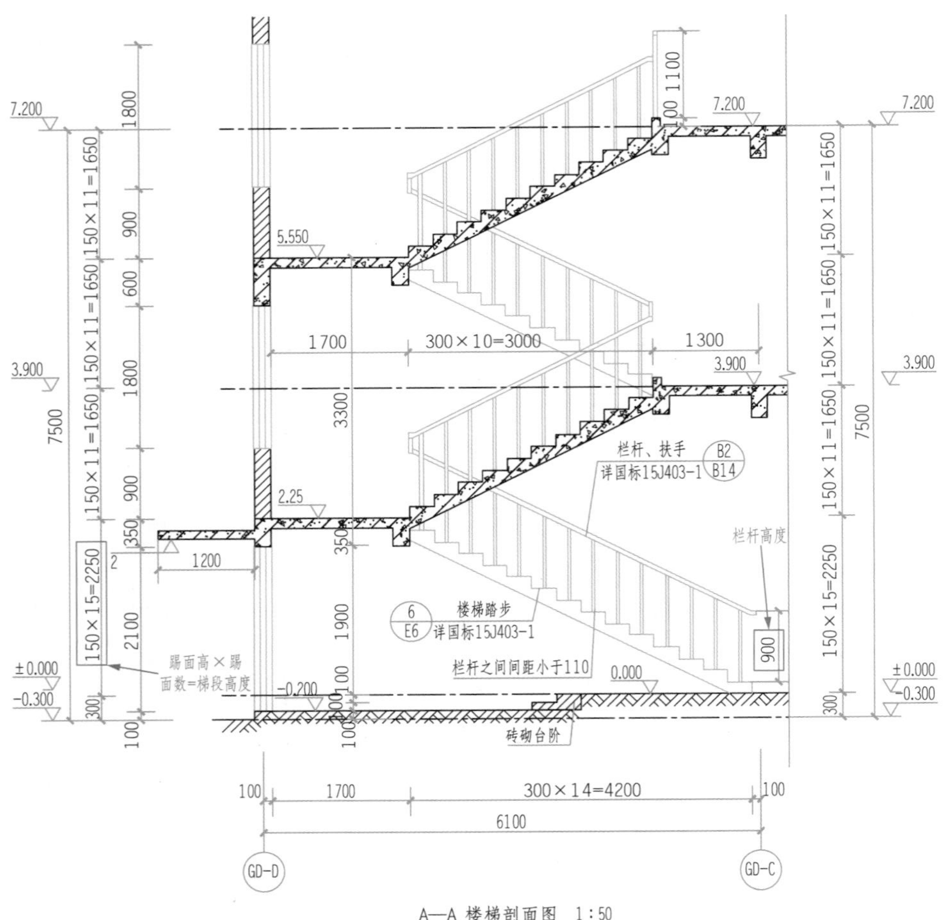

A—A 楼梯剖面图 1:50

图 5.5

属性	
现场浇注楼梯 整体浇筑楼梯	
楼梯	编辑类型
约束	
底部标高	1F-A (0.000)
底部偏移	0.0
顶部标高	2F-A (3.900)
顶部偏移	0.0
所需的楼梯高度	3900.0
结构	
钢筋保护层	钢筋保护层 1 <...
尺寸标注	
所需踢面数	26
实际踢面数	15
实际踢面高度	150.0
实际踏板深度	300.0
踏板/踢面起始...	1

图 5.6

3）修改选项栏参数。在选项栏中修改“定位线”为“梯段：右”，“实际梯段宽度”为 1320mm，取消选中“自动平台”复选框。修改结果如图 5.7 所示。

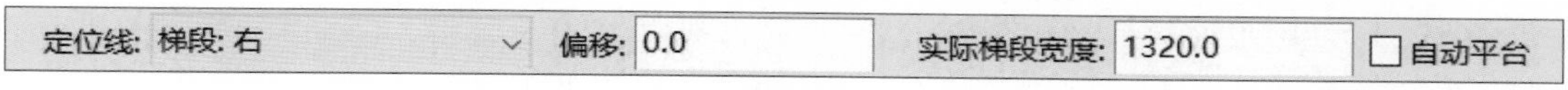

定位线：梯段：右　偏移：0.0　实际梯段宽度：1320.0　□自动平台

图 5.7

【提示】“梯段：右”的含义是创建楼梯方向的右侧，修改“定位线”为“梯段：右”的目的是方便定位梯段的起点和终点。取消选中“自动平台”复选框是为了防止梯段和平台板自动连接，影响平台板处梯梁的创建。

4）创建一层楼梯第一梯段。在导入的图纸中，单击室内楼梯与右侧墙边线的交点，向上拖动光标后输入临时标注值为“4200”，如图 5.8 所示。

5）创建一层楼梯第二梯段。光标放置在第一梯段终点边界线处，拖动光标至左侧墙边线时，出现蓝色的对齐虚线，单击虚线与左侧墙边线的交点，如图 5.9 所示。向下拖动光标，输入临时标注值为“3000”，如图 5.10 所示。

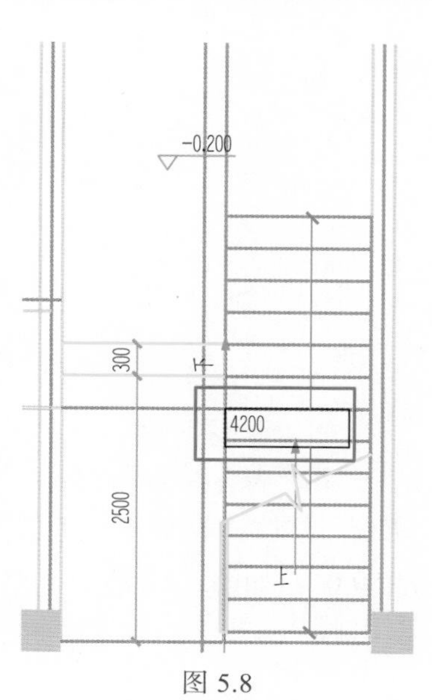

图 5.8

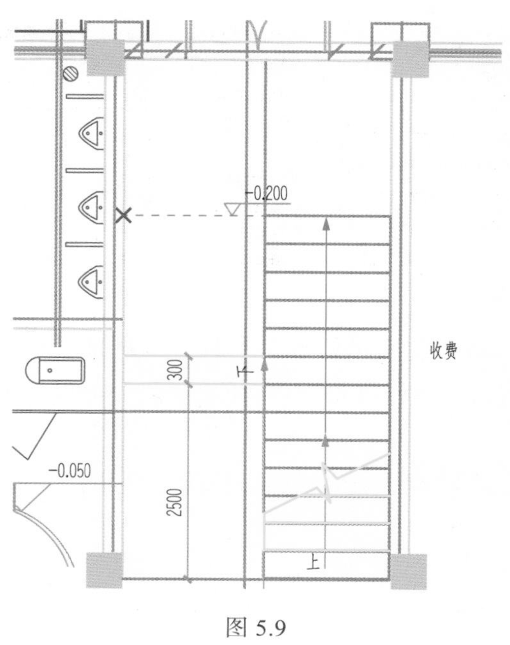

图 5.9

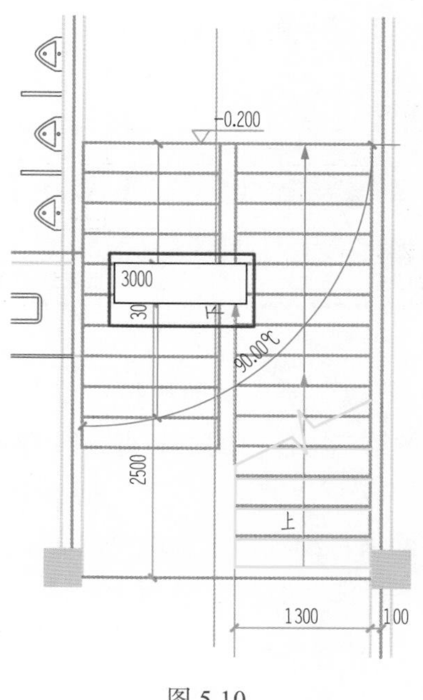

图 5.10

6）创建休息平台。单击“修改｜创建楼梯”上下文选项卡→“构件”面板→“平台”按钮→“创建草图”按钮→“矩形”按钮，绘制长度为 2800mm、宽度为 1500mm 的平台板，如图 5.11 所示。

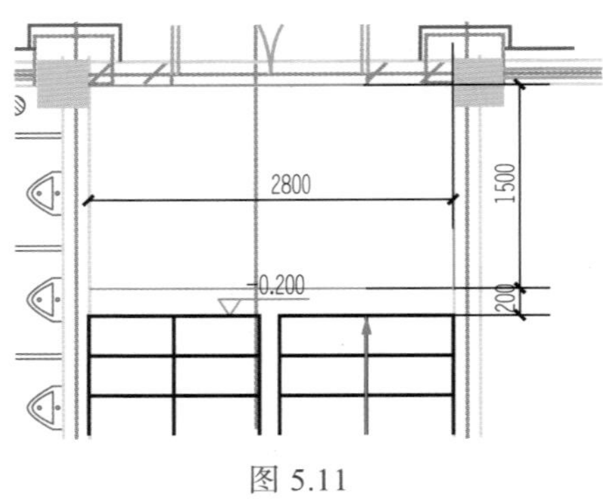

图 5.11

单击“编辑类型”按钮，弹出“类型属性”对话框，将平台板类型重命名为“120mm 厚度”，修改“整体厚度”为“120.0”；在属性设置任务窗格中，设置“相对高度”为“2250.0”，如图 5.12 所示。单击“确定”按钮，完成楼梯的编辑模式。

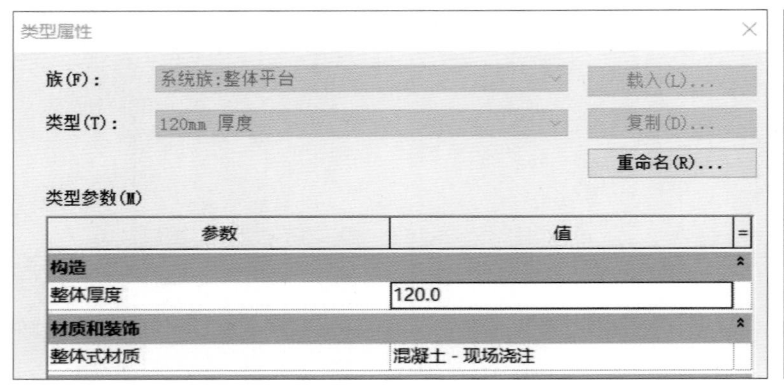

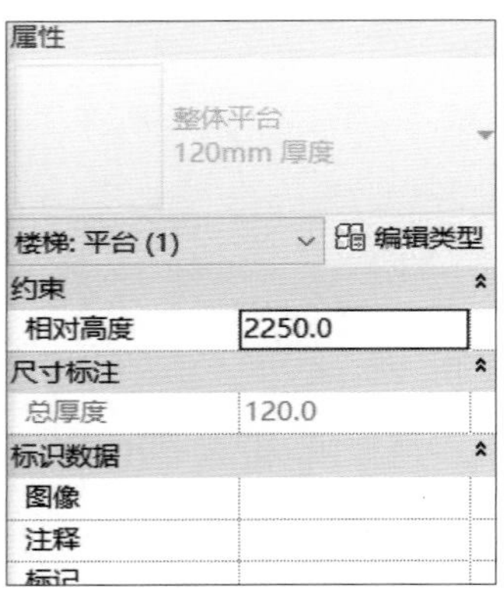

图 5.12

7）修改一层楼梯的栏杆。单击“视图”选项卡→“创建”面板→“剖面”按钮。在楼梯的第二梯段中创建竖直方向的剖面，剖切范围仅限制于 GD-C 和 GD-D 轴线之间，如图 5.13 所示，默认命名为“剖面 2”。

打开项目浏览器中剖面“剖面 2”视图，进入楼梯剖面视图，删除多余栏杆，保留梯井处的栏杆，如图 5.14 所示。

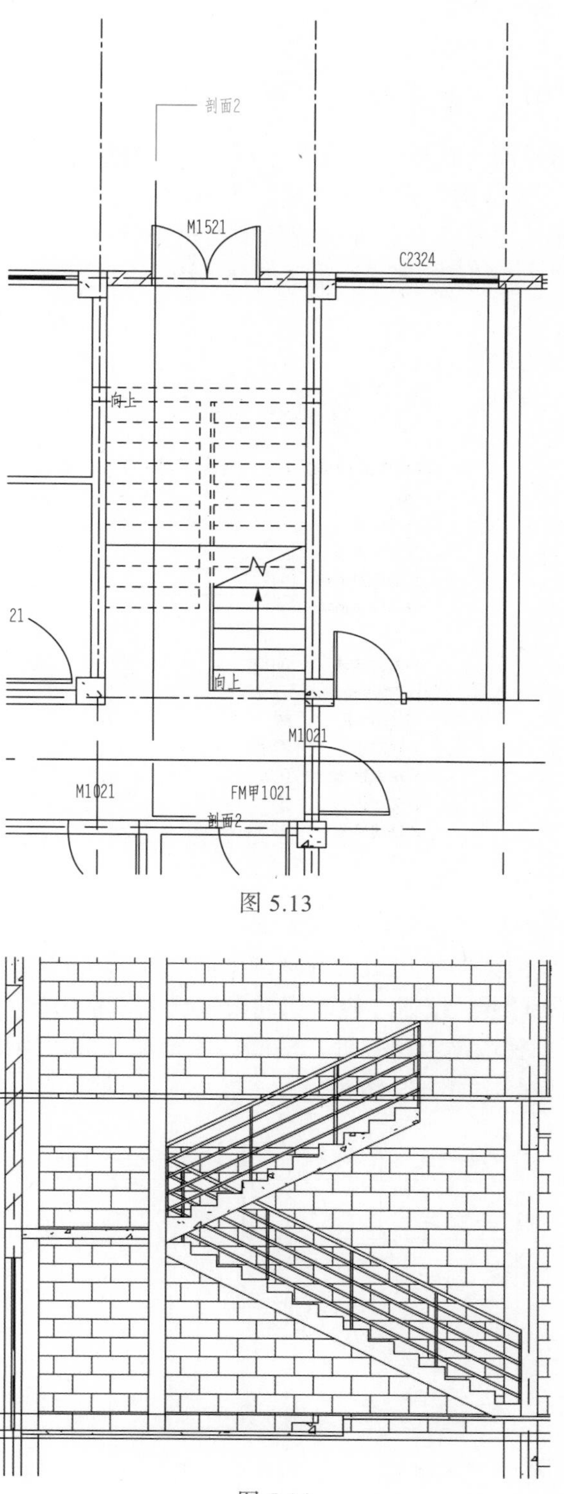

图 5.13

图 5.14

3．创建一层楼梯的梯梁和二层的平台板

1）进入梁的编辑界面。在项目浏览器中双击进入楼层平面“1F-A（0.000）”视图，单击“结构”选项卡→“结构”面板→“梁”按钮。

2）修改梯梁的属性参数。在属性设置任务窗格中选择“TL1_200×350mm”的梁类型，修改“参照标高”“Z 轴偏移值”，如图 5.15 所示。

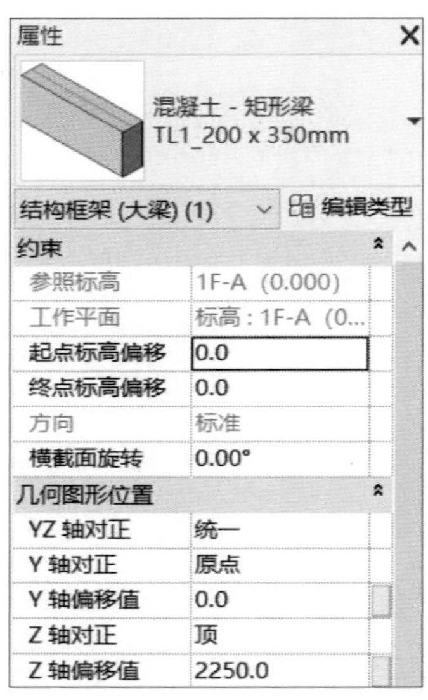

图 5.15

3）创建一层终点的梯梁。在梯柱的边缘处，单击两侧梯柱中线，创建完成一层平台板处的梯梁。在项目浏览器中双击进入结构平面“2F-S（3.850）”视图，单击“结构”选项卡→“结构”面板→“梁”按钮。修改属性设置任务窗格中的“Z 轴偏移值”为“0.0”。

在一层楼梯的第二梯段终点边界处，沿墙边缘拖动光标，当出现临时标注为“100”时，单击该点为梁的起点，如图 5.16 所示。

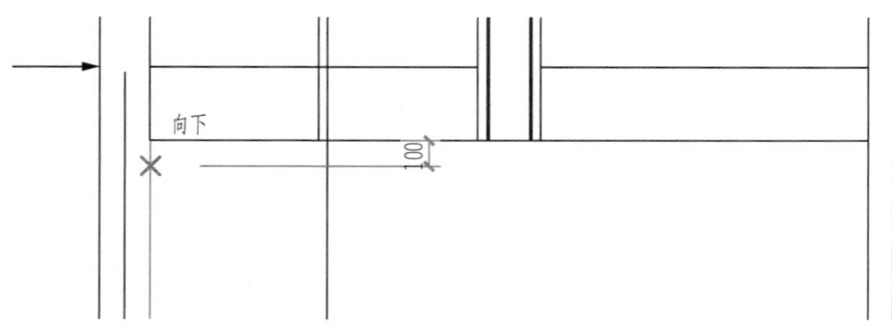

图 5.16

水平拖动光标至右侧楼梯间的内墙边缘，单击该点为梁的终点，创建完成一层梯梁。选择“临时隐藏 / 隔离”命令，将一层楼梯间的建筑板隐藏，如图 5.17 所示。

4）创建二层平台板。在二层楼梯间的建筑板隐藏状态下，单击“结构”选项卡→“结构”面板→“楼板：结构”按钮。在属性设置任务窗格中选择“PTB-120mm”板类型，修改“约束”栏中的“标高”为“2F-S（3.850）”，“自标高的高度 ...”为“0.0”，如图 5.18 所示。

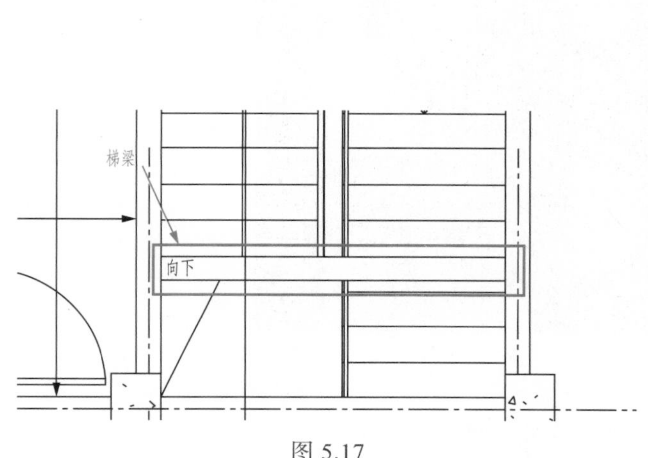

图 5.17

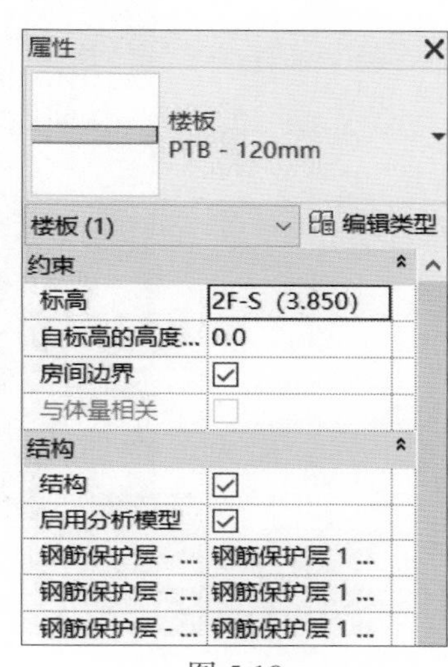

图 5.18

单击“修改 | 创建楼层边界”上下文选项卡→“绘制”面板→“矩形”按钮，绘制如图 5.19 所示的板轮廓。单击“确定”按钮，完成平台板的创建。三维效果如图 5.20 所示。

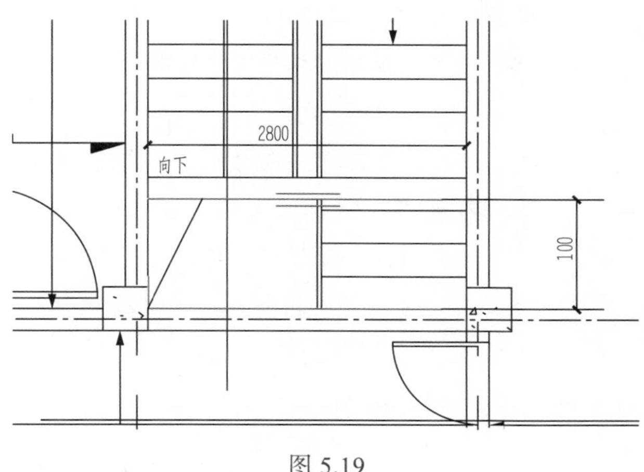

图 5.19

图 5.20

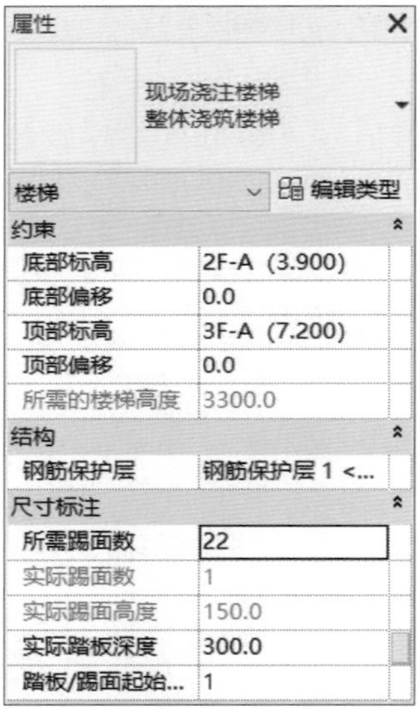

4．创建二层室内楼梯

1）打开“2F-A（3.900）”视图，单击“建筑”选项卡→“楼梯坡道”面板→“楼梯”按钮。

2）修改二层楼梯的属性参数。在属性设置任务窗格中选择“整体浇筑楼梯”，修改“底部标高”“底部偏移”“顶部标高”“顶部偏移”“所需踢面数”“实际踏板深度”，修改结果如图 5.21 所示。

3）修改选项栏参数。在选项栏中修改“定位线”为“梯段：右”，“实际梯段宽度”为 1320mm，取消选中“自动平台”复选框，修改结果如图 5.22 所示。

4）创建二层楼梯第一梯段。在导入的图纸中，单击室内楼梯与右侧墙边线的交点，向上拖动光标，并输入临时标注值为“3000”，如图 5.23 所示。

属性

现场浇注楼梯
整体浇筑楼梯

楼梯　　编辑类型

参数	值
约束	
底部标高	2F-A (3.900)
底部偏移	0.0
顶部标高	3F-A (7.200)
顶部偏移	0.0
所需的楼梯高度	3300.0
结构	
钢筋保护层	钢筋保护层 1 <...
尺寸标注	
所需踢面数	22
实际踢面数	1
实际踢面高度	150.0
实际踏板深度	300.0
踏板/踢面起始...	1

图 5.21

定位线: 梯段: 右　偏移: 0.0　实际梯段宽度: 1320.0　☐自动平台

图 5.22

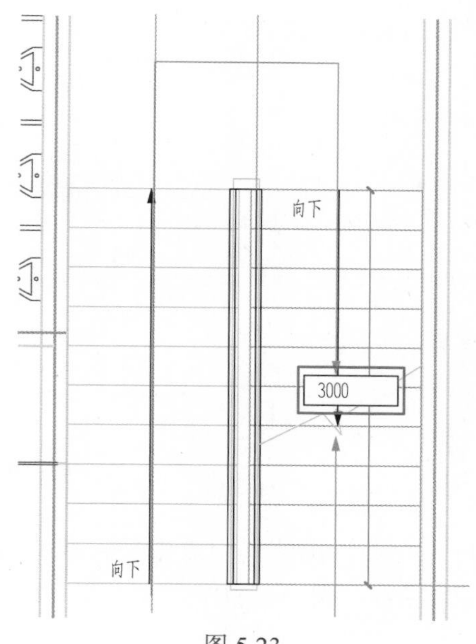

图 5.23

5）创建二层楼梯第二梯段。将光标放置在第一梯段终点边界线处，拖动光标至左侧墙边线时，出现蓝色的对齐虚线，单击虚线与左侧墙边线的交点，如图 5.24 所示。向下拖动光标，输入临时标注值为“3000”，如图 5.25 所示。

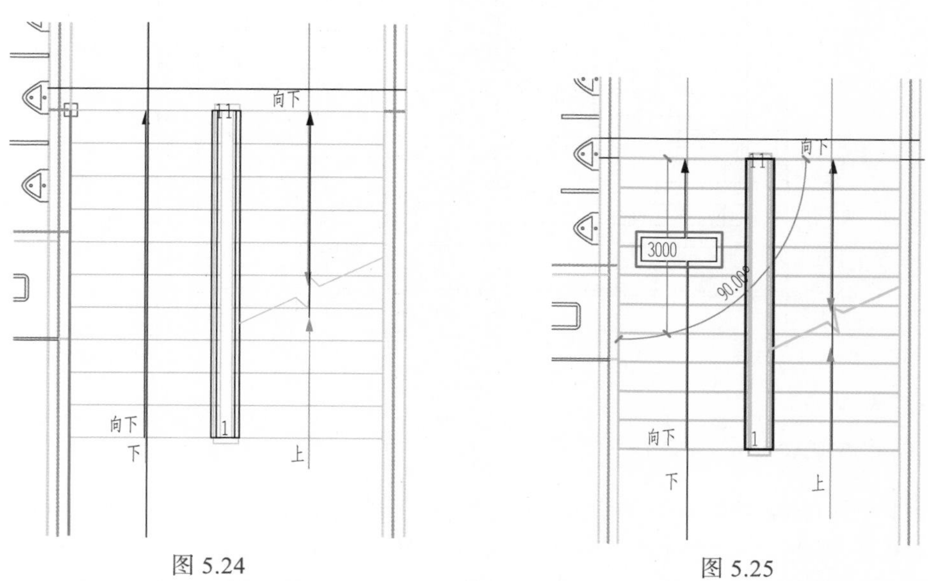

图 5.24　　图 5.25

6）创建休息平台。单击“修改｜创建楼梯”上下文选项卡→“构件”面板→“平台”按钮→“创建草图”按钮→“矩形”按钮，绘制长度为 2800mm、宽度为 1500mm 的平台板，如图 5.26 所示。修改属性设置任务窗格中“约束”栏的“相对高度”为“1650.0”，单击“确定”按钮，完成楼梯的编辑模式。

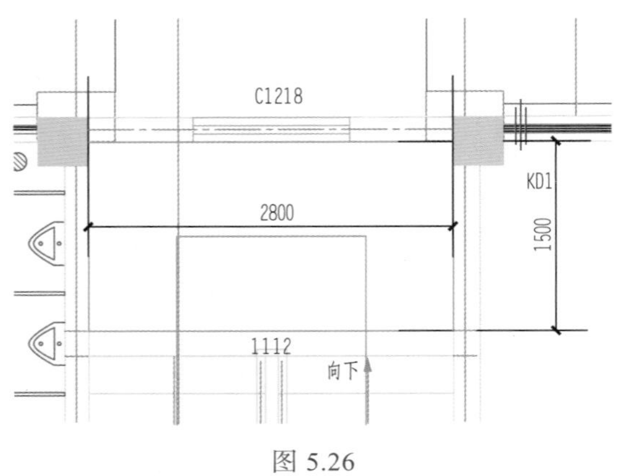

图 5.26

7）修改二层楼梯的栏杆。在项目浏览器中双击进入剖面（建筑剖面）“剖面 2”视图，进入楼梯剖面视图，删除多余栏杆，保留梯井处的栏杆，如图 5.27 所示。

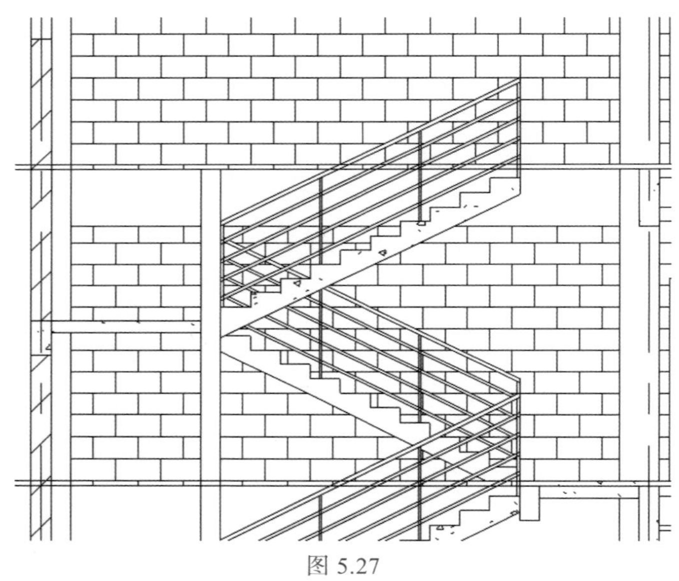

图 5.27

5．创建二层楼梯的梯梁和三层的平台板

1）打开梁的编辑界面。在项目浏览器中打开楼层平面“2F-A（3.900）”视图，单击“结构”选项卡→“结构”面板→“梁”按钮。

2）修改梯梁的属性参数。在属性设置任务窗格中选择“TL1_200×350mm”的梁类型，修改“参照标高”“Z 轴偏移值”，如图 5.28 所示。

图 5.28

在梯柱的边缘处，单击两侧梯柱中线，完成一层平台板处梯梁的创建，进入“剖面 2”视图，创建结果如图 5.29 所示。

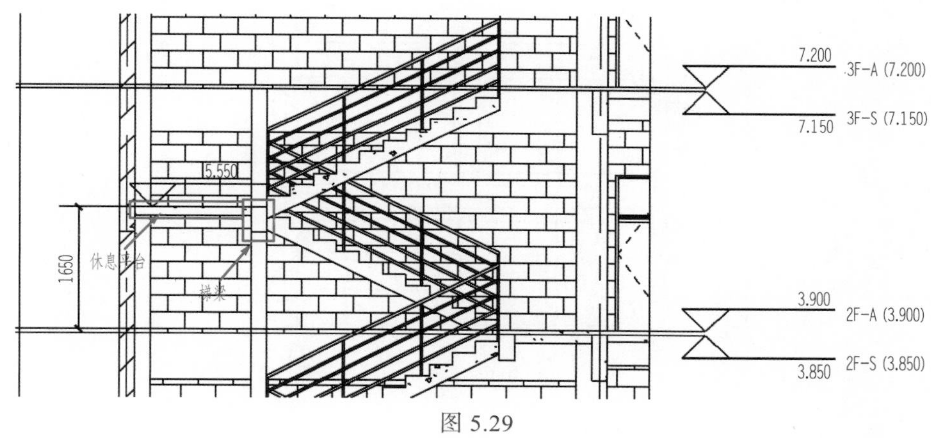

图 5.29

3）创建二层终点的梯梁。打开“3F-S（7.150）”视图，同样单击“梁”按钮。修改属性设置任务窗格中“几何图形位置”栏的“Z 轴偏移值”为“0.0”，如图 5.30 所示。

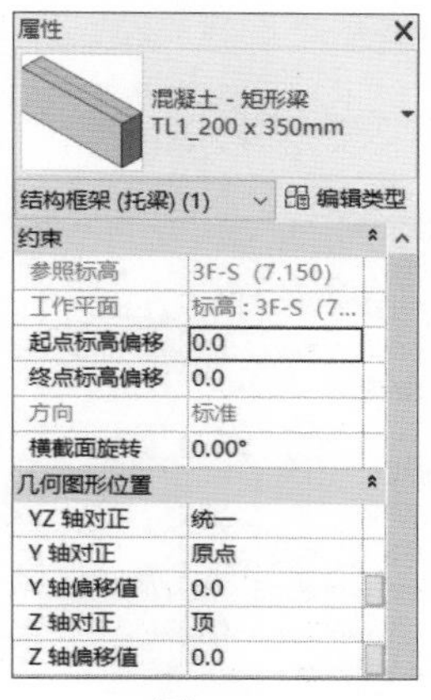

图 5.30

在二层楼梯的第二梯段终点边界处，沿墙边缘拖动光标，当出现临时标注为“100”时，单击该点为梁的起点，如图 5.31 所示。

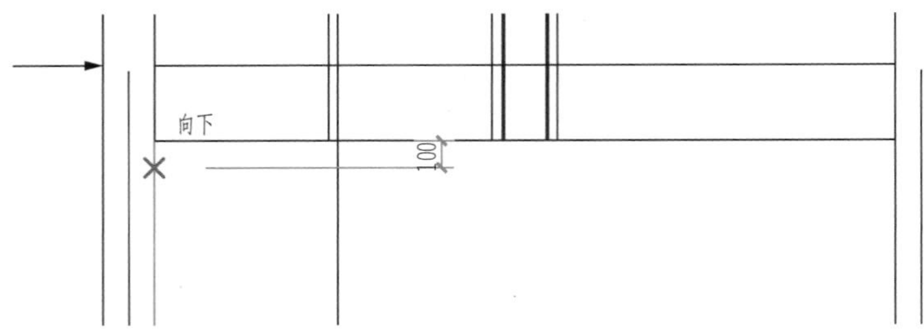

图 5.31

水平拖动光标至右侧楼梯间的内墙边缘，单击该点为梁的终点，完成二层梯梁的创建。选择“临时隐藏 / 隔离”命令，将二层楼梯间的建筑板隐藏，平面图如图 5.32 所示。

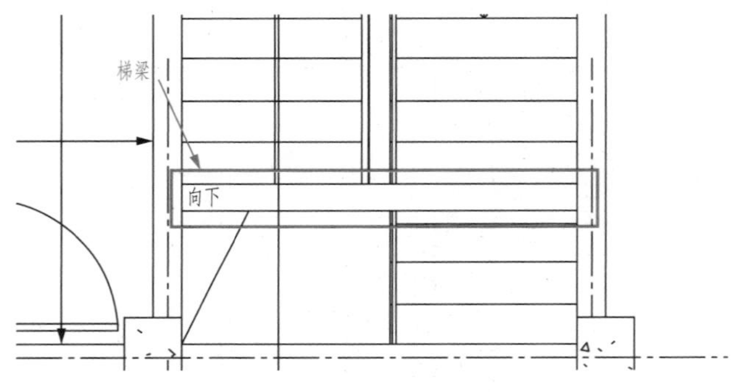

图 5.32

4）创建三层平台板。在三层楼梯间的建筑板隐藏状态下，单击“结构”选项卡→“结构”面板→“楼板：结构”按钮。选择属性设置任务窗格中的“PTB-120mm”板类型，修改“标高”和“自标高的高度 ...”的参数值，如图 5.33 所示。

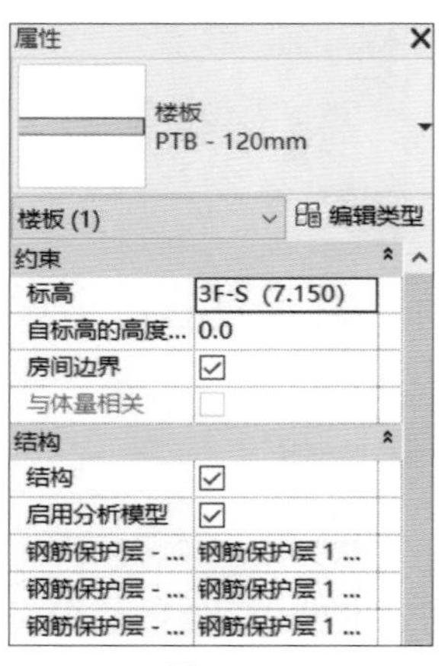

图 5.33

单击“修改｜创建楼层边界”上下文选项卡→“绘制”面板→“矩形”按钮，绘制如图 5.34 所示的板轮廓。单击“确定”按钮，完成平台板的创建。三维效果如图 5.35 所示。保存文件为“5.1 室内楼梯 .rvt”。

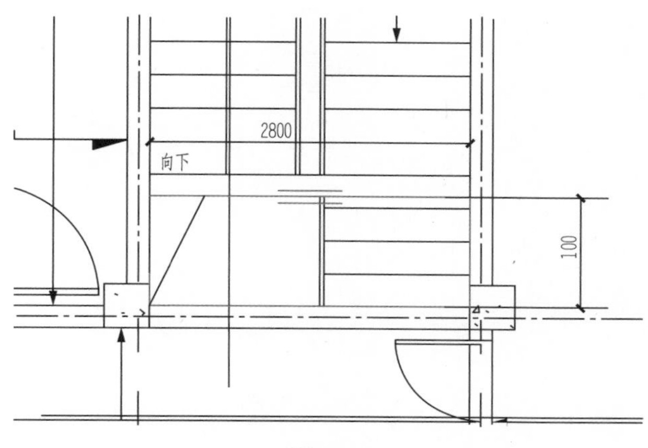

图 5.34

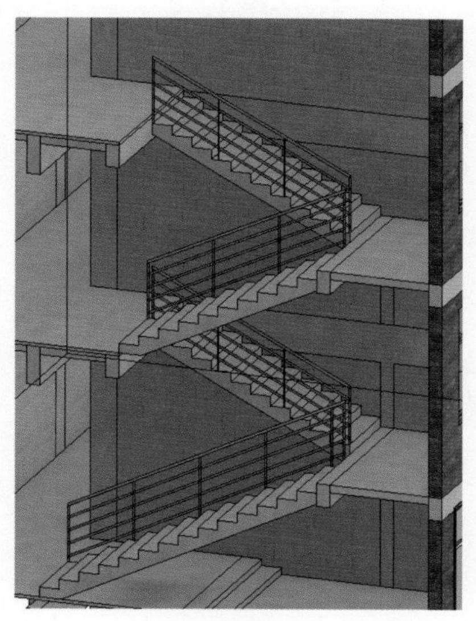

图 5.35

室外楼梯创建

5.2　室外楼梯创建

本案例室外楼梯为 2 层双跑楼梯，结构为组合楼梯；本节以 2# 楼梯为例，讲述组合楼梯的创建方法和楼梯高度、踢面数、踏板深度、梯段厚度、休息平台厚度及大小等主要参数的设置方法。

1．图纸解析

1）B—B 楼梯剖面图（详见电子文件，登录 www.abook.cn 网站下载）的图纸解析如图 5.36 所示。

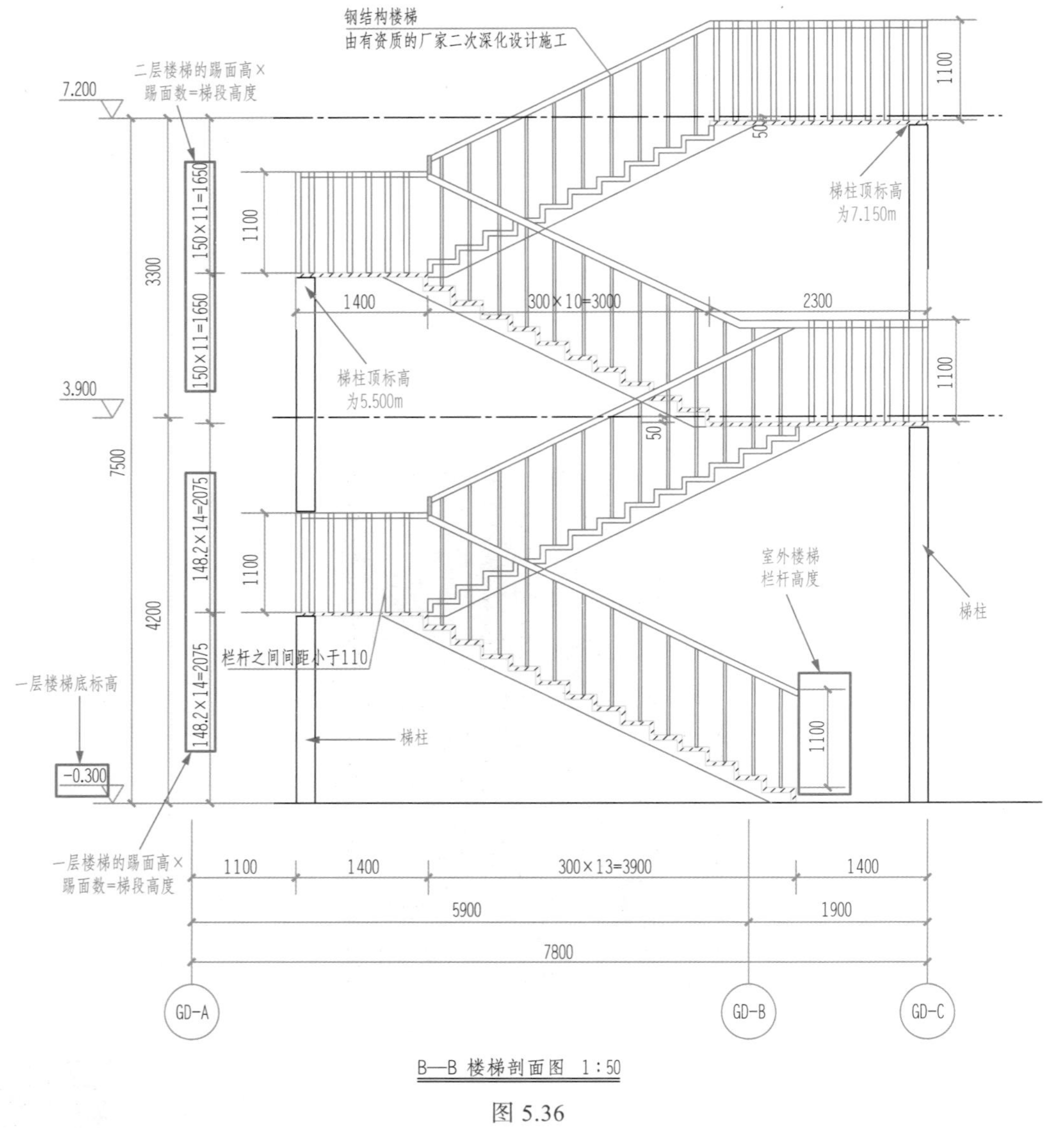

图 5.36

2）2# 楼梯一层平面图（详见电子文件，登录 www.abook.cn 网站下载）的图纸解析如图 5.37 所示。

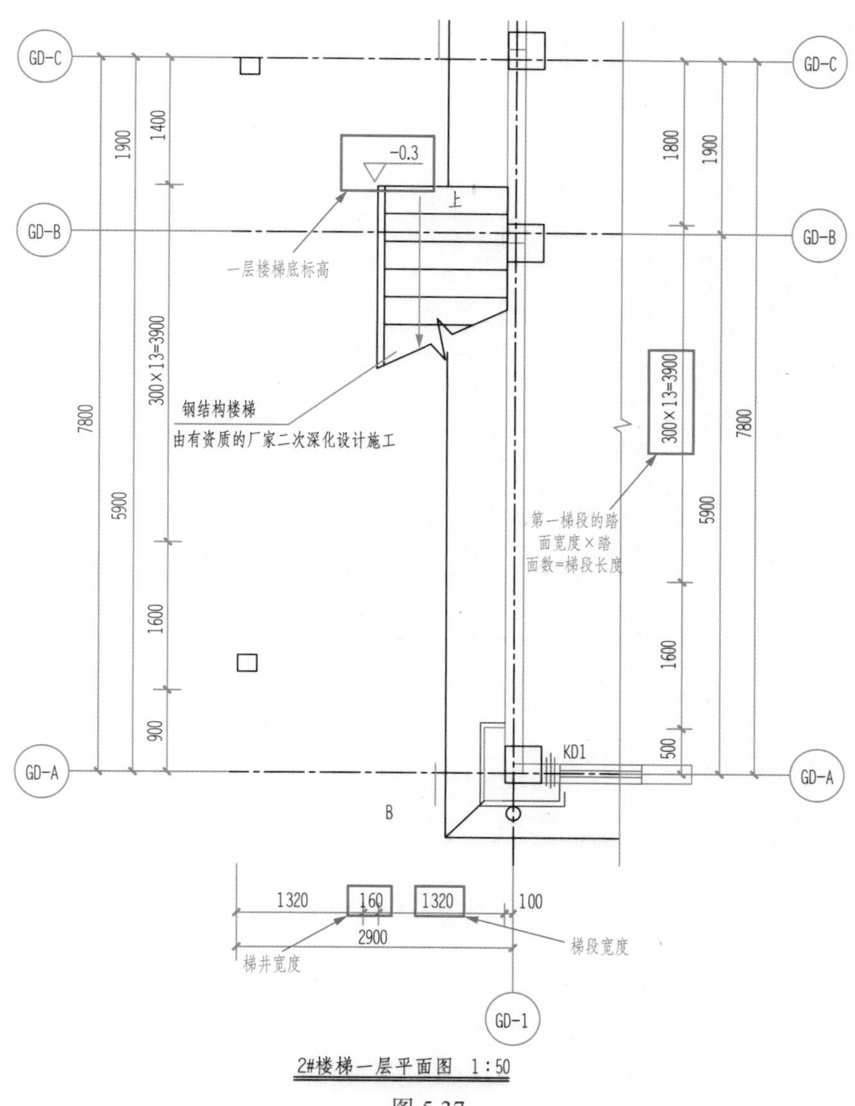

图 5.37

3）2# 楼梯二层平面图（详见电子文件，登录 www.abook.cn 网站下载）的图纸解析如图 5.38 所示。

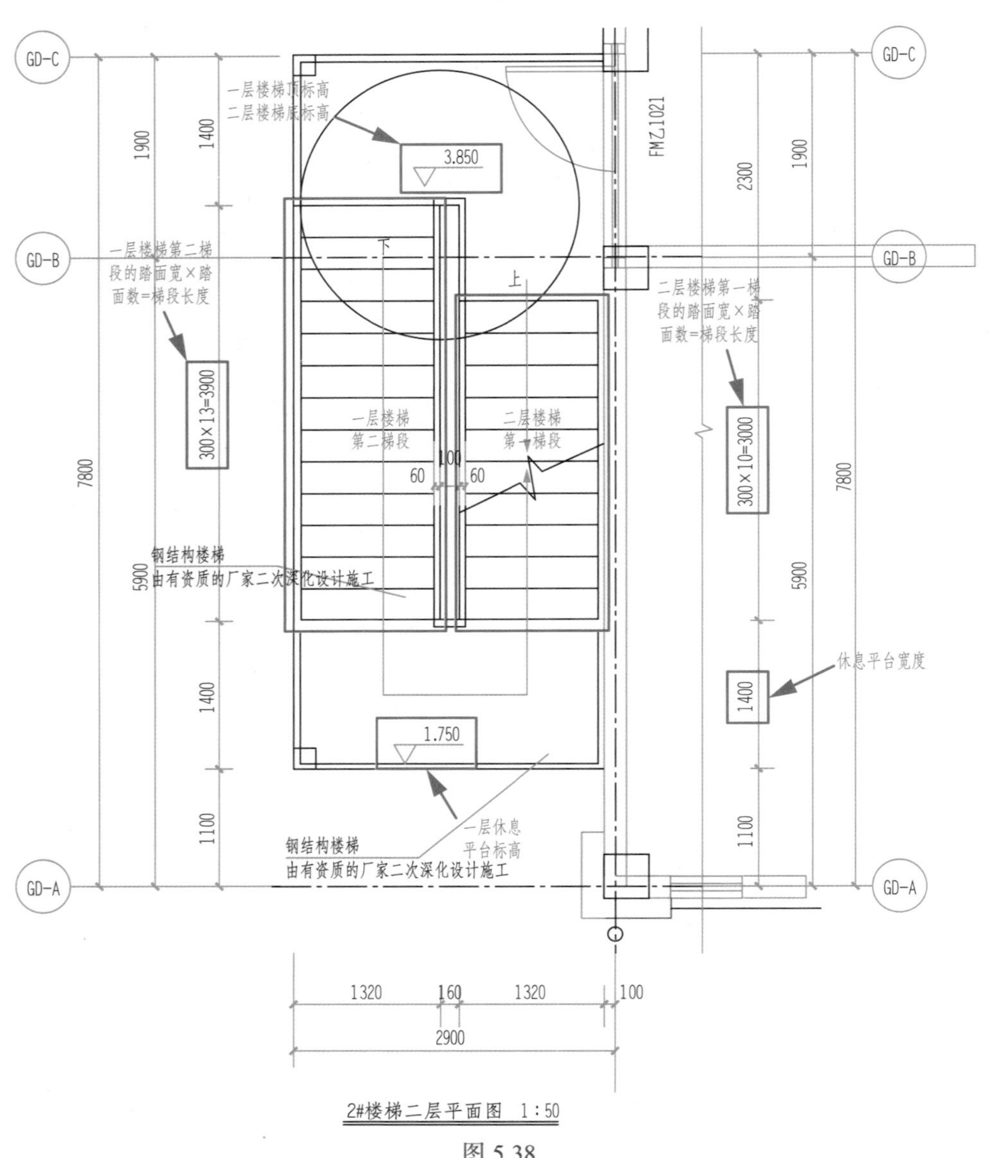

图 5.38

4）2# 楼梯三层平面图（详见电子文件，登录 www.abook.cn 网站下载）的图纸解析如图 5.39 所示。

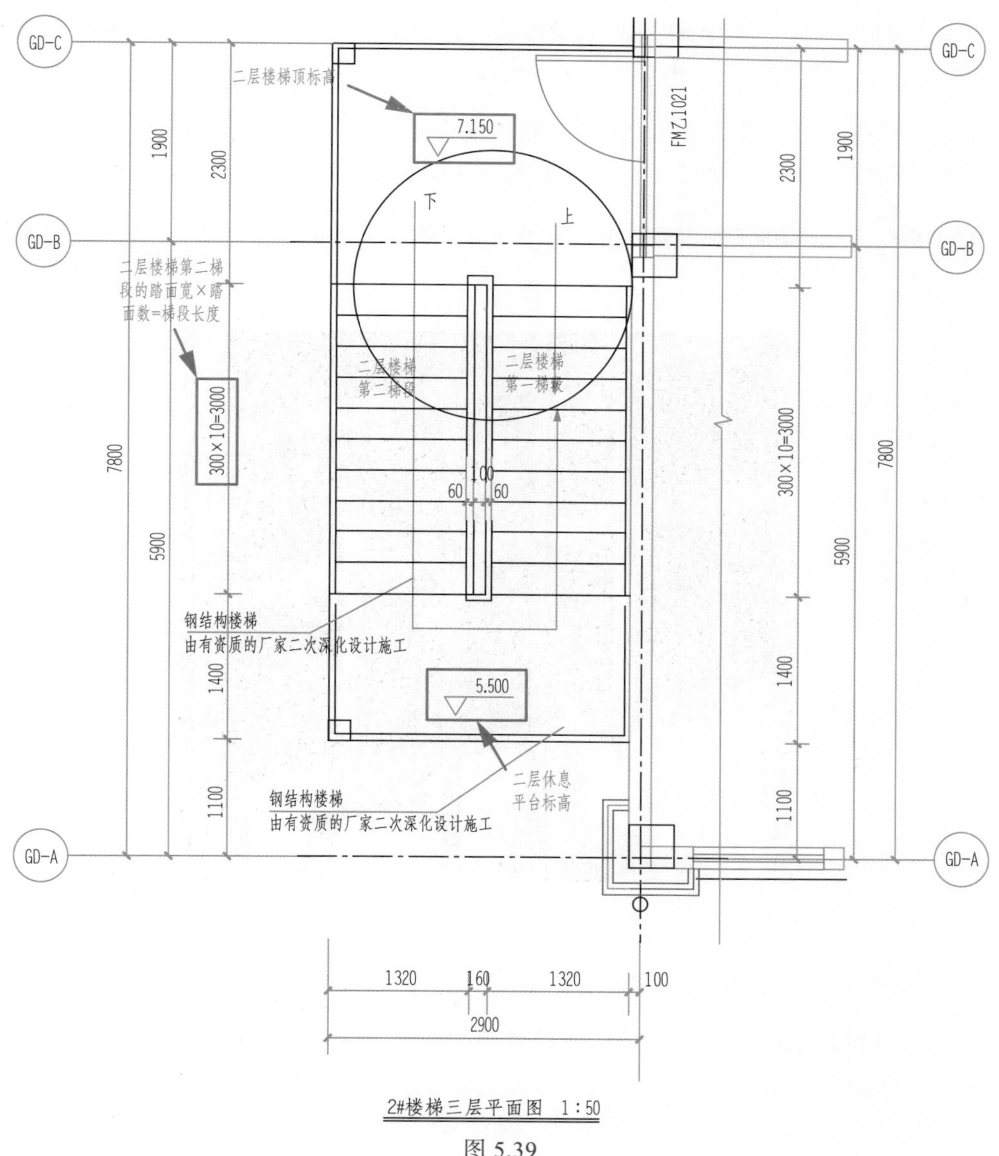

图 5.39

2．创建梯柱

1）进入结构柱编辑界面。打开 5.1 节保存的文件“5.1 室内楼梯 .rvt”，在项目浏览器中双击进入楼层平面“室外地坪（-0.300）”视图，单击“结构”选项卡→“结构”面板→“柱”按钮，在属性设置任务窗格中选择“TZ”类型。

2）创建梯柱。将选项栏中的“深度：”改为“高度：”，选择标高为“3F-S（7.150）”，如图 5.40 所示，创建靠近 GD-C 轴线的梯柱。

修改 | 放置 结构柱 | 放置后旋转 | 高度: | 3F-S (7 | 7150.0 | 房间边界

图 5.40

将选项栏中的标高改为“未连接”，输入偏移量为“5500.0”，如图 5.41 所示，创建靠近 GD-A 轴线的梯柱。创建完成的三维效果如图 5.42 所示。

修改 | 放置 结构柱 | 放置后旋转 | 标高: 1F-A (0.00 | 高度: | 未连接 | 5500.0 | 房间边界

图 5.41

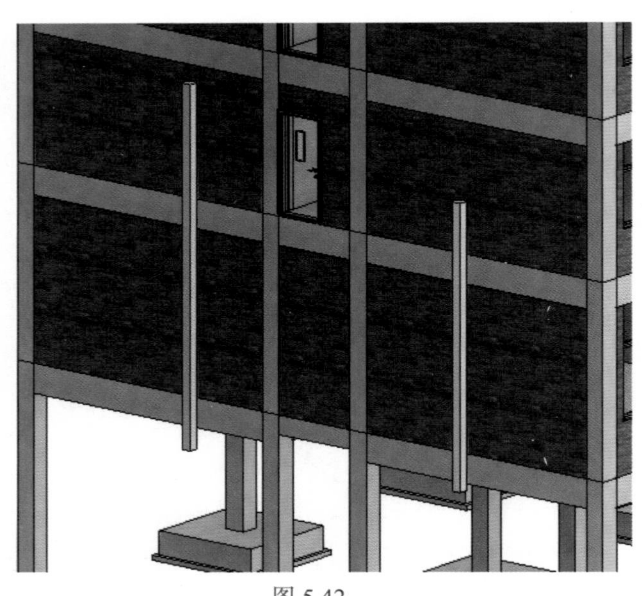

图 5.42

3. 创建一层室外楼梯

1）进入楼梯编辑界面。在项目浏览器中双击进入楼层平面“室外地坪（-0.300）”平面视图，单击“建筑”选项卡→“楼梯坡道”面板→“楼梯”按钮。

2）修改属性参数。在属性设置任务窗格中选择组合楼梯的类型为“190mm 最大踢面 250mm 梯段”，修改“底部标高”“底部偏移”“顶部标高”“顶部偏移”“所需梯面数”“实际踏板深度”，如图 5.43 所示。

单击“编辑类型”按钮，在“类型属性”对话框中修改“右侧支撑”为“踏步梁（开放）”，“左侧支撑”为“踏步梁（开放）”，如图 5.44 所示。

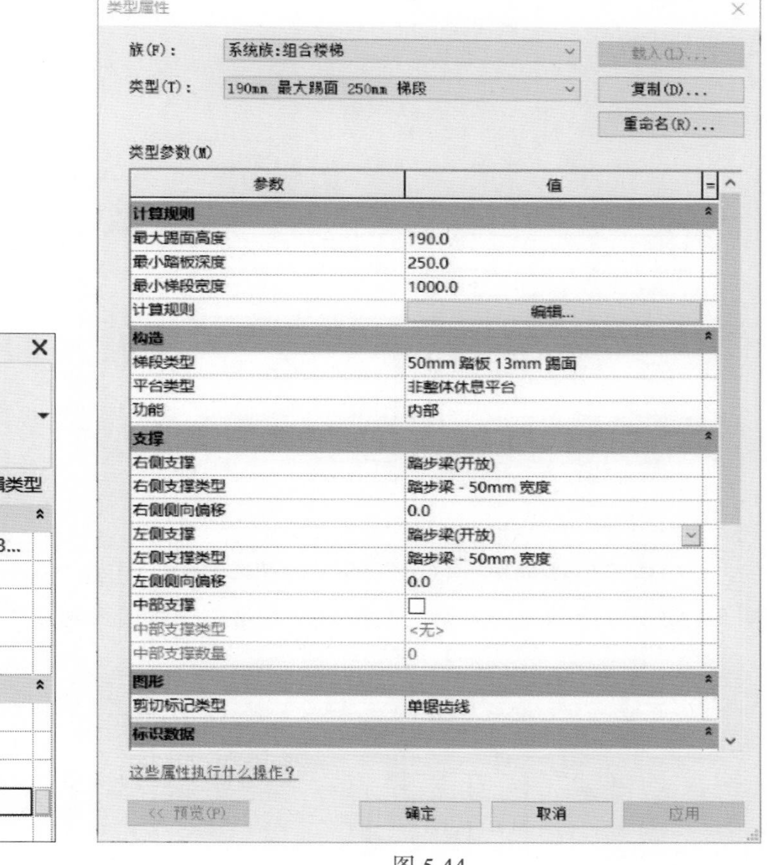

图 5.43　　　　图 5.44

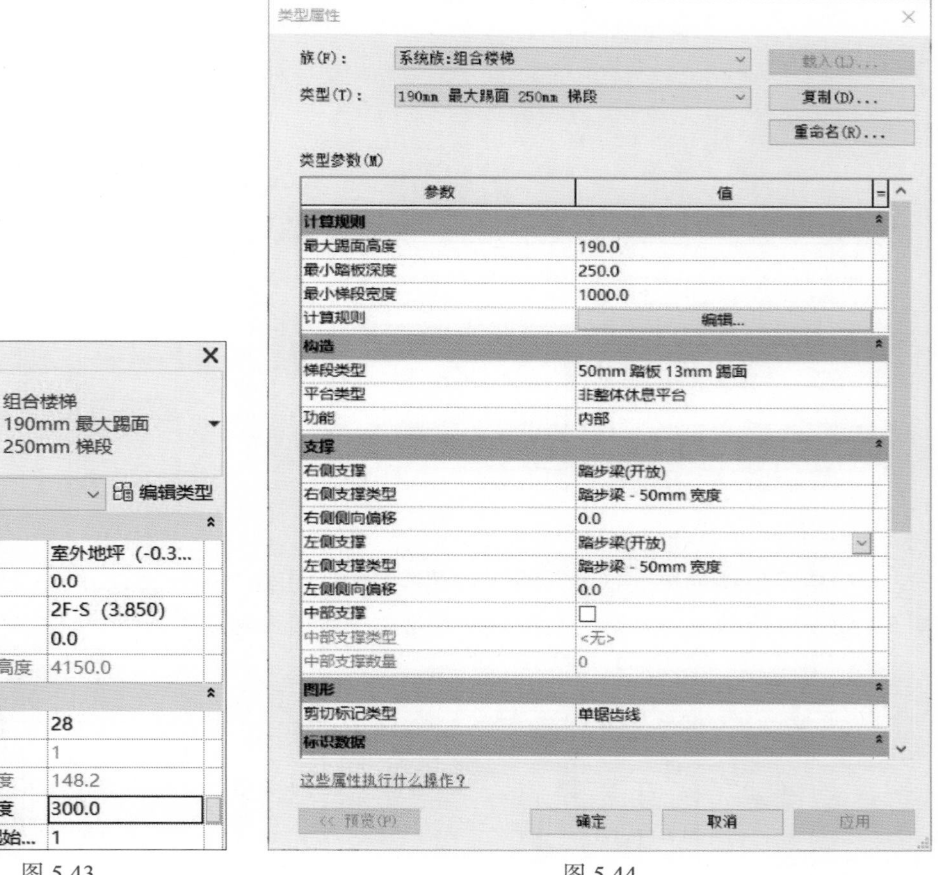

3）修改选项栏。选择选项栏中的“定位线”为“梯段：左”，实际梯段宽度值为“1320.0”，如图 5.45 所示。

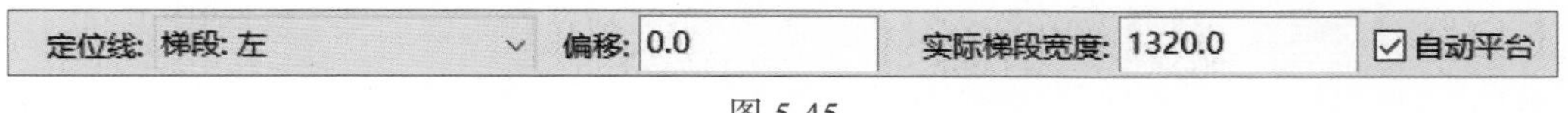

图 5.45

4）创建一层楼梯第一梯段。将光标放置在 GD-C 轴线和外墙的外边界的交点处，沿外墙的外边界向下移动光标出现临时标注时，输入值为“1400”，如图 5.46 所示，楼梯起点定位完成。

向下拖动光标出现临时标注，将光标拖动至临时标注为“3900”时右击，第一跑楼梯创建完成，如图 5.47 所示。

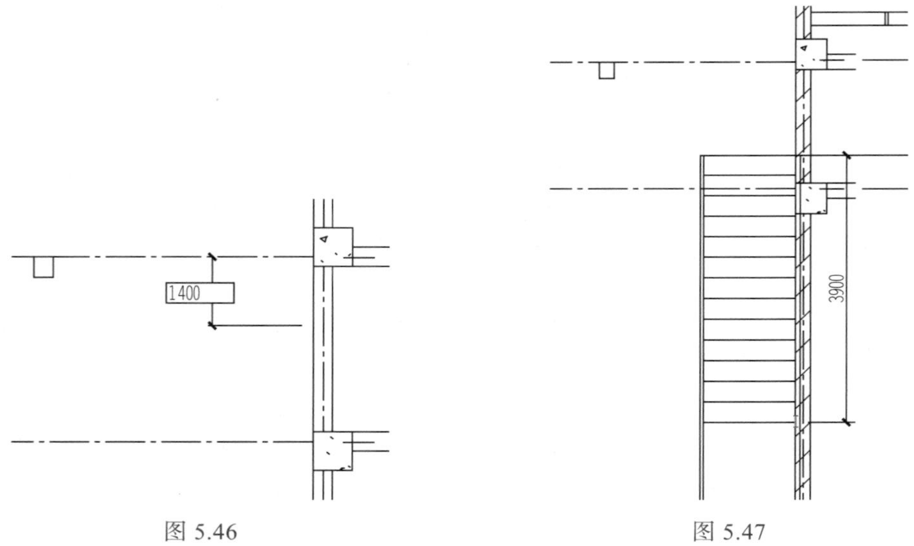

图 5.46　　　　图 5.47

5）创建一层楼梯第二梯段。将光标向左移动，出现临时标注时输入值为“2900”，如图 5.48 所示。拖动光标至第二跑楼梯终点与第一跑楼梯起点对齐位置，如图 5.49 所示。

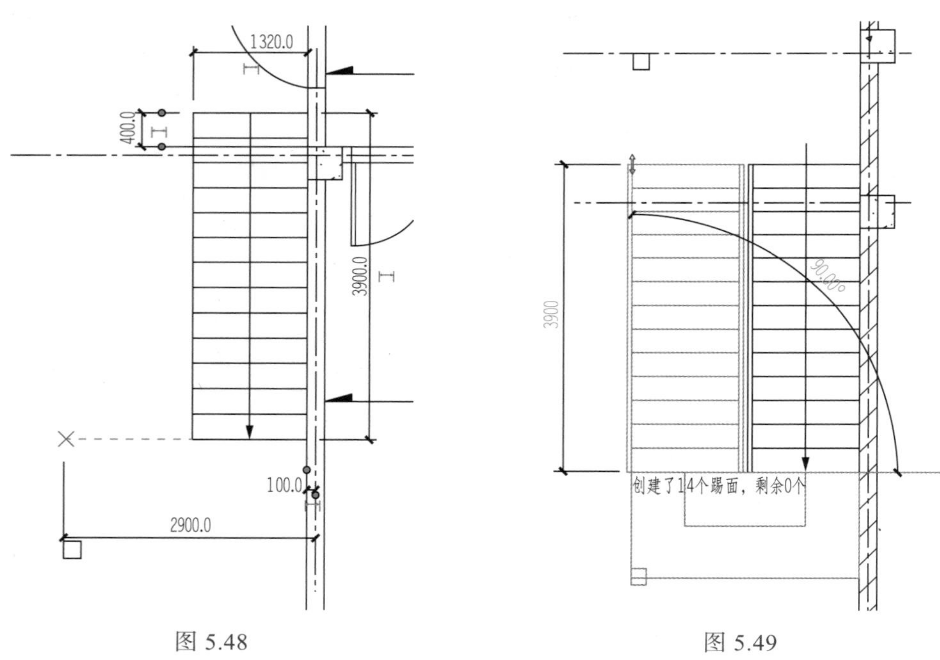

图 5.48　　　　图 5.49

6）单击“确定”按钮，完成一层室外楼梯的创建，三维效果如图 5.50 所示。

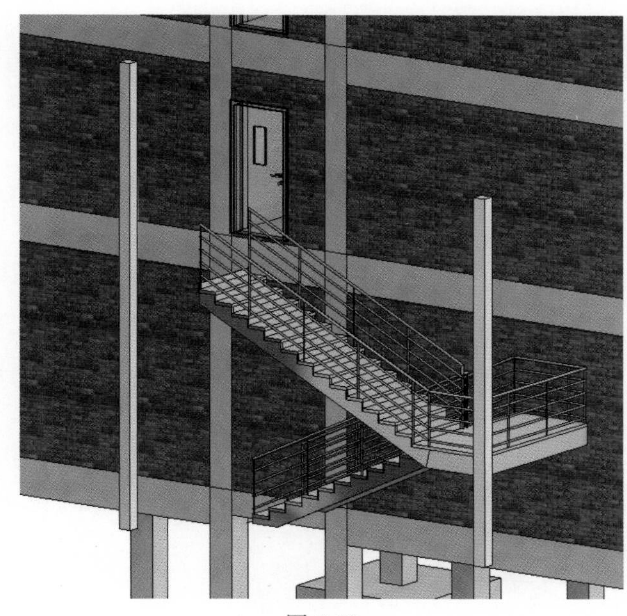

图 5.50

4．创建二层平台和栏杆

1）进入楼梯编辑界面。在项目浏览器中双击进入结构平面“2F-S（3.850）”视图，单击一层室外楼梯→“修改｜楼梯”上下文选项卡→“编辑”面板→“编辑楼梯”按钮。

2）创建二层平台。双击一层室外楼梯→“修改｜创建楼梯”上下文选项卡→“构件”面板→“平台”按钮→“创建草图”按钮，绘制如图 5.51 所示的平台板边界线。单击“确定”按钮，完成二层休息平台的创建。

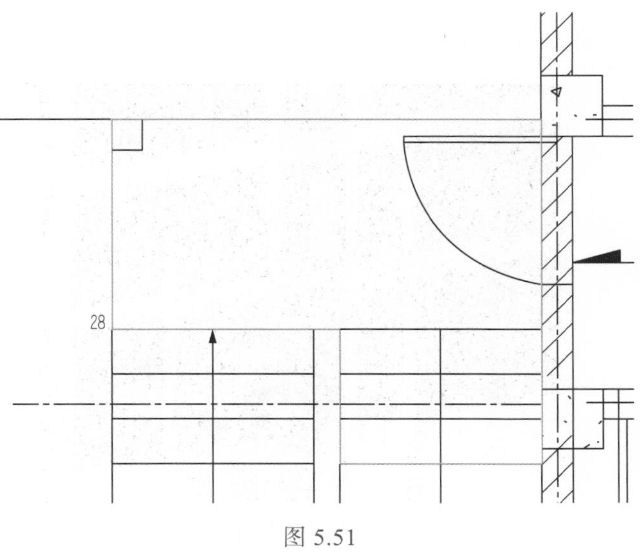

图 5.51

3）修改一层楼梯的栏杆扶手。打开“室外地坪（-0.300）”平面视图，单击二层栏杆扶手→“修改｜栏杆扶手”上下文选项卡→“模式”面板→“编辑路径”按钮，删除梯井处的路径，如图 5.52 所示。

单击“建筑”选项卡→“楼梯坡道”面板→“栏杆扶手”按钮。沿梯井边缘向楼梯偏移 25mm，绘制栏杆路径，如图 5.53 所示，单击“确定”按钮。

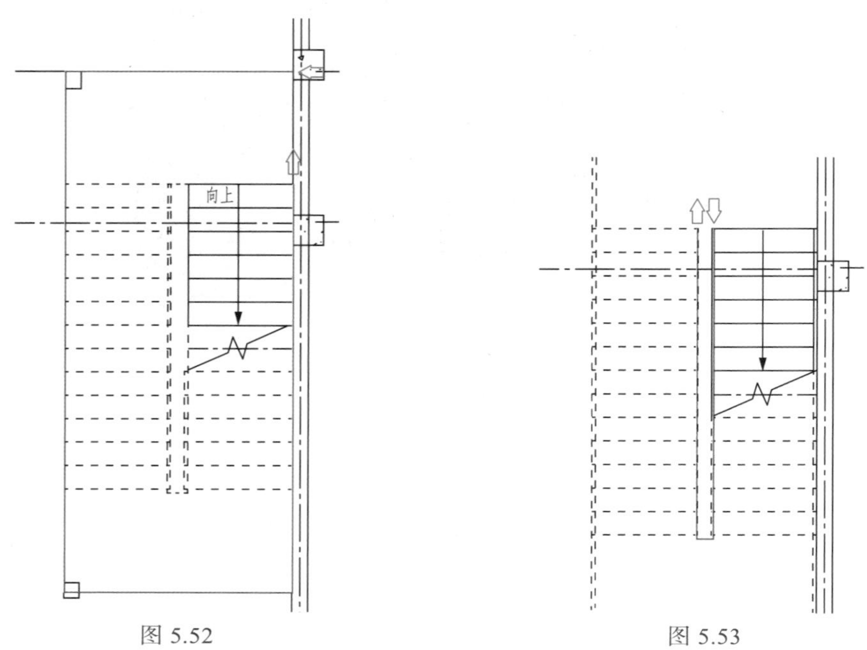

图 5.52　　图 5.53

打开三维视图，单击梯井处的栏杆扶手→“修改｜栏杆扶手”上下文选项卡→“工具”面板→“拾取新主体”按钮，再单击一层室外楼梯，栏杆扶手将附着在一层室外楼梯上。创建完成后的三维效果如图 5.54 所示。

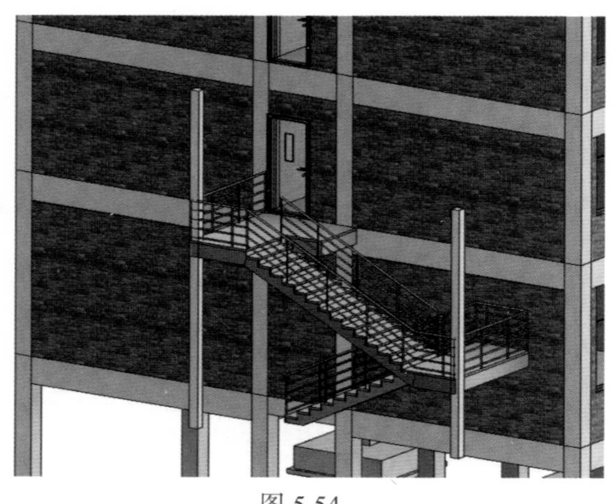

图 5.54

5．创建二层室外楼梯

1）进入楼梯编辑界面。在项目浏览器中双击进入结构平面“2F-S（3.850）”视图，单击“建筑”选项卡→“楼梯坡道”面板→“楼梯”按钮。

2）修改属性参数。在属性设置任务窗格中选择组合楼梯的类型为“190mm 最大踢面 250mm 梯段”，修改“底部标高”“底部偏移”“顶部标高”“顶部偏移”“所需梯面数”“实际踏板深度”参数，如图5.55所示。

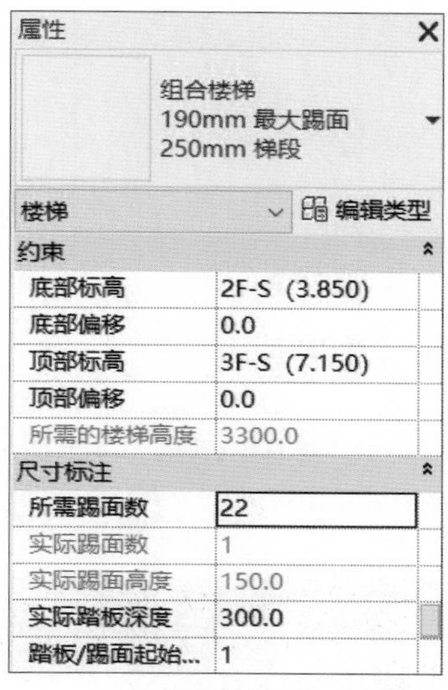

图5.55

【提示】“类型属性”对话框和选项栏中的参数值已默认改成一层室外楼梯的参数值，无须修改。

3）创建二层楼梯第一梯段。单击二层休息平台与外墙的边界处，如图5.56所示，则楼梯起点定位完成。

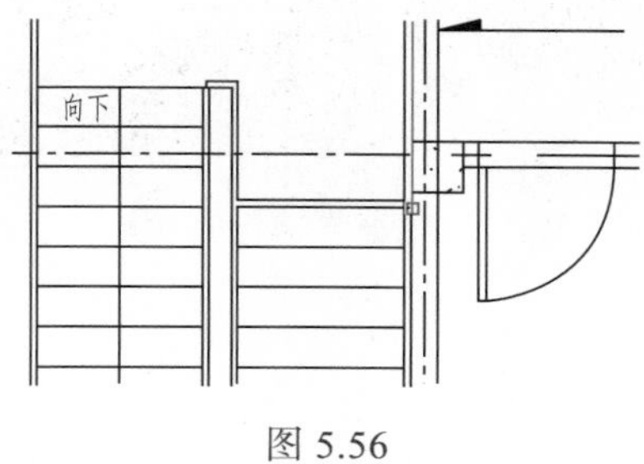

图5.56

拖动光标后将出现临时标注，将光标拖动至临时标注为“3000”时右击，第一跑楼梯创建完成，如图5.57所示。

4）创建二层楼梯第二梯段。将光标向左移动，出现临时标注时输入值为“2900”，拖动光标至第二跑楼梯终点与第一跑楼梯起点对齐位置，如图5.58所示。

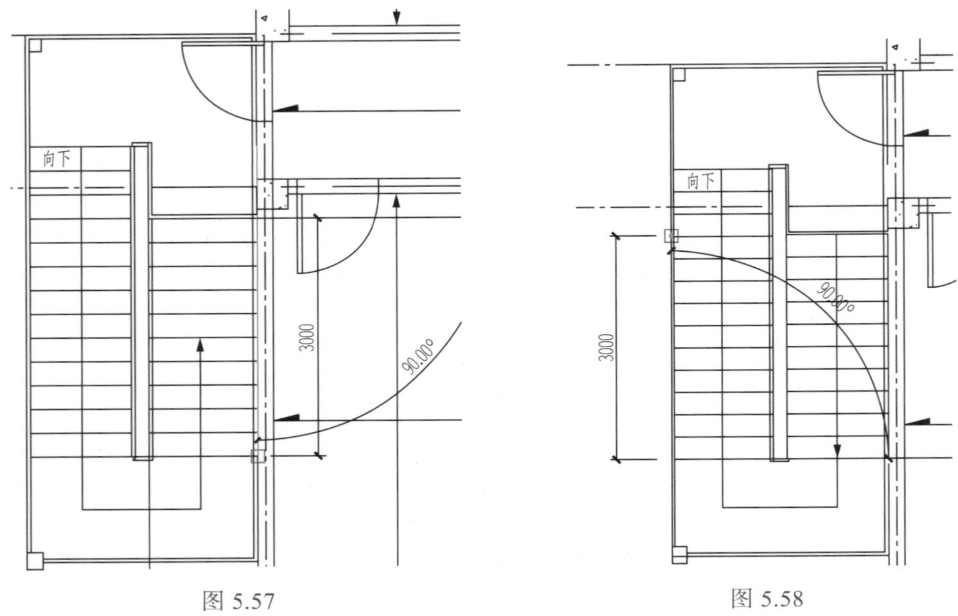

图 5.57　　　　图 5.58

单击“确定”按钮，完成二层室外楼梯的创建，三维效果如图 5.59 所示。

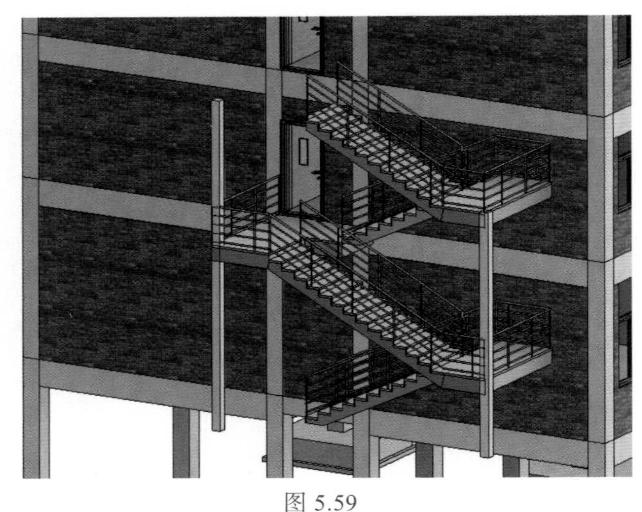

图 5.59

6．创建三层平台

1）进入楼梯编辑界面。在项目浏览器中双击进入结构平面“3F-S（7.150）”视图，单击一层室外楼梯→“修改｜楼梯”上下文选项卡→“编辑”面板→“编辑楼梯”按钮。

2）创建三层平台。双击二层室外楼梯→“修改｜创建楼梯”上下文选项卡→“构件”面板→“平台”按钮→“创建草图”按钮，绘制平台板边界线，如图 5.60 所示。

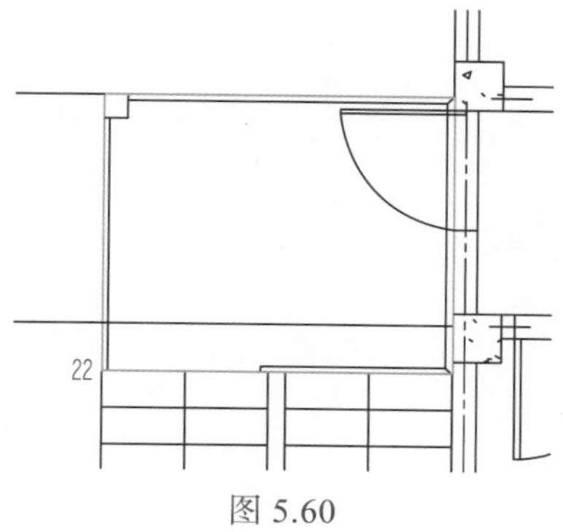

图 5.60

单击“确定”按钮，完成三层休息平台的创建，三维效果如图 5.61 所示。保存文件为“5.2 室外楼梯 .rvt”。

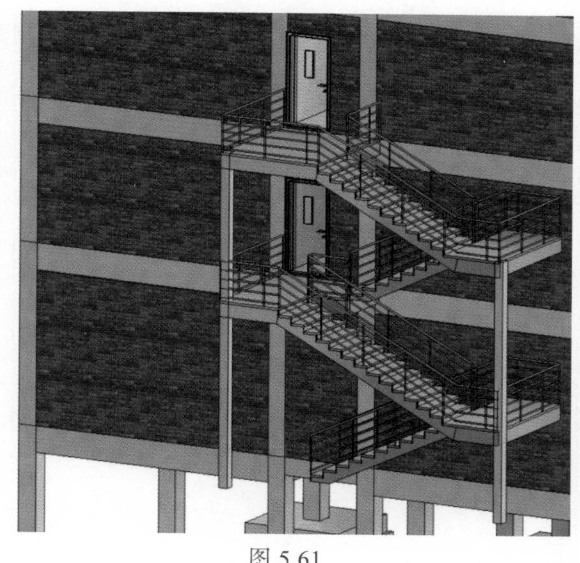

图 5.61

5.3　屋顶构件创建

屋顶构件创建

本案例屋顶构件包括检修孔、烟道孔、屋檐；本节主要讲述如何运用洞口及内建模型中的拉伸和放样命令创建屋顶构件。

1．图纸解析

1）根据屋顶层平面图中的检修孔和烟道口的位置和尺寸，可知检修孔周边与坡屋面相交处翻起最小高度为 450mm，如图 5.62 所示。

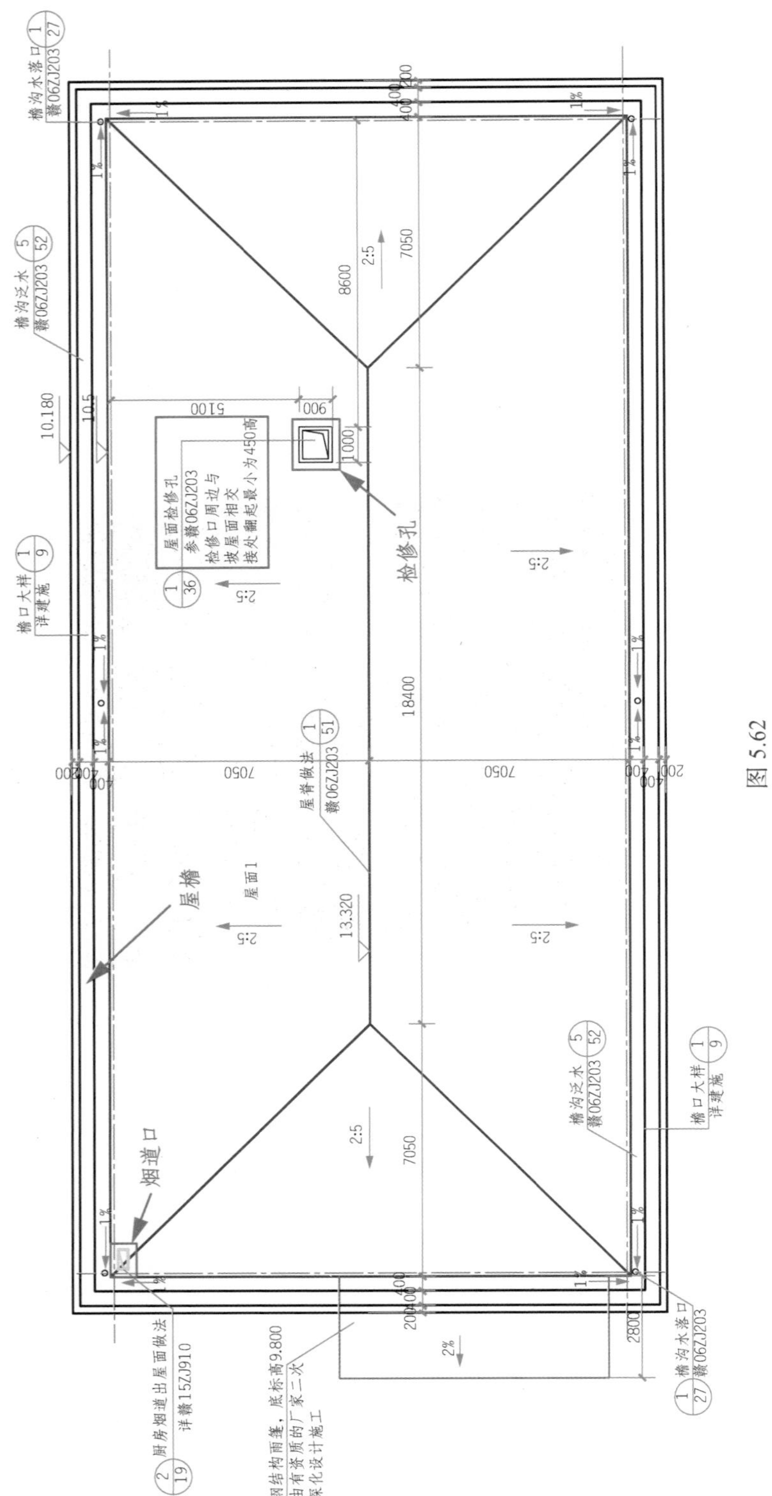
檐沟水落口
赣06ZJ203
檐沟泛水
赣06ZJ203
檐口大样
详建施
屋面检修孔
参赣06ZJ203
检修口周边与
坡屋面相交
接处翻起最小为450高
检修孔
屋脊做法
赣06ZJ203
屋檐
屋面1
烟道口
厨房烟道出屋面做法
详赣15ZJ910
钢结构雨篷，底标高9.800
由有资质的厂家二次
深化设计施工
10.180
13.320
18400
8600
7050
5100
900
1000
2:5

图 5.62

2）根据 9 号图纸中的檐口大样，可知檐口的顶标高和底标高分别为 10.5 和 10，檐口尺寸在檐口大样图中已详细标明，如图 5.63 所示。

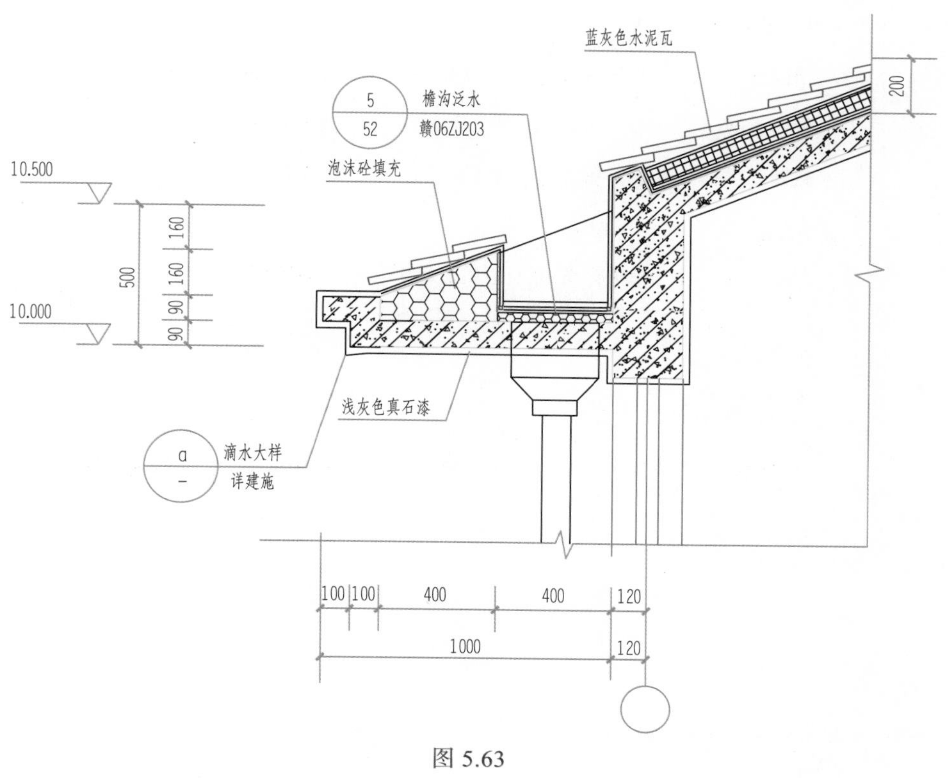

图 5.63

2．创建屋顶检修孔

1）调整屋顶视图范围。打开 5.2 节保存的文件“5.2 室外楼梯 .rvt”，在项目浏览器中双击进入楼层平面“RF（10.500）”视图，视图中的屋顶不完整，在属性设置任务窗格中单击“视图范围”旁的“编辑”按钮，弹出“视图范围”对话框，在对话框中将“主要范围”中“顶部（T）”和“剖切面（C）”的偏移值均改为 3000，如图 5.64 所示。

单击“确定”按钮，平面图中将出现完整的屋顶模型，如图 5.65 所示。

2）创建屋顶洞口。单击“建筑”选项卡→“洞口”面板→“垂直”按钮。单击屋顶，进入“修改｜编辑边界”的绘制洞口模式，根据屋顶层平面图中检修孔的位置，绘制如图 5.66 所示的洞口边界。

3）移动临时剖面。打开“RF（10.500）”平面视图，将创建斜屋面梁时的剖面 3 移动至检修孔的洞口旁，如图 5.67 所示。

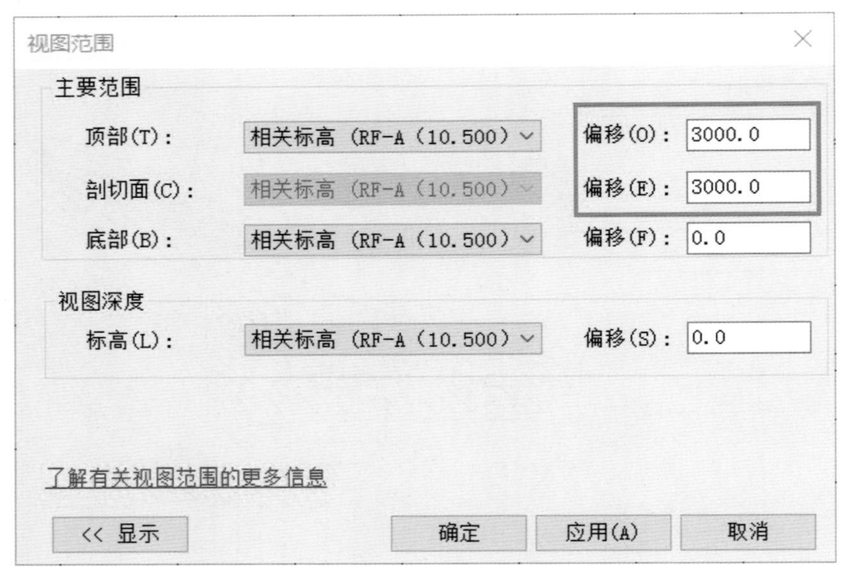
视图范围
主要范围
顶部(T)：
相关标高 (RF-A (10.500)
偏移(O)：
3000.0
剖切面(C)：
相关标高 (RF-A (10.500)
偏移(E)：
3000.0
底部(B)：
相关标高 (RF-A (10.500)
偏移(F)：
0.0
视图深度
标高(L)：
相关标高 (RF-A (10.500)
偏移(S)：
0.0
了解有关视图范围的更多信息
<< 显示
确定
应用(A)
取消

图 5.64

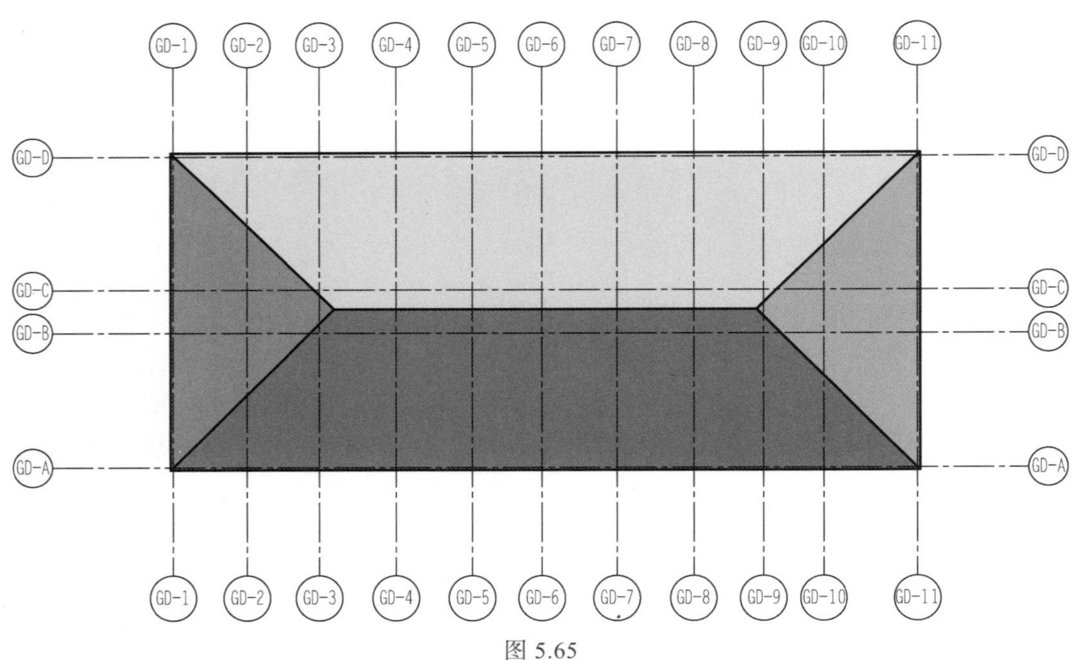
GD-1
GD-2
GD-3
GD-4
GD-5
GD-6
GD-7
GD-8
GD-9
GD-10
GD-11
GD-D
GD-C
GD-B
GD-A

图 5.65

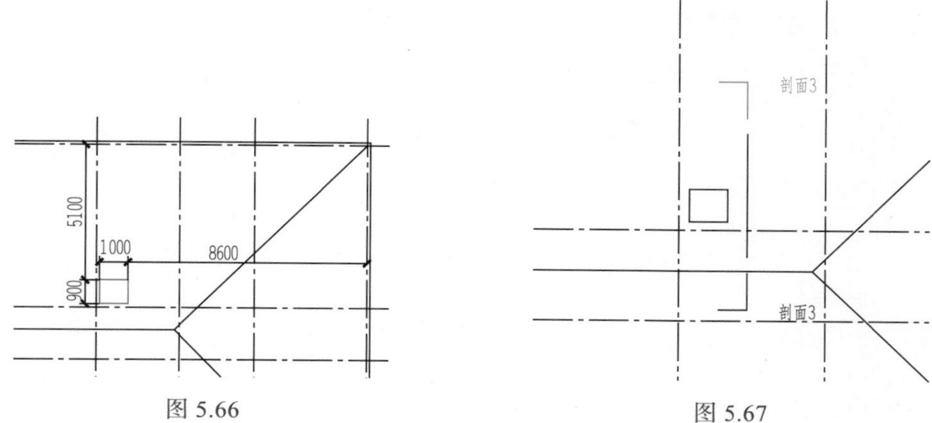

图 5.66　　　　图 5.67

4）进入内建模型编辑界面。选择“建筑”选项卡→“构建”面板→“构件”下拉按钮→“内建模型”命令，弹出“族类别和族参数”对话框（图 5.68），选择“常规模型”，单击“确定”按钮，在弹出的“名称”对话框中修改名称为“检修孔”，进入内建模型的编辑界面。

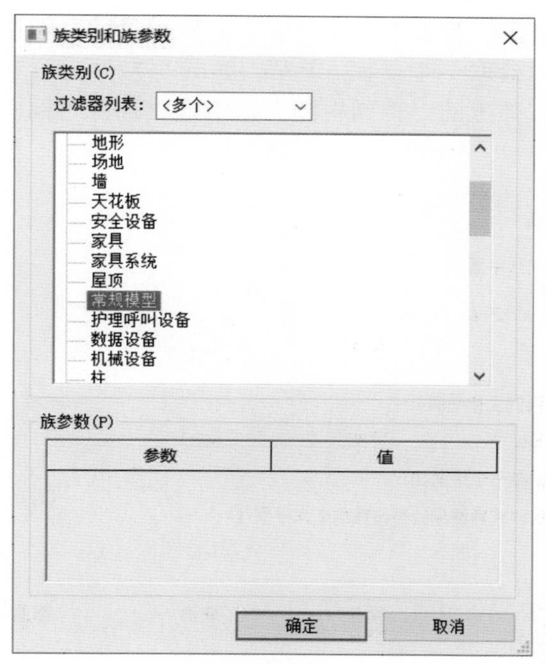

图 5.68

5）创建检修孔。单击“创建”选项卡→“形状”面板→“拉伸”按钮。在属性设置任务窗格中修改“拉伸终点”值为 4000，在检修孔的洞口处绘制拉伸轮廓，如图 5.69 所示。单击“确定”按钮，完成拉伸操作。

在项目浏览器中双击进入剖面（建筑剖面）“剖面 3”视图，单击“创建”选项卡→“基准”面板→“参照平面”按钮，绘制两个参照平面，如图 5.70 所示，单击已创建的检修孔模型，将检修孔顶部对齐至 450mm 处的参照平面，如图 5.71 所示。

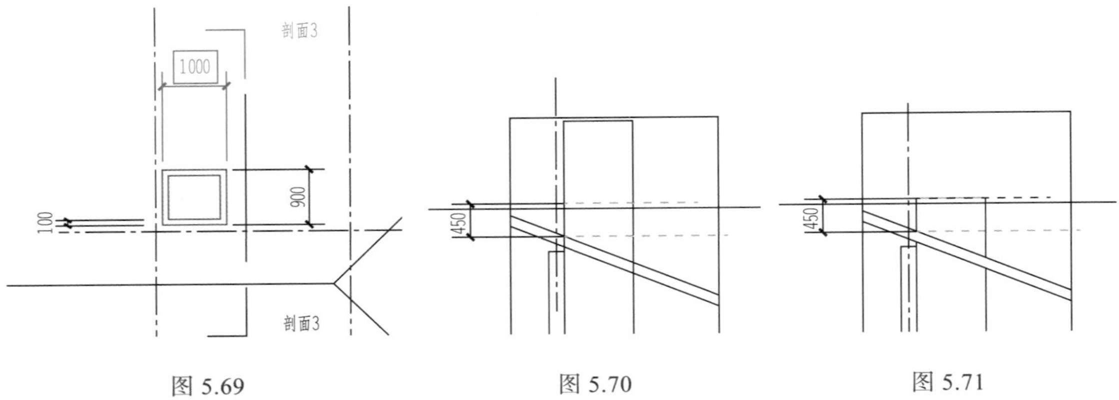

图 5.69　　图 5.70　　图 5.71

在项目浏览器中双击进入楼层平面“RF（10.500）”视图，选择“创建”选项卡→“形状”面板→“空心形状”下拉按钮→“空心拉伸”命令。再单击“修改｜创建空心拉伸”上下文选项卡→“工作平面”面板→“设置”按钮，在弹出的“工作平面”对话框中选择“拾取一个平面（P）”，如图 5.72 所示；选择检修孔右侧边界平面，如图 5.73 所示；在弹出的“转到视图”对话框中选择“剖面：剖面 3”，如图 5.74 所示。

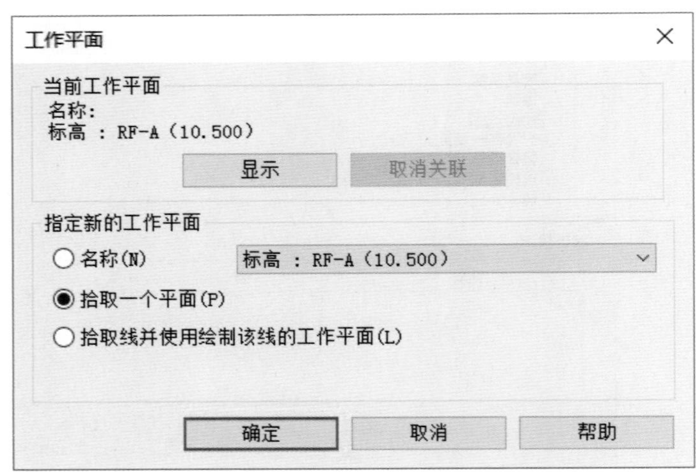

图 5.72

图 5.73

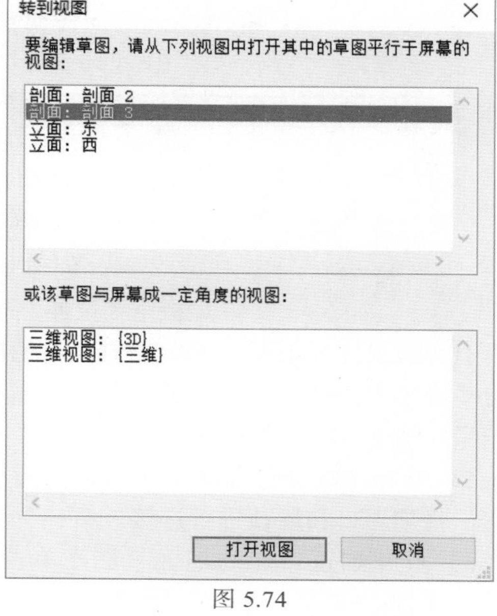

图 5.74

在“剖面 3”视图中绘制空心拉伸轮廓，如图 5.75 所示。在属性设置任务窗格中修改“拉伸终点”为 1000，单击“确定”按钮，完成空心拉伸，再单击“完成模型”按钮，完成检修孔模型的创建，三维效果如图 5.76 所示。

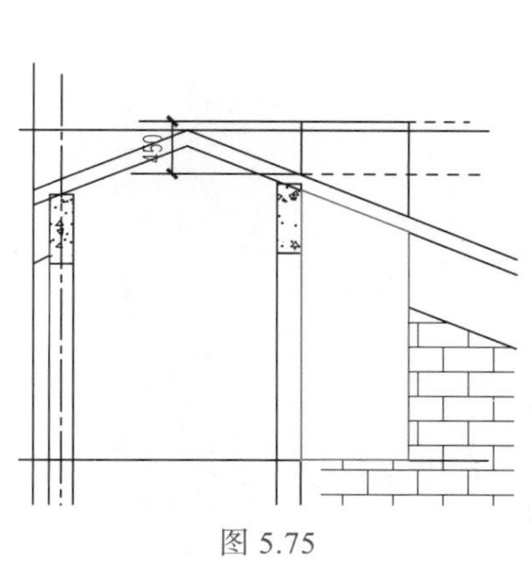

图 5.75

图 5.76

3．创建烟道孔

1）绘制烟道洞口轮廓。与检修孔类似，单击“建筑”选项卡→“洞口”面板→“垂直”按钮。单击屋顶，进入“修改｜编辑边界”的绘制洞口界面，根据屋顶层平面图中烟道

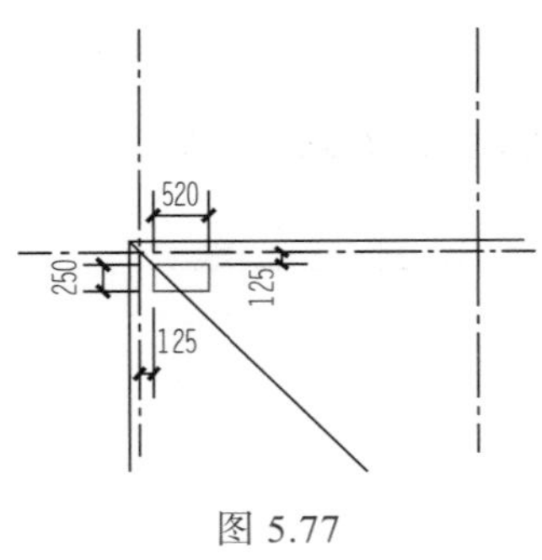

图 5.77

孔的位置，绘制洞口边界，如图 5.77 所示。

2）移动临时剖面。在项目浏览器中双击进入楼层平面“RF（10.500）”视图，移动临时剖面至烟道口的洞口旁。

3）进入内建模型编辑界面。选择“建筑”选项卡→“构建”面板→“构件”下拉按钮→“内建模型”命令，在弹出的“族类别和族参数”对话框中选择“常规模型”，在“名称”对话框中命名为“烟道口”，进入内建模型的编辑模式。

4）创建烟道口。单击“创建”选项卡→“形状”面板→“拉伸”按钮。在属性设置任务窗格中修改“拉伸终点”值为 1000，在烟道孔的洞口处绘制拉伸轮廓，如图 5.78 所示，单击“确定”按钮，完成拉伸操作。单击“完成模型”按钮，初步完成烟道口模型的创建。

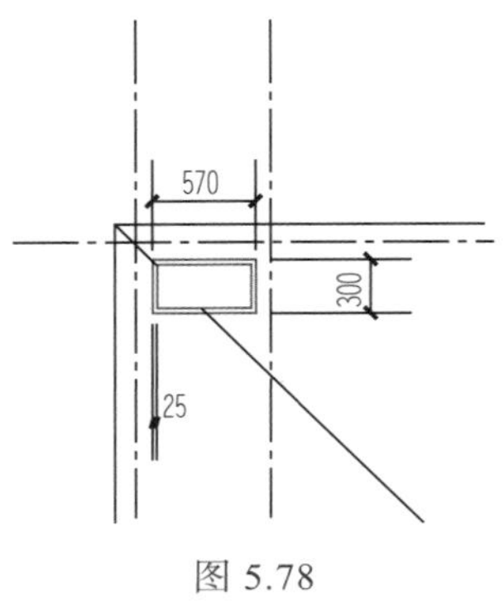

图 5.78

5）单击“修改”选项卡→“几何图形”面板→“连接”按钮，将烟道口和屋顶进行连接。

6）打开烟道口旁的剖面视图，单击“建筑”选项卡→“基准”面板→“参照平面”按钮，在如图 5.79 所示的位置绘制参照平面。

单击烟道口模型，将模型底部对齐至参照平面，如图 5.80 所示。三维效果如图 5.81 所示。

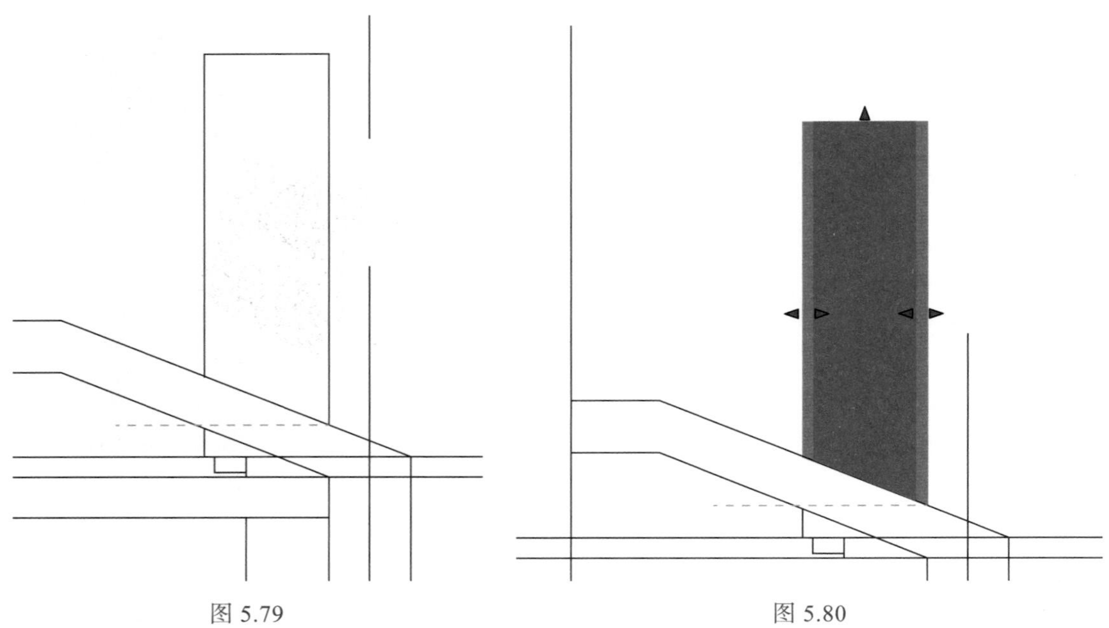
图 5.79　　图 5.80

图 5.81

4．创建屋檐

1）进入内建模型编辑模式。在项目浏览器中双击进入楼层平面“RF（10.500）”视图，选择“建筑”选项卡→“构建”面板→“构件”下拉按钮→“内建模型”命令。在弹出的“族类别和族参数”对话框中选择“常规模型”，在“名称”对话框中修改名称为“檐口”，进入内建模型的编辑模式。

2）绘制檐口放样路径。单击“创建”选项卡→“形状”面板→“放样”按钮。再单击“修改｜放样”上下文选项卡→“放样”面板→“绘制路径”按钮→“矩形”按钮，沿外墙外边缘绘制放样路径，如图 5.82 所示，单击“确定”按钮，完成放样路径的绘制。

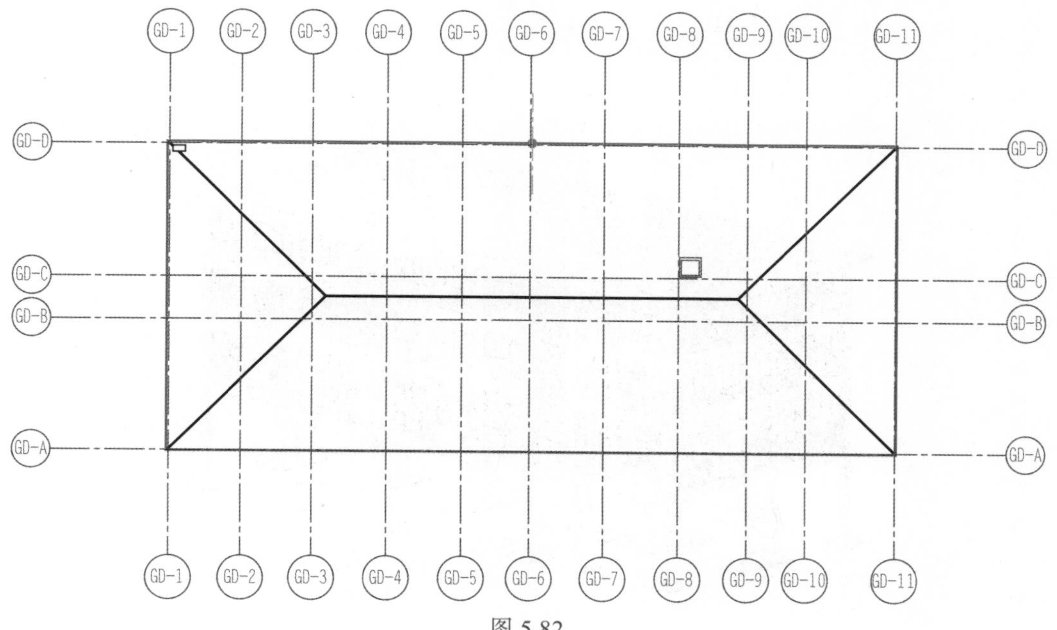

图 5.82

3）创建放样轮廓。单击“修改｜放样”上下文选项卡→“放样”面板→“编辑轮廓”按钮。在弹出的“转到视图”对话框中选择“立面：东”，再单击“打开视图”按钮，如图 5.83 所示。

按照檐口大样图，绘制如图 5.84 所示的檐口轮廓。单击“确定”按钮，完成放样轮廓的绘制，再单击“完成模型”按钮，完成檐口模型的绘制，三维效果如图 5.85 所示。保存文件为“5.3 屋顶构件 .rvt”。

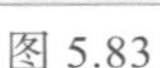

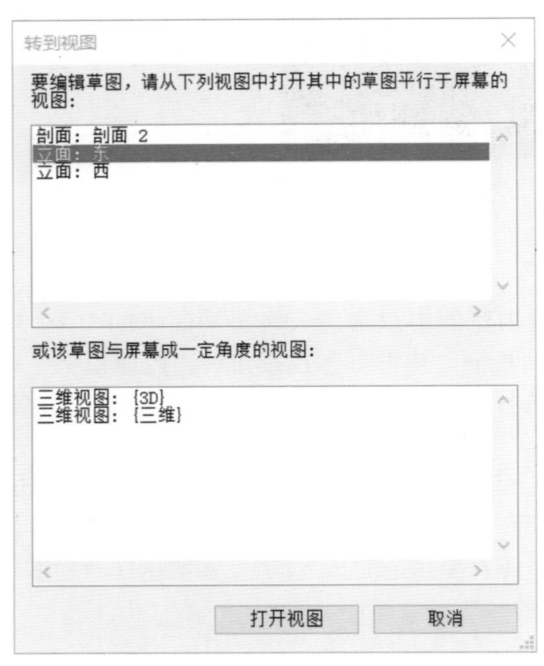

图 5.83

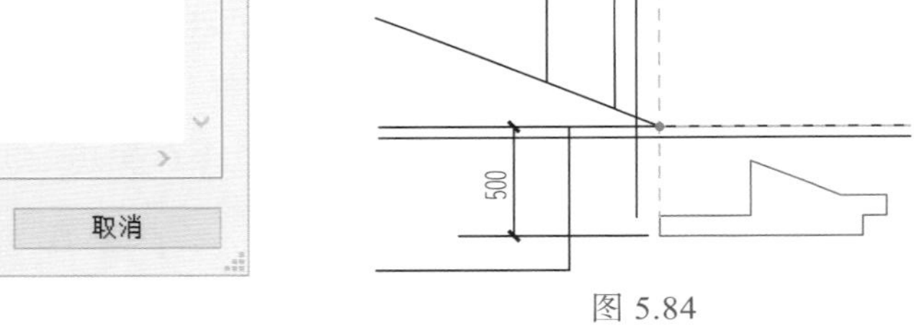

图 5.84

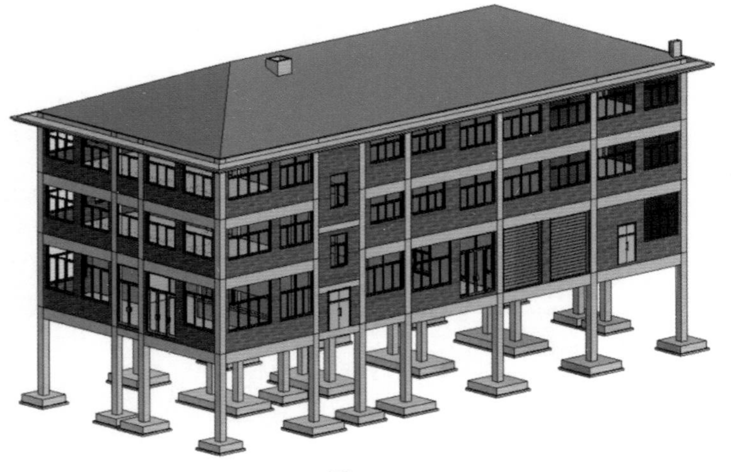

图 5.85

墙身构件创建（一）

墙身构件创建（二）

5.4　墙身构件创建

本案例墙身构件包括挑板、空调板、雨篷板、墙身构造；本节主要讲述如何运用楼板及建筑墙命令创建墙身构件。

1．图纸解析

1）4 号结构图纸（详见电子文件，登录 www.abook.cn 网站下载）中挑板大样图解析如图 5.86 所示。

2）4 号结构图纸中空调板断面大样、雨篷板大样的图纸解析如图 5.87 所示。

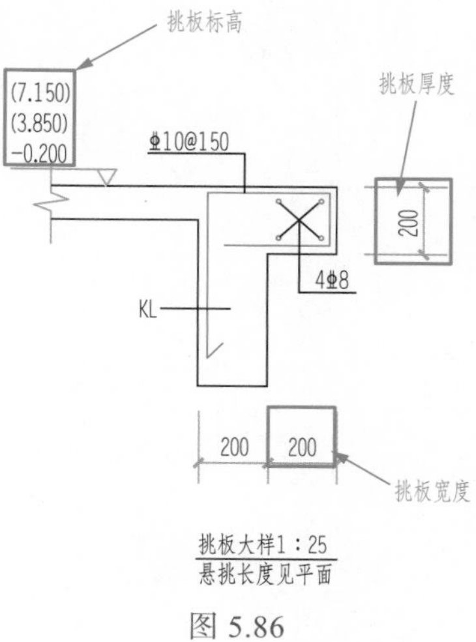

图 5.86

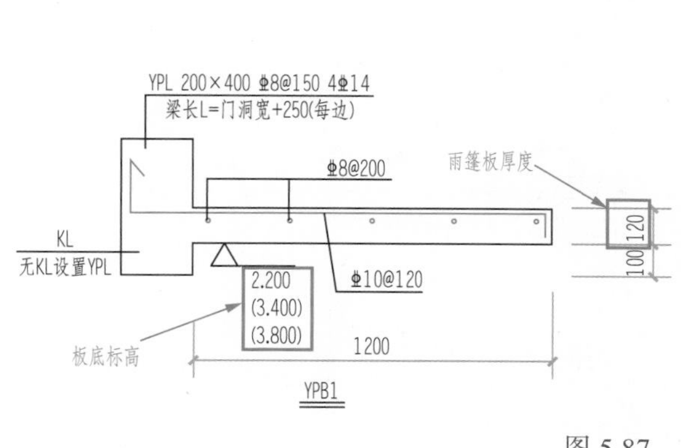

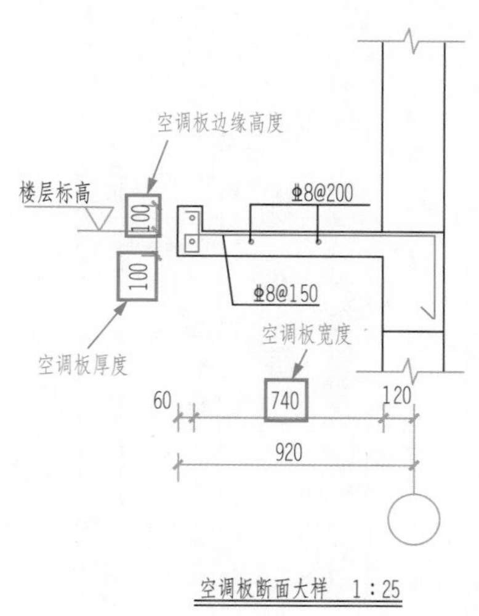

图 5.87

3）建筑施工图（详见电子文件，登录 www.abook.cn 网站下载）9 号图纸中的线脚大样、墙身大样和立面图的图纸解析如图 5.88 所示。

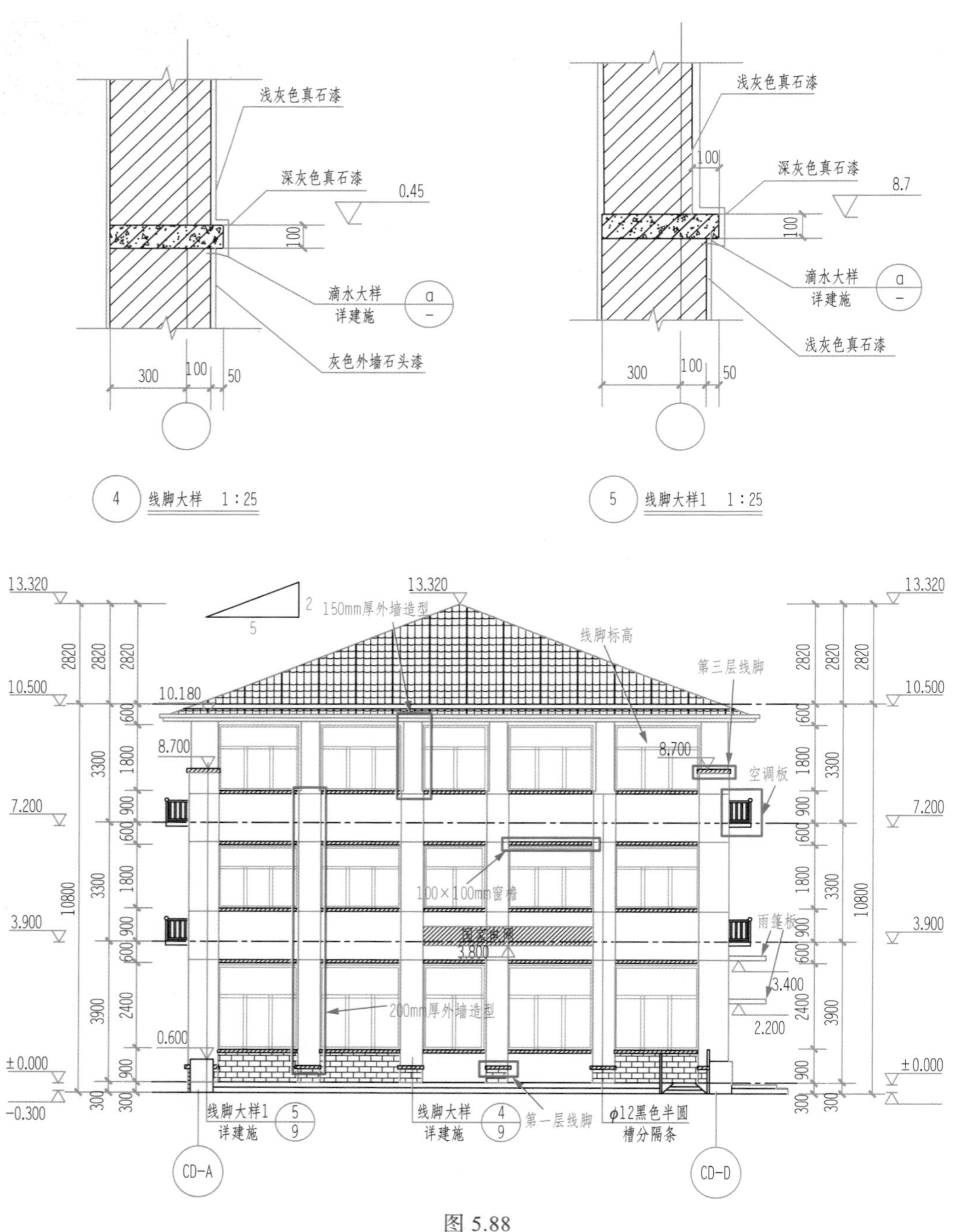

图 5.88

2．创建挑板

1）创建一层挑板。打开 5.3 节保存的文件“5.3 屋顶构件 .rvt”，在项目浏览器中双击结构平面“1F-S（-0.200）”视图，选择“结构”选项卡→“结构”面板→“楼板”下拉按钮→“楼板：结构”命令。在属性设置任务窗格中选择“TB-200mm”类型的结构板，在外墙的外侧绘制挑板模型，如图 5.89 所示。

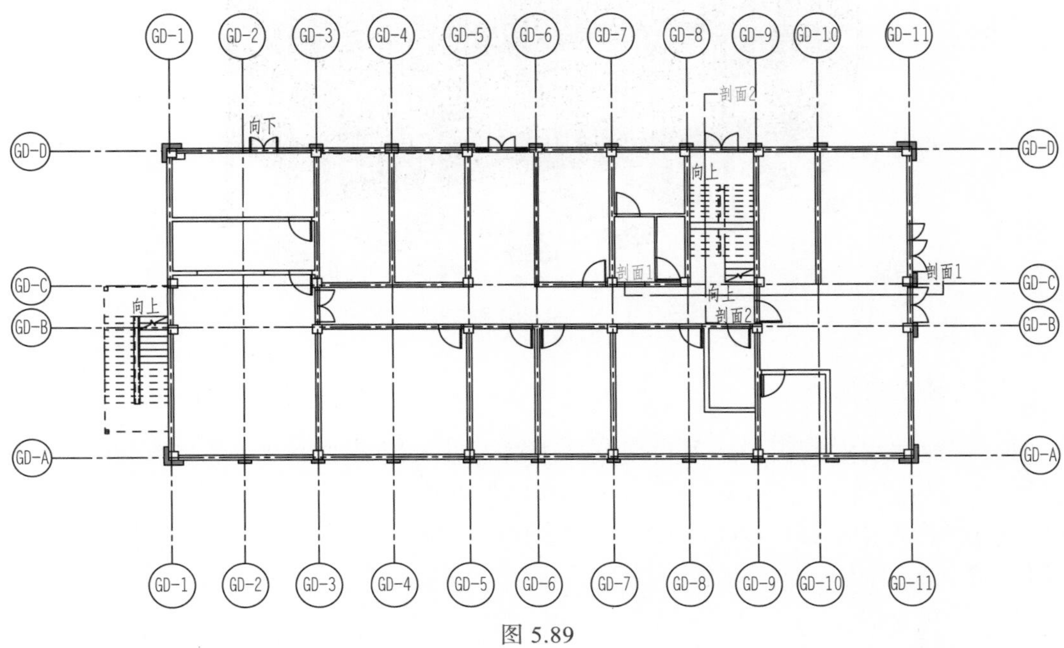

图 5.89

2）复制二、三层挑板。单击任意挑板，使用快捷命令 SA，选中所有挑板类型，单击“修改 | 楼板”上下文选项卡→“剪贴板”面板→“复制到剪贴板”按钮，再选择“粘贴”下拉按钮→“与选定的标高对齐”命令，弹出“选择标高”对话框。在“选择标高”对话框中选择“2F-S（3.850）”“3F-S（7.150）”，如图 5.90 所示，单击“确定”按钮。三维效果如图 5.91 所示。

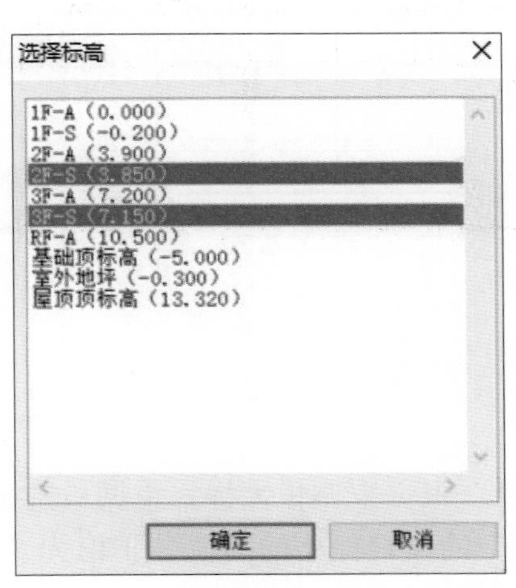

图 5.90

图 5.91

3．创建空调板

1）创建二层空调板。在项目浏览器中双击进入楼层平面“2F-A（3.900）”视图，选择“结构”选项卡→“结构”面板→“楼板”下拉按钮→“楼板：结构”命令。在属性设置任务窗格中选择“KTB-100mm”类型的结构板，在外墙的外侧绘制空调板模型，如图 5.92 所示。

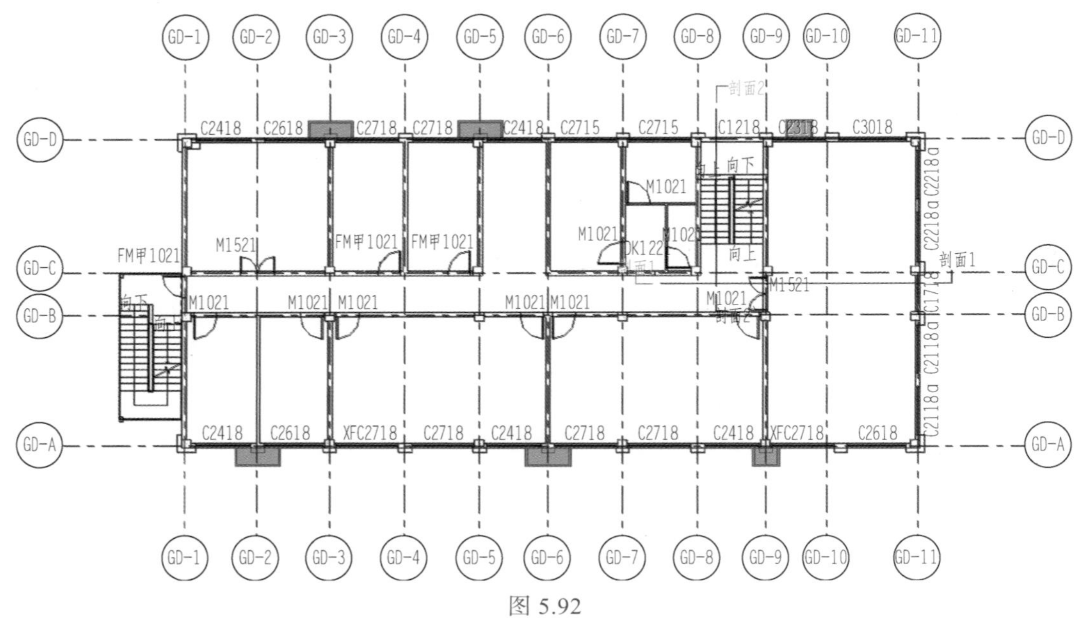

图 5.92

2）创建二层空调板边缘。根据空调板大样，空调板选择“KTB-100mm”结构板类型，修改属性设置任务窗格中的“自标高的高度 ...”值为“100.0”，沿空调板底板边缘绘制 100×100mm 的空调板边缘，如图 5.93 所示。

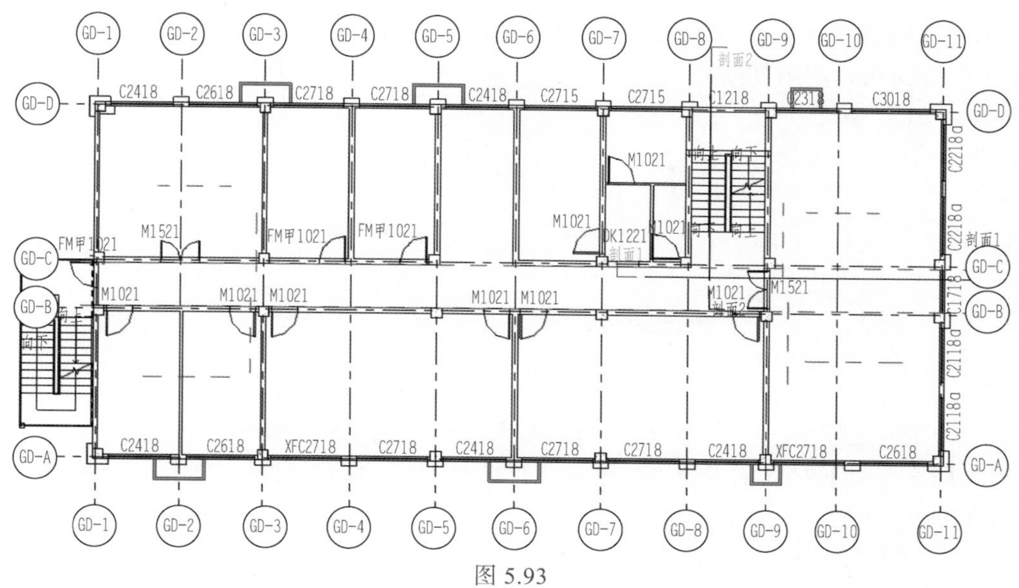

图 5.93

3）创建空调栏杆。单击“建筑”选项卡→“楼梯坡道”面板→“栏杆扶手”按钮。在属性设置任务窗格中选择“900mm”类型的栏杆扶手，修改“底部偏移”值为“100.0”；再单击“编辑类型”按钮，弹出“类型属性”对话框；在“类型属性”对话框中单击“复制（D）...”按钮，创建新的栏杆类型“600mm”，修改“高度”值为“600.0”，如图 5.94 所示。

类型属性

族(F)：系统族：栏杆扶手　　载入(L)...

类型(T)：600mm　　复制(D)...

重命名(R)...

类型参数(M)

参数	值
构造	
栏杆扶手高度	600.0
扶栏结构(非连续)	编辑...
栏杆位置	编辑...
栏杆偏移	0.0
使用平台高度调整	☐
平台高度调整	0.0
斜接	添加垂直/水平线段
切线连接	延伸扶手使其相交
扶栏连接	修剪
顶部扶栏	
使用顶部扶栏	☑
高度	600.0
类型	矩形 - 50x50mm
扶手 1	
侧向偏移	
高度	
位置	无
类型	<无>
扶手 2	
侧向偏移	
高度	

这些属性执行什么操作？

<< 预览(P)　　确定　　取消　　应用

图 5.94

单击“确定”按钮，绘制的栏杆路径如图 5.95 所示。单击“确定”按钮，完成空调板栏杆的创建。使用相同的方法，绘制其余空调板上的栏杆扶手。

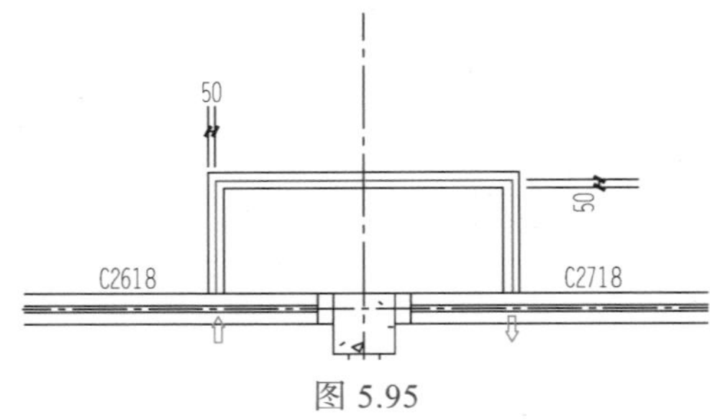

图 5.95

4）复制三层空调板。长按 Ctrl 键，选中所有空调板和空调板上的栏杆扶手，单击“修改｜楼板”上下文选项卡→“剪贴板”面板→“复制到剪贴板”按钮，选择“粘贴”下拉按钮中的“与选定的标高对齐”命令，弹出“选择标高”对话框。在“选择标高”对话框中选择“3F-A（7.200）”，单击“确定”按钮，完成空调板的复制，三维效果如图 5.96 所示。

图 5.96

4．创建雨篷板

1）修改属性参数。在项目浏览器中双击进入楼层平面“2F-A（3.900）”视图，选择“结构”选项卡→“结构”面板→“楼板”下拉按钮→“楼板：结构”命令。在属性设置任务窗格中选择“YPB1-100mm”类型的结构板。

以加工间北侧的外墙雨篷板为例，修改属性设置任务窗格中的“标高”“自标高的高度 ...”，如图 5.97 所示。

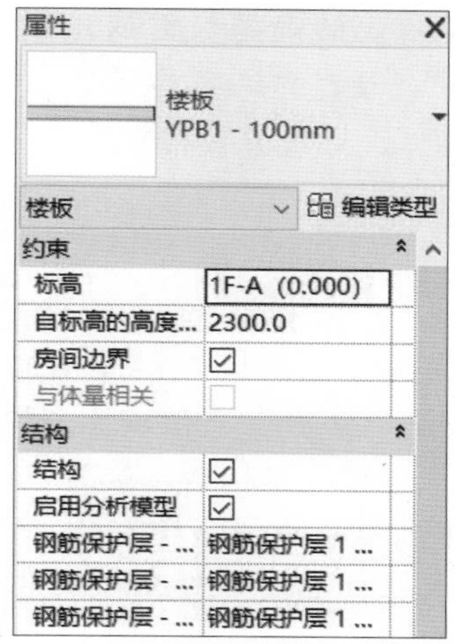

图 5.97

2）创建雨篷板。选择“结构”选项卡→“结构”面板→“楼板”下拉按钮→“楼板：结构”命令，按照图纸中雨篷板的位置绘制雨篷板模型。其余雨篷板的“标高”“自标高的高度 ...”设置值见表 5.1。创建雨篷板的三维效果如图 5.98 所示。

表 5.1　其余雨篷板的“标高”“自标高的高度 ...”设置值

雨篷板位置	标高	自标高的高度 ...
加工间	1F-A（0.000）	2300
车库	1F-A（0.000）	3500
走廊	1F-A（0.000）	3500
楼梯间	1F-A（0.000）	2300
收费大厅	2F-A（3.900）	0
室外钢结构雨篷	RF-A（10.500）	-700

图 5.98

【提示】收费大厅西立面外墙上的雨篷板需创建 400mm 高、100mm 厚的女儿墙，可在外墙的属性设置任务窗格中，通过“编辑类型”按钮创建 100mm 的外墙。在创建室外钢结构雨篷时，需要通过属性设置任务窗格中的“编辑类型”按钮创建新的钢结构雨篷板类型。

5．创建墙身构造

1）创建线脚。在项目浏览器中双击进入楼层平面“1F-A（0.000）”视图，选择“结构”选项卡→“结构”面板→“楼板”下拉按钮→“楼板：结构”命令。在属性设置任务窗格中选择“JB-100mm”类型的结构板，修改“标高”为“1F-A（0.000）”，“自标高的高度 ...”为“450.0”。在挑板处绘制墙身节点，如图 5.99 所示，图 5.99（a）为角柱的墙身节点，图 5.99（b）为边柱的墙身节点，图 5.99（c）为外墙的墙身节点。

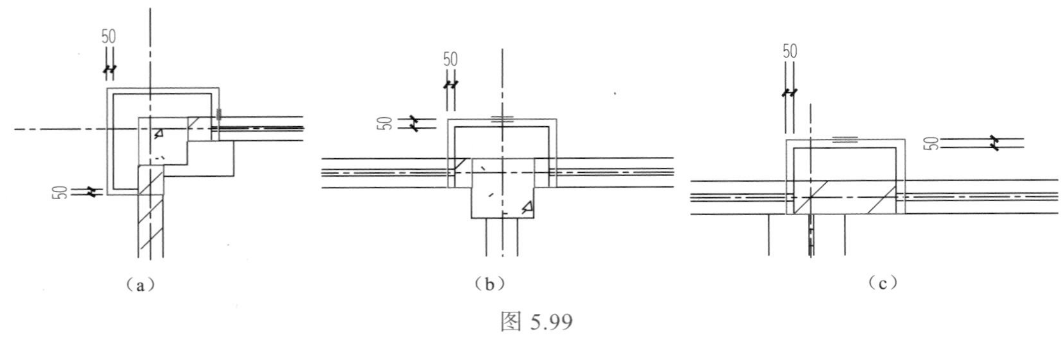

图 5.99

【提示】墙身节点的轮廓需避开结构柱，并且墙身节点需要选择“修改｜楼板”上下文选项卡→“几何图形”面板→“连接”下拉按钮→“切换连接顺序”命令，剪切外墙。

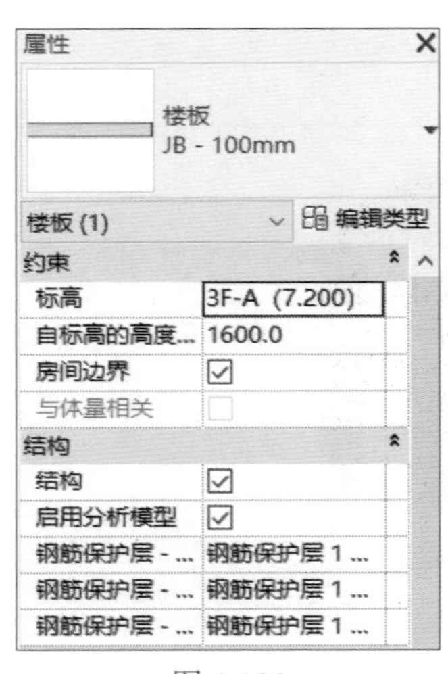

图 5.100

2）复制三层线脚。打开三维视图，长按 Ctrl 键，选择四个角柱的墙身节点，单击“修改｜楼板”上下文选项卡→“剪贴板”面板→“复制到剪贴板”按钮，选择“粘贴”下拉按钮→“与选定的标高对齐”命令，选择“3F-A（7.200）”，修改属性设置任务窗格中的“自标高的高度 ...”，如图 5.100 所示。

3）修改 200mm 厚外墙造型的属性参数。在项目浏览器中双击进入结构平面“1F-S（-0.200）”视图，单击“建筑”选项卡→“构建”面板→“墙”按钮。在属性设置任务窗格中选择“外墙 -200mm”的墙类型，修改“底部约束”“底部偏移”“顶部约束”，在创建角柱的墙身构造时，“顶部偏移”改为“1500.0”，在创建外墙的墙身构造时，“顶部偏移”改为“900.0”，如图 5.101 所示，在挑板位置绘制墙身构造。

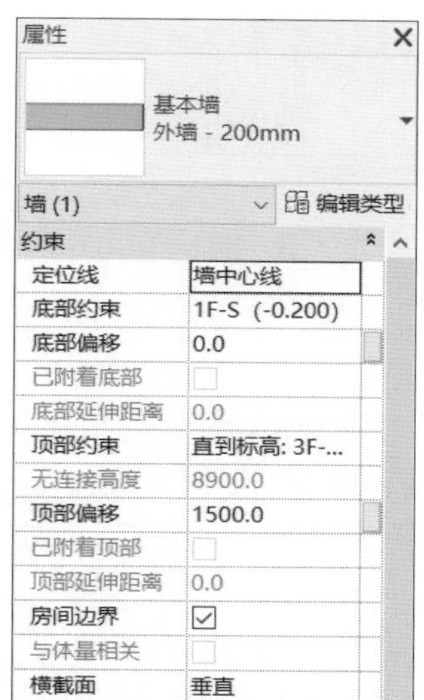

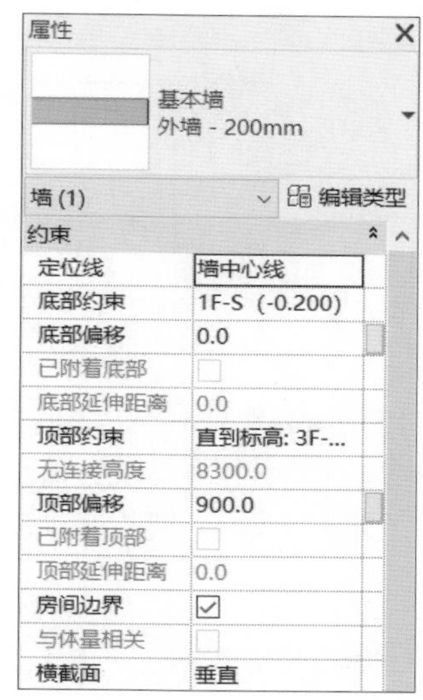

图 5.101

4）修改外墙造型。打开三维视图，单击“修改”选项卡→“几何图形”面板→“连接”按钮。先单击挑板，再单击墙身构造，剪切挑板和墙身构造重叠的部分。完成后三维效果如图 5.102 所示。

图 5.102

5）创建参照平面。在项目浏览器中双击进入楼层平面“3F-A（7.200）”视图，单击“建筑”选项卡→“工作平面”面板→“参照平面”按钮，在角柱墙身节点处分别绘制水平和竖向的参照平面，在外墙的挑板处绘制两个竖向的参照平面，如图 5.103 所示。

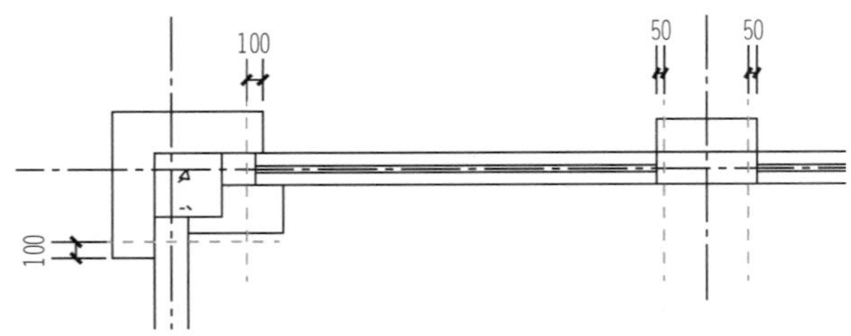

图 5.103

6）修改 150mm 厚外墙造型的属性参数。单击“建筑”选项卡→“构建”面板→“墙”按钮。在属性设置任务窗格中单击“编辑类型”按钮，创建“外墙 -150mm”的墙类型。在“修改 | 放置 墙”选项栏中修改“定位线”为“面层面：内部”，如图 5.104 所示。

修改 | 放置 墙 标高: 3F-A (7.20 高度: RF-S (1 1900.0 定位线: 面层面: 内部

图 5.104

创建第三层角柱的墙身构造时，需修改属性设置任务窗格中的“底部约束”“底部偏移”“顶部约束”“顶部偏移”，如图 5.105 所示。

创建第三层外墙的墙身构造时，需修改属性设置任务窗格中的“底部约束”为“3F-A（7.200）”，“底部偏移”为“900.0”，“顶部约束”为“直到标高：RF-S（10.500）”，“顶部偏移”为“-450.0”，如图 5.106 所示。

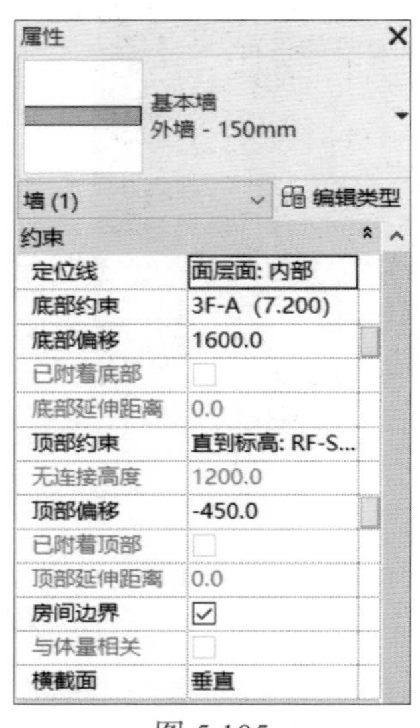

图 5.105

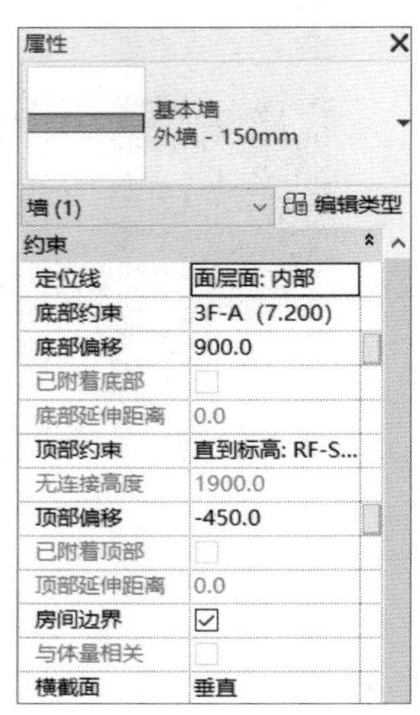

图 5.106

7）创建 150mm 厚外墙造型。将光标放置在参照平面和外墙的交点处，沿外墙和结构柱边缘绘制墙身构造，则墙身构造的边界分别在两个参照平面处，创建结果如图 5.107 所示。用相同的方法创建其他墙身构造，三维效果如图 5.108 所示。保存文件为“5.4 墙身构件 .rvt”。

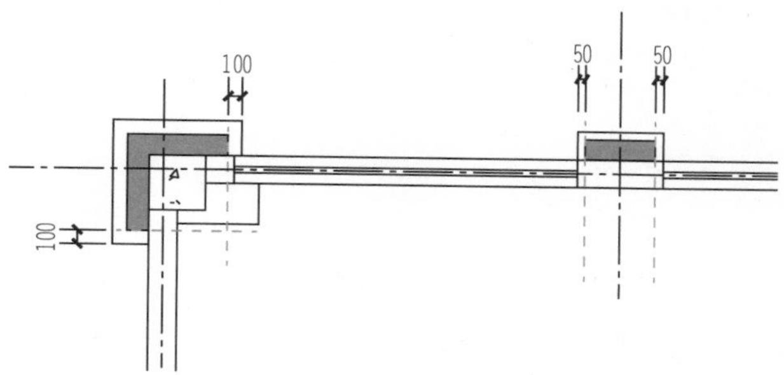

图 5.107

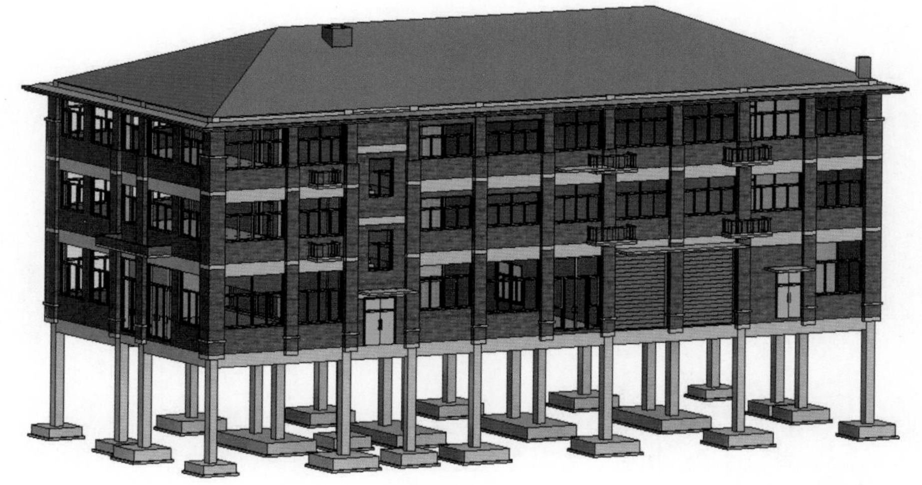

图 5.108

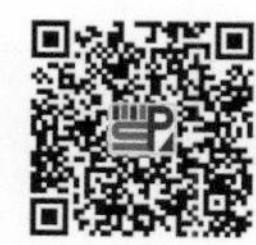

室外构件创建

5.5　室外构件创建

本案例室外构件包括室外台阶、坡道、室外花坛、散水；本节主要讲述如何运用内建模型中的拉伸、放样及坡道命令创建室外构件。

1．图纸解析

1）根据供电所底层平面图（详见电子文件，登录 www.abook.cn 网站下载）中的室内台阶标注，可知室外台阶的底标高均为“−0.300m”，顶标高、踢面高度的参数如图 5.109 所示。

2）供电所底层平面图中存在三个室外坡道，坡道参数如图 5.110 所示。

3）供电所底层平面图的花坛和散水如图 5.111 所示，花坛高度为 600mm，散水宽度为 600mm，坡度一般为 2%。

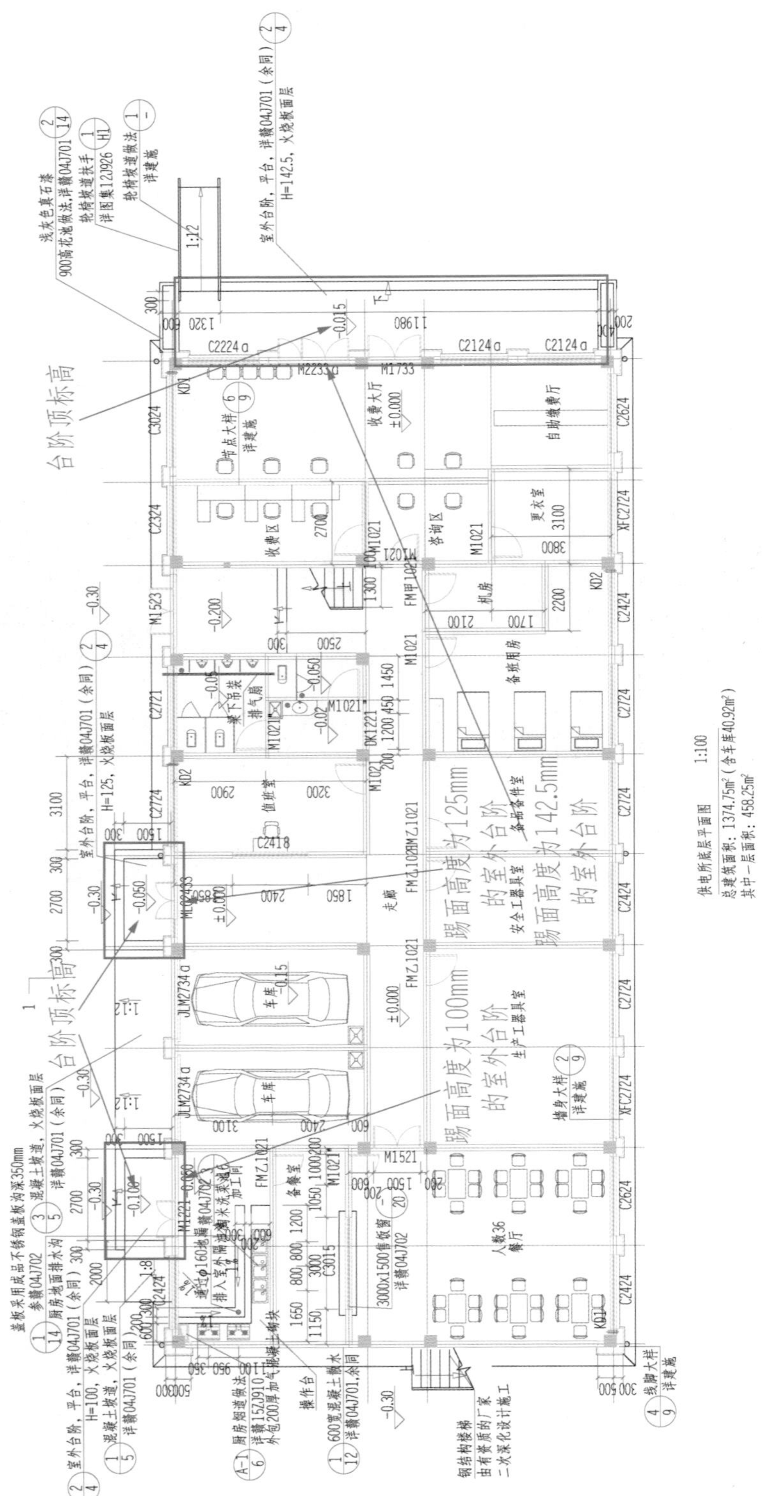
台阶顶标高
台阶顶标高
踢面高度为125mm的室外台阶
踢面高度为142.5mm的室外台阶
踢面高度为100mm的室外台阶
供电所底层平面图 1:100
总建筑面积：1374.75m²（含车库40.92m²）
其中一层面积：458.25m²

图 5.109

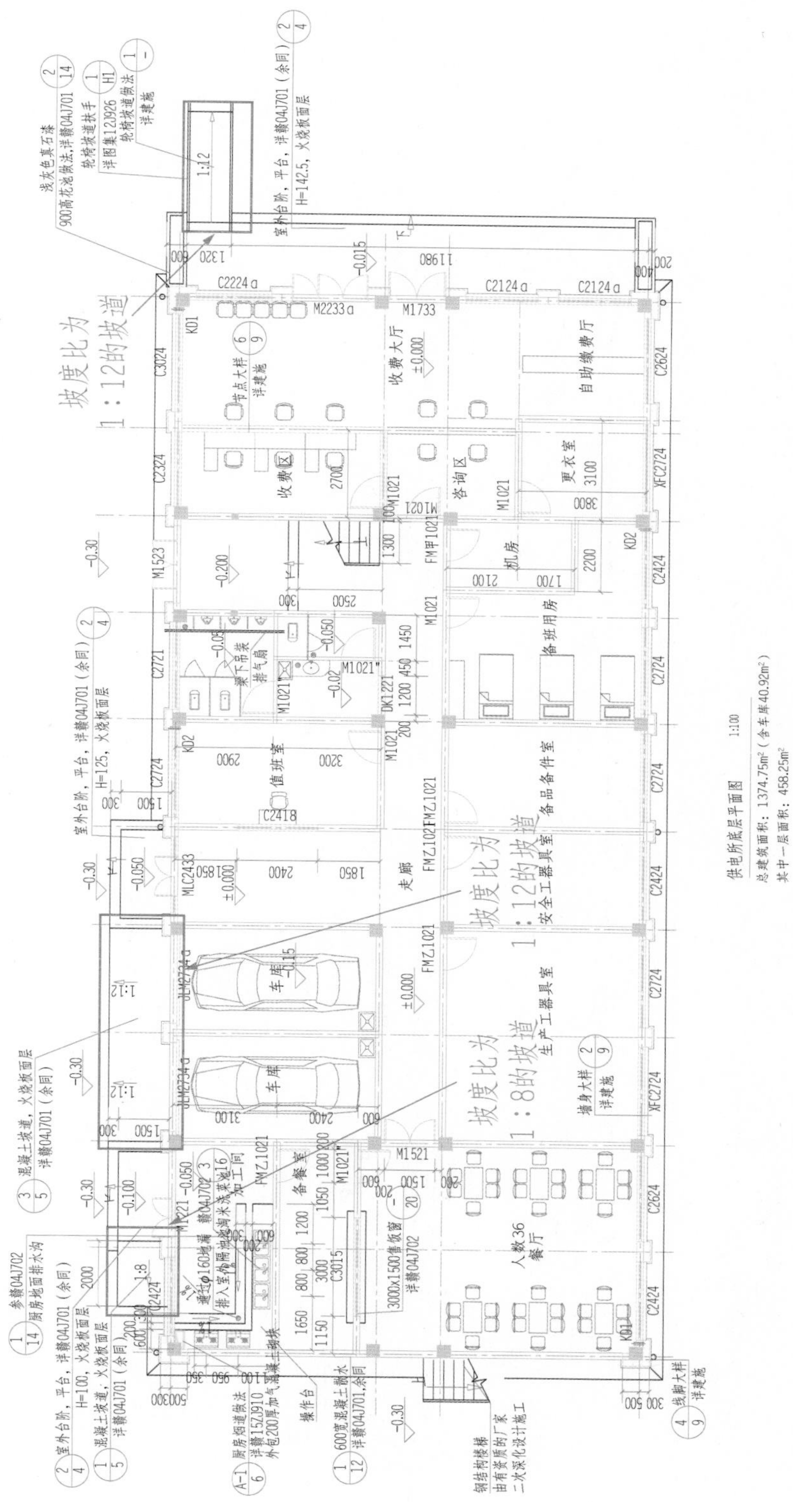
坡度比为
1：12的坡道
坡度比为
1：8的坡道
收费大厅
自助缴费厅
收费区
咨询区
更衣室
机房
备班用房
值班室
备品备件室
安全工器具室
生产工器具室
走廊
车库
车库
餐厅
人数36
供电所底层平面图　1:100
总建筑面积：1374.75m²（含车库40.92m²）
其中一层面积：458.25m²

图 5.110

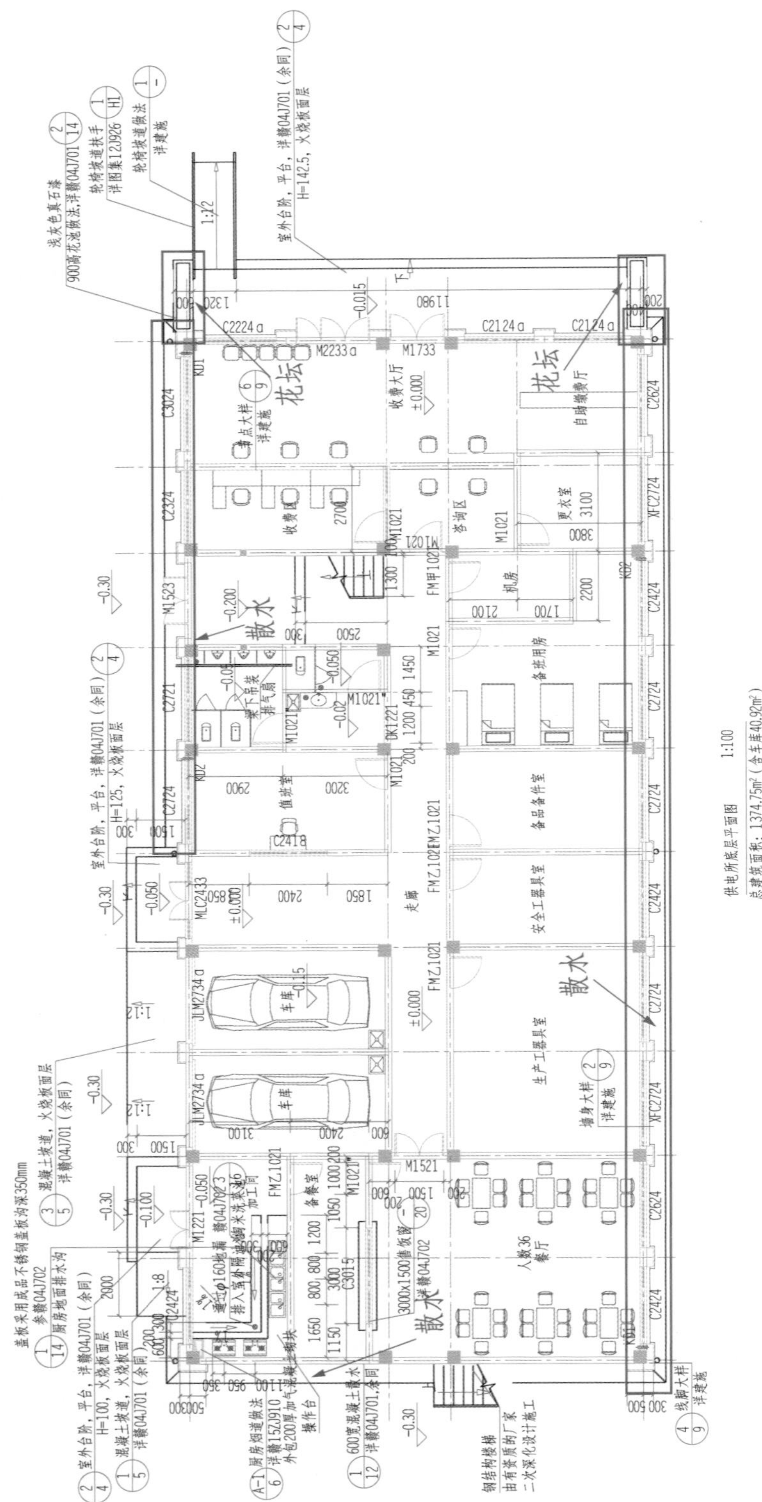

图 5.111

2．创建室外台阶

1）进入内建模型的编辑界面。打开 5.4 节保存的文件“5.4 墙身构件 .rvt”，在项目浏览器中双击进入楼层平面“室外地坪（−0.300）”视图，单击“建筑”选项卡→“构建”面板→“内建模型”按钮，弹出“族类别和族参数”对话框。在“族类别和族参数”对话框中选择“常规模型”，单击“确定”按钮，如图 5.112 所示。在弹出的“名称”对话框中修改名称为“室外台阶”。

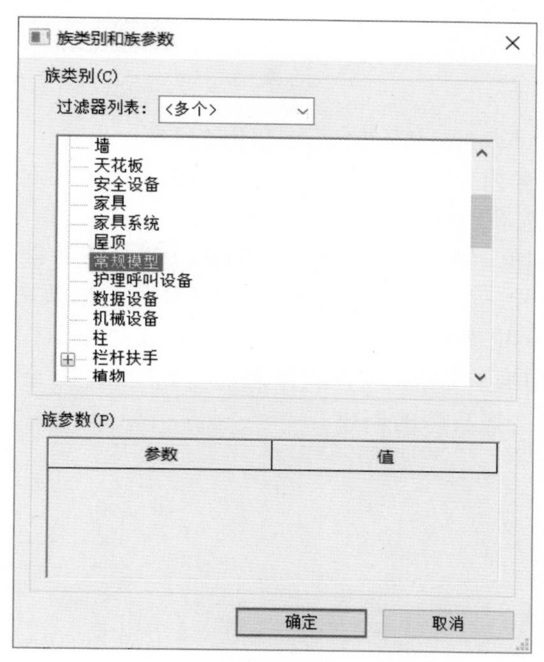

图 5.112

2）创建踢面高度为 100mm 的室外台阶。进入内建模型的编辑界面后，先创建加工间外的室外台阶，单击“创建”选项卡→“形状”面板→“拉伸”按钮。修改属性设置任务窗格中“拉伸终点”为“100.0”，“拉伸起点”为“0.0”。单击“修改｜创建拉伸”上下文选项卡→“绘制”面板→“直线”按钮，绘制台阶轮廓，如图 5.113 所示，单击“确定”按钮，完成加工间室外台阶的第一级台阶的创建。

单击“创建”选项卡→“形状”面板→“拉伸”按钮。修改属性设置任务窗格中“拉伸终点”为“200.0”，“拉伸起点”为“100.0”。单击“修改｜创建拉伸”上下文选项卡→“绘制”面板→“矩形”按钮，绘制台阶轮廓，如图 5.114 所示，单击“确定”按钮，完成加工间室外台阶的第二级台阶的创建。

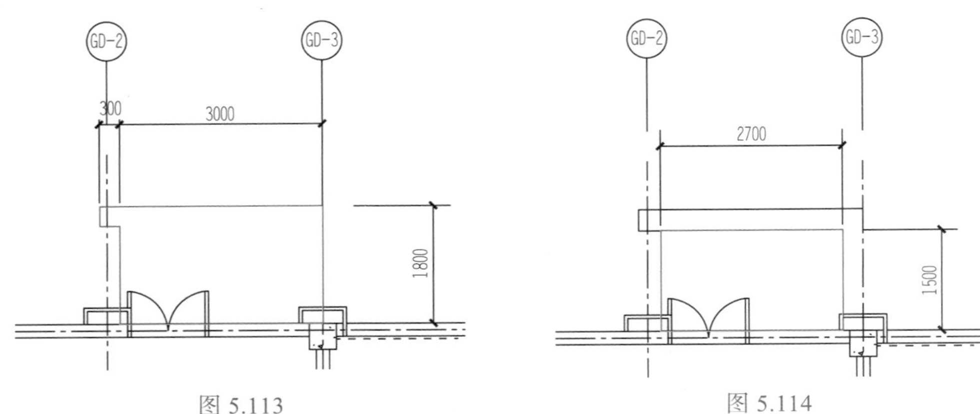

图 5.113　　　　图 5.114

3）创建踢面高度为 125mm 的室外台阶。单击“创建”选项卡→“形状”面板→“拉伸”按钮。修改属性设置任务窗格中“拉伸终点”为“125.0”,“拉伸起点”为“0.0”。单击“修改｜创建拉伸”上下文选项卡→“绘制”面板→“矩形”按钮，绘制台阶轮廓，如图 5.115 所示，单击“确定”按钮，完成走廊室外台阶的第一级台阶的创建。

单击“创建”选项卡→“形状”面板→“拉伸”按钮。修改属性设置任务窗格中“拉伸终点”为“250.0”，“拉伸起点”为“125.0”。单击“修改｜创建拉伸”上下文选项卡→“绘制”面板→“矩形”按钮，绘制台阶轮廓，如图 5.116 所示，单击“确定”按钮，完成走廊室外台阶的第二级台阶的创建。

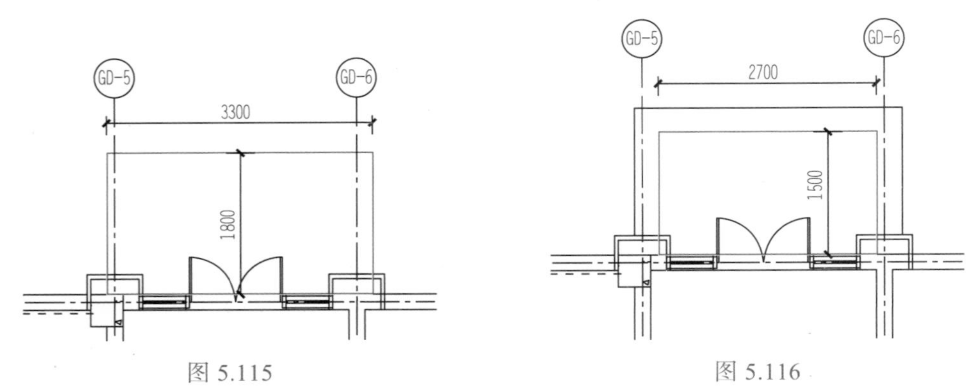

图 5.115　　　　图 5.116

4）创建踢面高度为 142.5mm 的室外台阶。单击“创建”选项卡→“形状”面板→“拉伸”按钮。修改属性设置任务窗格中“拉伸终点”为“142.5”,“拉伸起点”为“0.0”。单击“修改｜创建拉伸”上下文选项卡→“绘制”面板→“矩形”按钮，绘制台阶轮廓，如图 5.117 所示，单击“确定”按钮，完成收费大厅室外台阶的第一级台阶的创建。

单击“创建”选项卡→“形状”面板→“拉伸”按钮。修改属性设置任务窗格中“拉伸终点”为“285.0”，“拉伸起点”为“142.5”。单击“修改｜创建拉伸”上下文选项卡→“绘制”面板→“矩形”按钮，绘制台阶轮廓，如图 5.118 所示，单击“确定”按钮，完成收费大厅室外台阶的第二级台阶的创建。

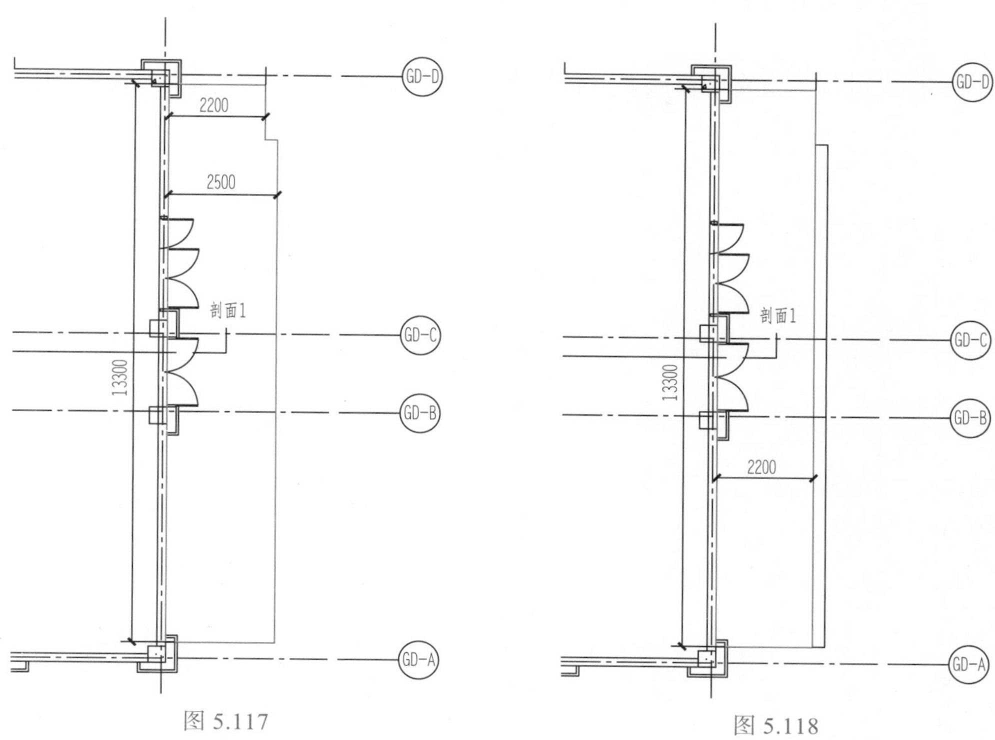

图 5.117　　　　图 5.118

5）单击“完成模型”按钮，完成室外台阶的创建。三维效果如图 5.119 所示。

图 5.119

3．创建坡道

1）修改坡道参数。在项目浏览器中双击进入楼层平面“室外地坪（-0.300）”视图，单击“建筑”选项卡→“楼梯坡道”面板→“坡道”按钮。单击属性设置任务窗格中的“编辑类型”按钮，在弹出的“类型属性”对话框中单击“复制（D）…”按钮创建新的坡道类型，默认名称为“坡道 2”，修改“造型”为“实体”，“坡道最大坡度（1/x）”为 8，如图 5.120 所示。

在属性设置任务窗格中修改“底部标高”“底部偏移”“顶部标高”“顶部偏移”，如图 5.121 所示。

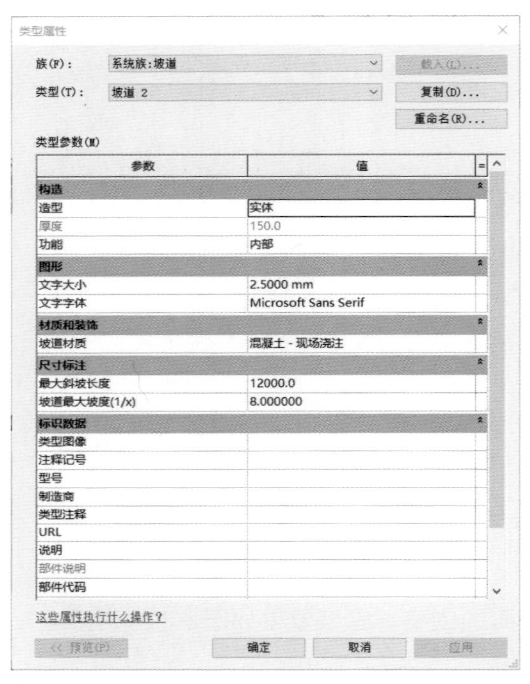

图 5.120

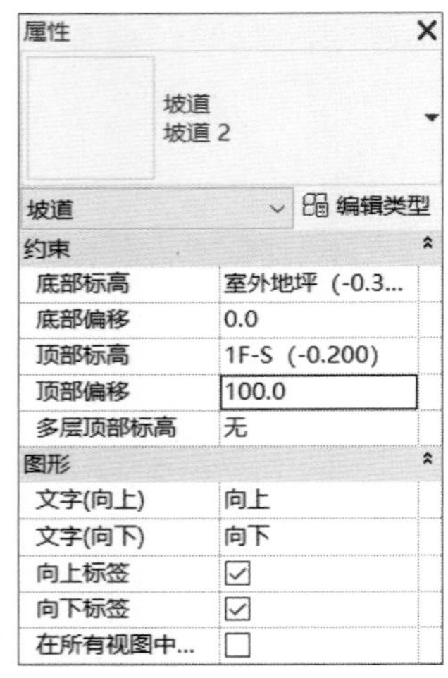

图 5.121

2）绘制坡道轮廓。单击“修改｜创建坡道草图”上下文选项卡→“绘制”面板→“边界”按钮，绘制坡道两侧的边界，再单击“踢面”按钮，绘制坡道顶部和底部的边界，如图 5.122 所示。单击“确定”按钮，删除与外墙碰撞的坡道栏杆，完成加工间的室外坡道的创建。

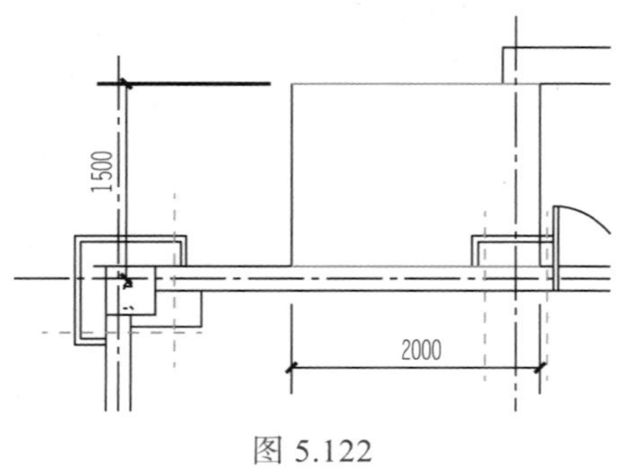

图 5.122

3）创建坡度为 1 ∶ 12 的坡道类型。同样单击“建筑”选项卡→“楼梯坡道”面板→“坡道”按钮。再单击属性设置任务窗格的“编辑类型”按钮，在弹出的“类型属性”对话框中单击“复制（D）…”按钮创建新的坡道类型，默认名称为“坡道 3”，修改“造型”为“实体”，“坡道最大坡度（1/x）”为 12，如图 5.123 所示。

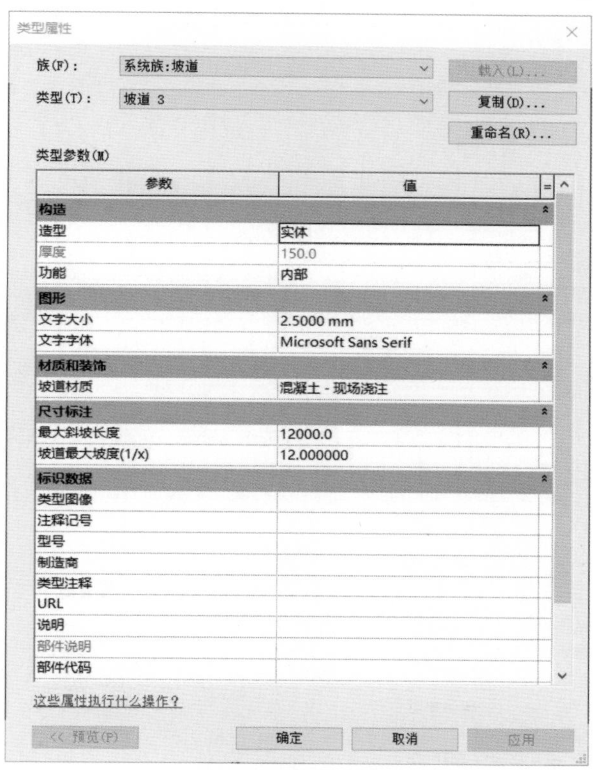

图 5.123

4）修改坡道属性参数。在属性设置任务窗格中修改“底部标高”“底部偏移”“顶部标高”“顶部偏移”，如图 5.124 所示。

5）绘制坡道轮廓。单击“修改 | 创建坡道草图”上下文选项卡→“绘制”面板→“边界”按钮，绘制坡道两侧的边界，再单击“踢面”按钮，绘制坡道顶部和底部的边界，如图 5.125 所示。单击“确定”按钮，完成车库室外坡道的创建。

6）创建踢面高度为 142.5mm 的室外坡道。在属性设置任务窗格中选择“坡道 3”类型，修改“底部标高”“底部偏移”“顶部标高”“顶部偏移”，如图 5.126 所示。

7）绘制坡道轮廓。单击“修改 | 创建坡道草图”上下文选项卡→“绘制”面板→“边界”按钮，绘制坡道两侧的边界，再单击“踢面”按钮，绘制坡道顶部和底部的边界，如图 5.127 所示。单击“确定”按钮，完成收费大厅的室外坡道的创建。

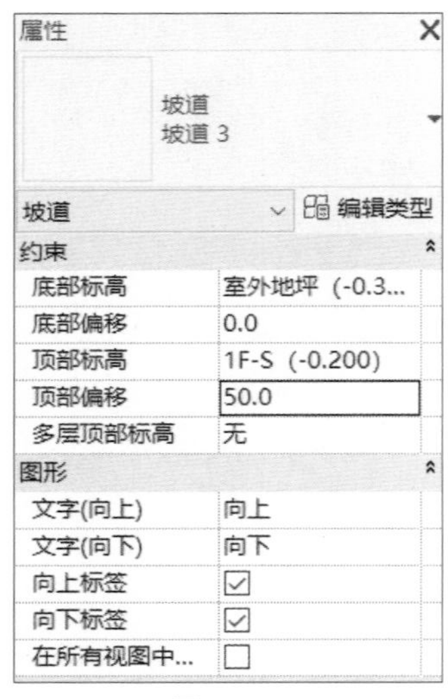

图 5.124

GD-3　GD-4　GD-5
6500
1800

图 5.125

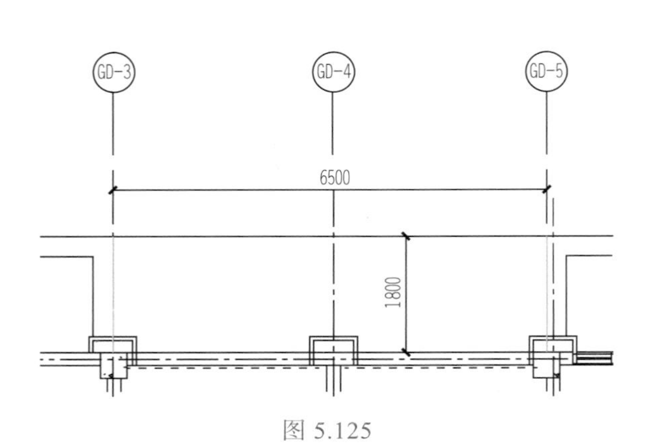

属性
坡道
坡道 3
坡道　编辑类型
约束
底部标高　室外地坪（-0.3...
底部偏移　0.0
顶部标高　1F-S（-0.200）
顶部偏移　185.0
多层顶部标高　无
图形
文字(向上)　向上
文字(向下)　向下
向上标签
向下标签
在所有视图中...

图 5.126

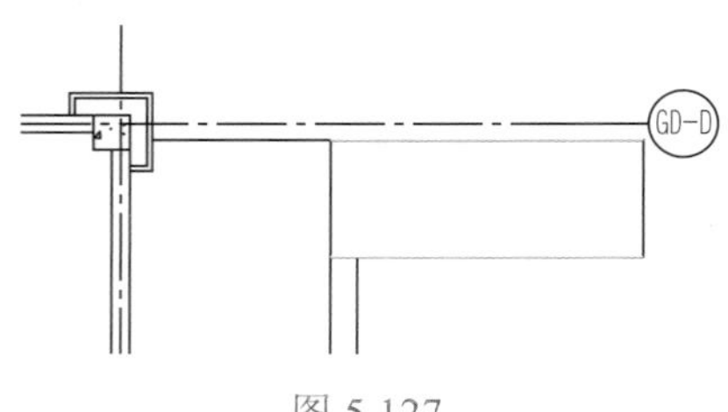

图 5.127

【提示】若创建的坡道方向与项目相反，可单击该坡道，再单击坡道边界处的小箭头，如图 5.128 所示，坡道方向实现翻转。

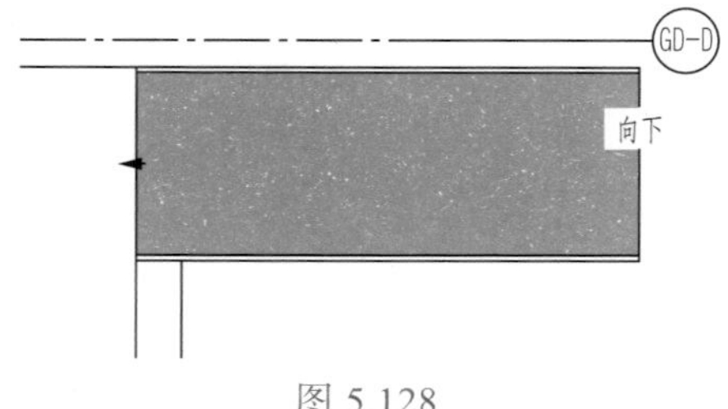

图 5.128

4．创建室外花坛

1）进入内建模型编辑界面。在项目浏览器中双击进入楼层平面“室外地坪（-0.300）”视图，单击“建筑”选项卡→“构建”面板→“内建模型”按钮。在弹出的“族类别和族参数”对话框中选择“常规模型”，单击“确定”按钮，如图 5.129 所示。在弹出的“名称”对话框中修改名称为“室外花坛”。

2）创建花坛。进入内建模型的编辑界面后，先创建加工间外的室外台阶，单击“创建”选项卡→“形状”面板→“拉伸”按钮。修改属性设置任务窗格中的“拉伸终点”为“900.0”，“拉伸起点”为“0.0”，单击“绘制”面板中的“矩形”按钮，在收费大厅的室外台阶两侧绘制花坛轮廓，如图 5.130 所示。单击“确定”按钮，完成室外花坛的创建。三维效果如图 5.131 所示。

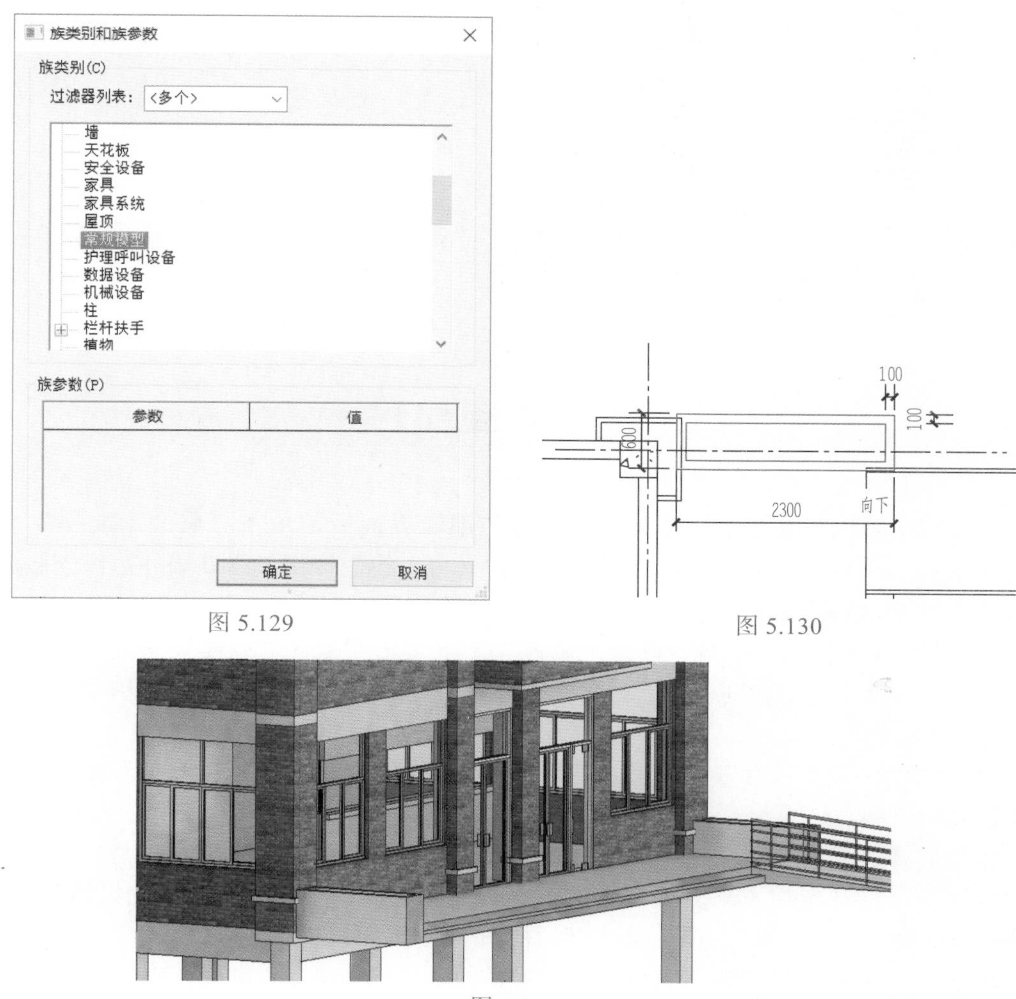

图 5.129

图 5.130

图 5.131

5. 创建散水

1）进入内建模型的编辑界面。在项目浏览器中双击进入楼层平面“室外地坪（-0.300）”视图，单击“建筑”选项卡→“构建”面板→“内建模型”按钮。在“族类别和族参数”对话框中选择“常规模型”，单击“确定”按钮，如图 5.132 所示。在弹出的“名称”对话框中修改名称为“散水”。

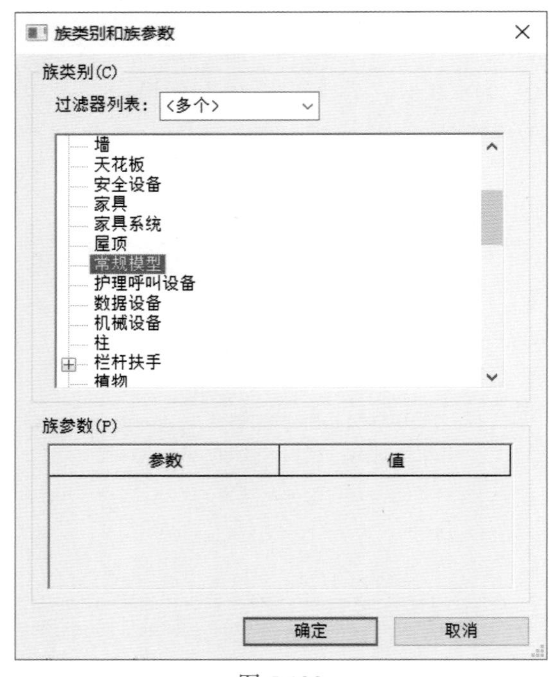

图 5.132

2）绘制散水放样路径。进入内建模型的编辑界面后，单击“修改｜放样”上下文选项卡→“放样”面板→“绘制路径”按钮→“直线”按钮，沿外墙外边缘绘制放样路径，如图 5.133 所示。单击“确定”按钮，完成放样路径的绘制。

3）绘制放样轮廓。单击“修改｜放样”上下文选项卡→“放样”面板→“编辑轮廓”按钮。在弹出的“转到视图”对话框中选择“立面：南”，再单击“打开视图”按钮，如图 5.134 所示。

按照图纸中散水尺寸，绘制散水轮廓，如图 5.135 所示。单击“确定”按钮，完成放样轮廓的绘制。

使用同样的放样方法，在北面的 GD-6 和 GD-11 轴线之间绘制散水模型。单击“修改｜放样”上下文选项卡→“放样”面板→“编辑轮廓”按钮。在弹出的“转到视图”对话框中选择“立面：东”，再单击“打开视图”按钮，如图 5.136 所示。

单击“完成模型”按钮，完成散水模型的绘制，三维效果如图 5.137 所示。保存文件为“5.5 室外构件 .rvt”。

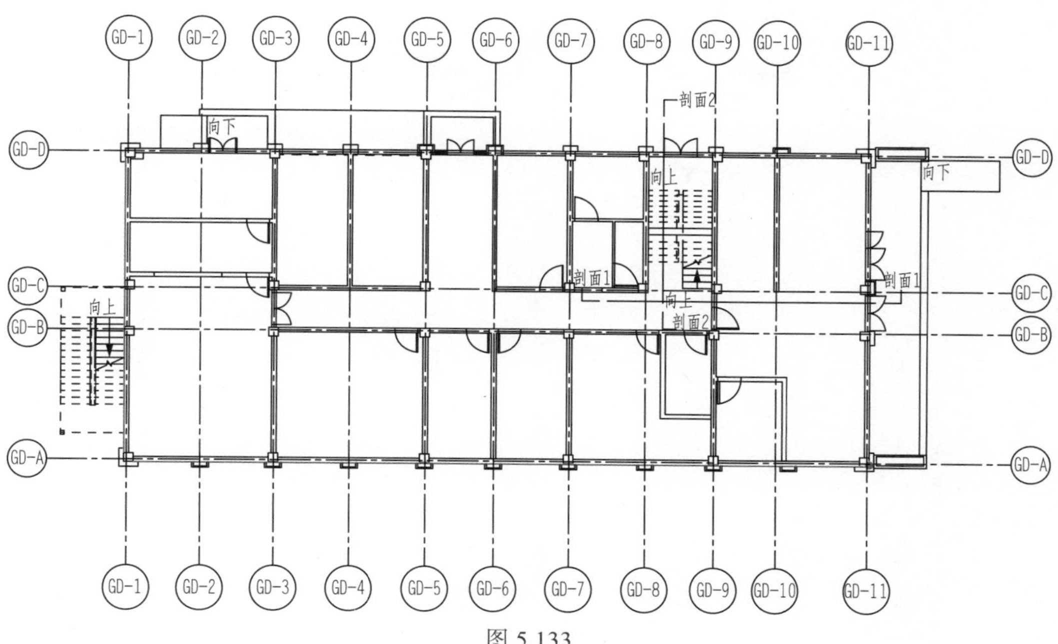

图 5.133

转到视图

要编辑草图，请从下列视图中打开其中的草图平行于屏幕的视图:

剖面: 剖面 1
立面: 北
立面: 南

或该草图与屏幕成一定角度的视图:

三维视图: {3D}
三维视图: {三维}

打开视图　取消

图 5.134

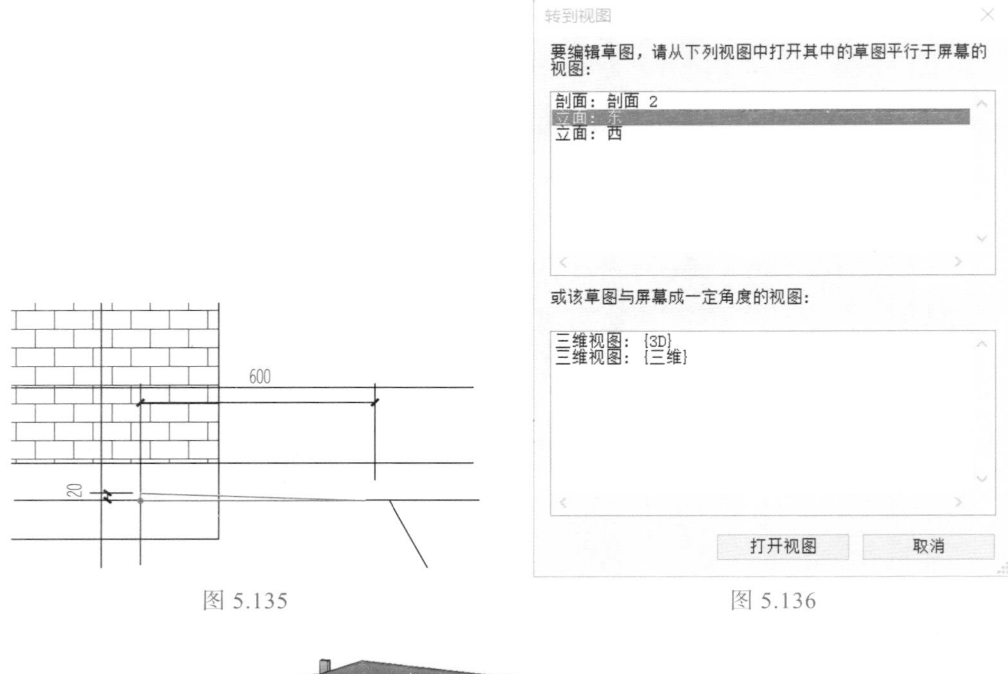

图 5.135　　图 5.136

图 5.137

小　　结

通过本章的学习，读者需熟悉楼梯及细部构建 BIM 模型创建方法，掌握建筑楼梯、屋顶细部构造（检修孔、烟道孔、屋檐）、墙身外部构造（挑板、雨篷板、空调板）、室外构造（台阶、坡道、花坛、散水）的创建方法。

至此，某供电所土建 BIM 模型已创建完成，希望读者可以多加练习，及时巩固建筑、结构专业 BIM 模型创建步骤及方法。本书在附录中也提供了另一套完整的项目图纸，以供读者练习与使用。

附录 实训案例

为了巩固读者对BIM操作技能的掌握，本书提供了相似项目案例（土建实战实训案例——某中转站项目，案例CAD图纸及Revit模型可通过登录www.abook.cn网站进行下载）以供读者练习使用，让读者对使用Revit创建建筑、结构模型有更深入的了解。由于本案例与书中讲解案例相似，所以本案例不再对具体操作步骤进行赘述。以下主要介绍建模思路。

1. 建模前期准备

具体步骤内容和参考章节如附图1所示。

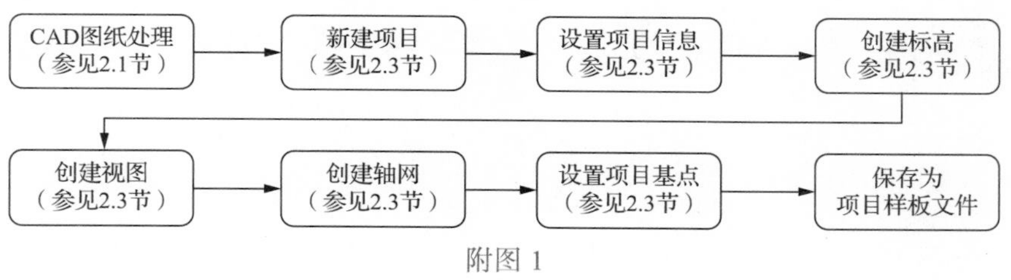

附图 1

2. 结构模型BIM建模流程

具体步骤内容和参考章节如附图2所示。

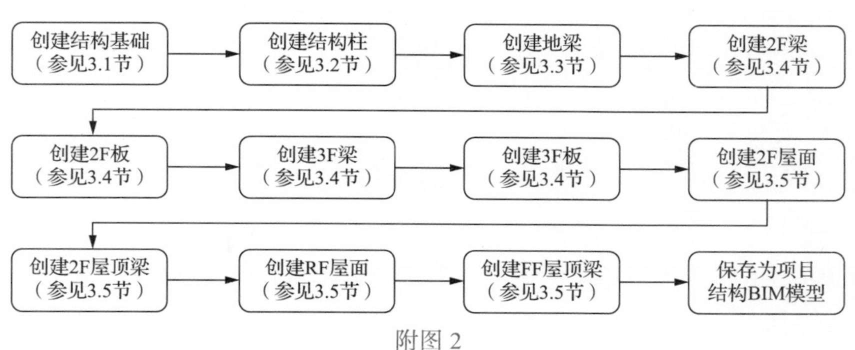

附图 2

3．建筑模型 BIM 建模流程

具体步骤内容和参考章节如附图 3 所示。

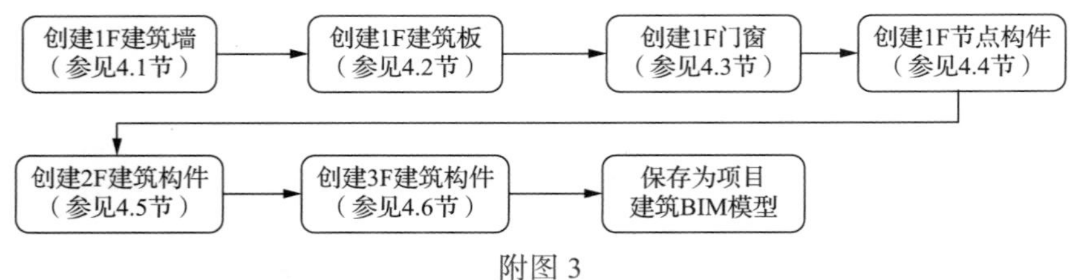

附图 3

4．楼梯及细部构造 BIM 建模流程

具体步骤内容和参考章节如附图 4 所示。

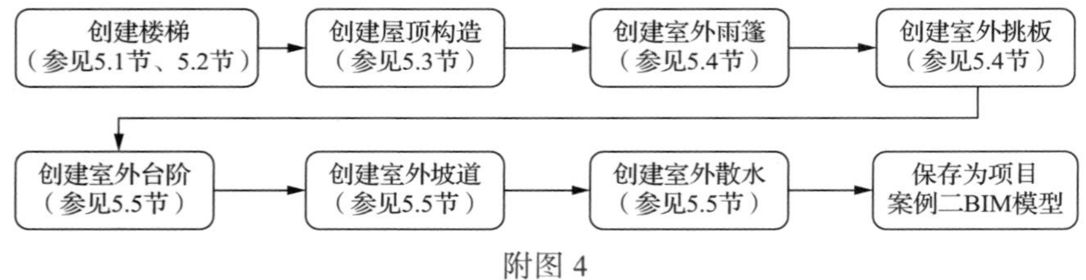

附图 4

参考文献

何关培，应宇垦，王轶群，2011．BIM 总论 [M]．北京：中国建筑工业出版社．

王婷，2015．全国 BIM 技能培训教程 [M]．北京：中国电力出版社．

王婷，2019．全国 BIM 技能实操系列教程 Revit 2019 初级 [M]．北京：中国电力出版社．

王婷，应宇垦，2017．全国 BIM 技能实操系列教程 Revit 2015 初级 [M]．北京：中国电力出版社．